高等应用型人才培养精品教材

Python 基础教程与项目实践

主　编　刘同存　何　丁　冯海林
副主编　余　君　吕晓敏　郭洪波

電子工業出版社
Publishing House of Electronics Industry
北京 · BEIJING

图书在版编目（CIP）数据

Python 基础教程与项目实践 / 刘同存，何丁，冯海林主编. —北京：电子工业出版社，2024.2

ISBN 978-7-121-47508-5

Ⅰ. ①P… Ⅱ. ①刘… ②何… ③冯… Ⅲ. ①软件工具－程序设计 Ⅳ. ①TP311.561

中国国家版本馆 CIP 数据核字（2024）第 057421 号

责任编辑：康　静
印　　刷：天津嘉恒印务有限公司
装　　订：天津嘉恒印务有限公司
出版发行：电子工业出版社
　　　　　北京市海淀区万寿路 173 信箱　　　邮编：100036
开　　本：787×1092　1/16　印张：15.25　字数：390.4 千字
版　　次：2024 年 2 月第 1 版
印　　次：2024 年 2 月第 1 次印刷
定　　价：52.00 元

凡所购买电子工业出版社图书有缺损问题，请向购买书店调换。若书店售缺，请与本社发行部联系，联系及邮购电话：（010）88254888，88258888。

质量投诉请发邮件至 zlts@phei.com.cn，盗版侵权举报请发邮件至 dbqq@phei.com.cn。

本书咨询联系方式：（010）88254173，qiurj@phei.com.cn。

本书编写委员会

（排名不分先后）

刘同存　何　丁　冯海林
易沅壁　余　君　吕晓敏
郭洪波　朱天生

前 言

国务院印发的《新一代人工智能发展规划》中提出了面向2030年我国新一代人工智能发展的指导思想、战略目标、重点任务和保障措施等内容，部署构筑我国人工智能发展的先发优势，加快建设创新型国家和世界科技强国。大数据与人工智能是引领未来的战略性技术，世界主要发达国家都把发展人工智能作为提升国家竞争力、维护国家安全的重大战略。

由于Python具有功能丰富、表达能力强、使用灵活方便、应用面广、效率高、可移植性好等特点，已经成为大数据与人工智能技术及相关领域科学研究与产品研发的重要编程语言之一，受到用户的广泛关注和欢迎，也成为高校大学生和IT从业者所必备的编程工具。

本书结合编者对本科生和研究生的教学经验，总结近几年利用Python进行数据分析和人工智能项目实践的经验，从语言的前瞻性和实用性角度出发，以实际需求为导向而编写。在内容设计上，打破学科体系、知识本位的束缚，以行业标准、职业标准、教学标准为引领，根据企业岗位规范与任职要求提炼核心编程技能，由浅入深地将不同知识点进行串联，使得各知识点之间密切联系，让读者能够逐层深入地掌握Python编程技巧。本书的主要特点如下：

（1）在内容上，充分发挥易读性和实用性，将基本知识点、典型例题、练习等多种方式相结合。从实际操作出发，精选例题，引入大量趣味性、实用性强的应用案例，帮助读者发现问题，解决问题，举一反三。全书的示例代码均在Jupyter开发工具上进行了严格调试，代码规范性、可读性强。

（2）在章节设计上，全书由易到难，第1章到第9章为Python的基础部分，包括Python初探、基础语法、Python控制流、字符串处理、列表与元组、集合与字典、函数与模块、面向对象、文件与异常，将知识点逐个串联，使读者能够快速掌握基本的编程知识和思想。第10章到第13章为进阶部分，以数据处理和机器学习开发为目标，逐个介绍NumPy科学计算、Python数据可视化、Python数据处理和Python机器学习案例分析，让读者学以致用。

（2）在写作特点上，结构安排逻辑清晰，尽量以简单易懂的语言进行表述，达到简明扼要、通俗易懂的目的，让零基础的读者也可以快速掌握Python的相关知识。

本书既可作为高等本科院校、高等职业院校等各专业的“Python语言程序设计”课程的教材，也可以作为广大计算机爱好者、零基础初学者学习Python程序设计的参考用书。

本书由刘同存、何丁、冯海林任主编，余君、吕晓敏、郭洪波任副主编。其中，刘同存编写第2～4章，何丁编写第1、13章，冯海林编写第5、6章，余君编写第7、8章，吕晓敏编写第9章，易沅壁编写第10章，郭洪波编写第11章，朱天生编写第12章。在此一并表示感谢。

虽然本书经过多次讨论并反复修改，但仍存在许多不足，恳请读者批评指正，对本书提出宝贵的意见。另外，本书在编写过程中，参阅和吸收了大量相关书籍和互联网资源，参考和引用了众多公开实用案例，在此谨向相关作者致以深深的敬意和由衷的感谢！

编者

2024年8月

目　录

第 1 章　Python 初探

Python 是一种功能强大的、跨平台的、面向对象的高级程序设计语言，是目前应用最为广泛的计算机语言之一，具有简单易学、面向对象、跨平台、交互解释、模块丰富、应用广泛等特点。它拥有大量的第三方库，可以高效地开发各种应用，是大数据和人工智能时代数据分析与算法设计过程中必不可少的语言。本章将简要介绍 Python 的起源，学习 Python 的目的和意义，如何搭建 Python 环境，常用的 Python 编程工具 IDE，并基于搭建的环境着手编写第一个 Python 程序，最后介绍 Python 的编码风格和语言规范。

1.1　关于 Python

1.1.1　Python 的起源

Python 的起源可以追溯到 1989 年，创始人为 Guido van Rossum。1989 年圣诞节期间，Guido van Rossum 在阿姆斯特丹度假时为了打发时间，决心开发一个新的解释程序，作为 ABC 语言的一种继承，其目标是创建一种用于教学和科学计算的语言。

ABC 语言是由 Guido van Rossum 参与设计的一种教学语言，就 Guido van Rossum 本人看来，ABC 语言非常优美和强大，是专门为非专业程序员设计的。但是 ABC 语言并没有成功，究其原因，Guido van Rossum 认为是非开放造成的，于是他决定在 Python 中避免这一错误。1991 年圣诞节期间，Guido van Rossum 发布了 Python 的第一个版本，它最初被称为 Python 0.9.0。Python 的名字来自 Guido van Rossum 喜欢的一个名叫 Monty Python 的英国喜剧团体，在 Python 的文档和示例中经常会出现 Monty Python 的名字和菜单。

Python 最初是为 Amoeba 操作系统开发的，但是由于 Amoeba 操作系统并没有得到广泛应用，所以 Python 也没有得到广泛的关注。直到 1994 年，Python 1.0 被发布后，Python 才开始受到人们的广泛关注和应用。Python 1.0 具有基本的语言功能，支持模块化编程和异常处理等特性。随着时间的推移，Python 逐渐发展为一种功能强大、易于学习和使用的编程语言，并且在各个领域得到广泛应用。

1.1.2　Python 的发展史

Python 的第一个解释器诞生于 1991 年，该解释器是用 C 语言实现的，并能够调用 C 语言的库文件。虽然该解释器是由 C 语言实现的，但是它也受到了很多 ABC 语言的影响，拥有很多来自 ABC 语言的语法，直到今天仍然有争议，如强制缩进。要知道，大多数语言的代码风格是自由的，它们不在乎缩进多少或者写在哪一行，只要有必要的空格即可。然而，Python

必须有缩进，这也导致了很多使用其他语言的程序员开玩笑地说："Python 程序员必须会用游标卡尺。"

Python 1.0 于 1994 年 1 月被发布，这个版本的主要新功能是 lambda、map、filter 和 reduce，但是 Guido van Rossum 不喜欢这个版本。2000 年 10 月，Python 2.0 被发布。这个版本新增的主要功能是内存管理、循环检测垃圾收集器及对 Unicode 的支持。然而，尤为重要的变化是开发流程的改变，Python 此时有了一个更透明的社区。

2008 年 12 月，Python 3.0 被发布。Python 3.X 系列不向后兼容 Python 2.X 系列，这意味着 Python 3.X 系列可能无法运行 Python 2.X 系列的代码。Python 3.X 系列在 Python 2.X 系列的基础上进行了改进和优化，增加了诸如类型注解、异步编程等新特性。Python 3.X 系列还修复了一些 Python 2.X 系列中的不足，如字符串和字节串的混淆问题。Python 3.X 系列是 Python 的未来，它提供了更好的 Unicode 支持、更清晰的语法、更好的性能和更高的安全性。Python 3.10 于 2021 年 10 月 4 日被发布，是 Python 3.X 系列最稳定的版本。

Python 3.10 在 Python 3.X 系列的基础上增加了一些新功能，如结构模式匹配、针对字典的更新表达式、新增的 math 模块和统计学模块等。此外，Python 3.10 还改进了性能，提高了安全性，并且修复了一些 Bug。Python 社区一直在不断推进 Python 的发展，未来还会有更多的版本和新功能。

1.1.3 Python 的特点

Python 是目前非常流行且发展迅速的高级程序设计语言之一，它具有如下几个特点。

- 易于学习：Python 有相对较少的关键字，结构简单，语法定义明确，学习起来更加简单。
- 易于阅读：Python 代码的定义更清晰，易于阅读和理解。
- 易于维护：Python 的成功在于它的源代码是非常容易维护的。开发人员可以更快地开发和维护 Python 代码。
- 丰富的标准库：Python 的最大优势之一是具有丰富的跨平台库，并且与 Linux、Windows 和 macOS 的兼容性很好，使得开发人员可以更加高效地编写代码。
- 互动模式：Python 支持从终端输入代码并获得结果，互动式地测试和调试代码片段，方便开发和学习。
- 可移植性强：基于其开放源代码的特性，Python 已经被移植到许多平台中，使得它可以在各种硬件和操作系统上运行。
- 可扩展：如果用户需要一段运行很快的关键代码，或者想要编写一些不愿开放的算法，那么可以先使用 C 或 C++语言完成那部分程序的编写，再通过 Python 程序调用。
- 数据库：Python 提供所有主要的商业数据库的接口，方便开发人员进行数据库操作。
- GUI 编程：Python 支持 GUI 编程，可以编写程序并移植到许多系统中以供调用，方便开发人员开发桌面应用程序。
- 可嵌入：可以将 Python 嵌入 C/C++程序中，让使用该程序的用户获得"脚本化"的能力，方便用户进行自定义扩展。

总之，Python 具有易学易用、代码清晰易读、可维护性高、跨平台兼容、可扩展性强等优点，适用于各种编程任务（从科学计算到网站开发），甚至广泛应用于机器学习和人工智能等领域。Python 的开放和活跃的社区也为开发人员提供了大量的工具和库，使得 Python 成为一种非常流行和有用的编程语言。

1.1.4　为什么要学习 Python

当前，我们正处于大数据和人工智能时代，Python 已经成为数据科学、大数据分析、机器学习和人工智能的首选语言。从 2021 年 8 月的 TIOBE 编程语言排行榜来看，Python 的流行程度已经超过 Java，占比为 11.86%，仅次于 C 语言。Python 已经成为当前工业界和学术界广为流传的编程语言。Python 之所以这么流行可以归结为以下几点。

- Python 语法结构简单，简单易学，功能强大，适合初学者和有经验的开发人员。
- Python 提供了许多库和 Web 开发框架，如 Django 和 Flask 等，使得 Web 开发变得非常简单和高效。
- Python 还可以用于网络数据的抓取，提供了大量的爬虫框架，让数据采集更加容易。
- Python 提供了大量关于人工智能、数据科学和机器学习的框架，比如 NumPy、scikit-learn、pandas、TensorFlow、PyTorch 等，可以帮助程序开发人员完成大数据分析、挖掘和人工智能算法的开发工作。

此外，Python 社区也非常活跃，提供了大量的教程和支持，使得 Python 成为初学者和有经验的开发人员的首选语言之一。

1.2　Python 环境搭建

Python 是跨平台的开发语言，可以运行在 Windows、macOS 和各种 UNIX 等操作系统中。考虑到 Windows 的用户数量多，目前的 Python 开发大多数会选择 Python 3.X，本书所有程序均基于 Windows 下的 Python 3.X。

Python 环境的搭建有两种方法：使用 Python 安装包搭建编程环境和使用 Anaconda 集成包搭建编程环境。

1.2.1　使用 Python 安装包搭建编程环境

俗话说：工欲善其事，必先利其器。要使用 Python 设计和开发程序，就必须搭建好 Python 开发和运行环境。如果要使用 Python 安装包搭建编程环境，则可以直接登录 Python 官方网站，如图 1-1 所示。

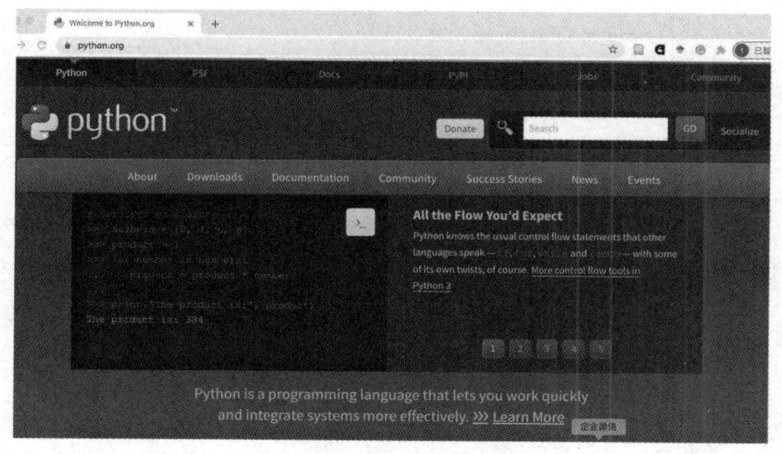

图 1-1　Python 官方网站

直接单击 Downloads 标签，跳转到下载页面，如图 1-2 所示。截至本书编写完成时，Python 的最新版本是 Python 3.11.3。这里提供了适用于 Windows、macOS、Linux/UNIX 等操作系统的 Python 版本，读者可以根据自己的操作系统下载相应的版本。

图 1-2　下载页面

直接单击 Download Python 3.11.3 按钮，可以下载与用户当前操作系统匹配的安装包。也可以单击下面的操作系统（Windows、Linux/UNIX、macOS、Other）文字链接，进入相应版本的页面进行下载。例如，适用于 Windows 的版本的下载页面如图 1-3 所示。

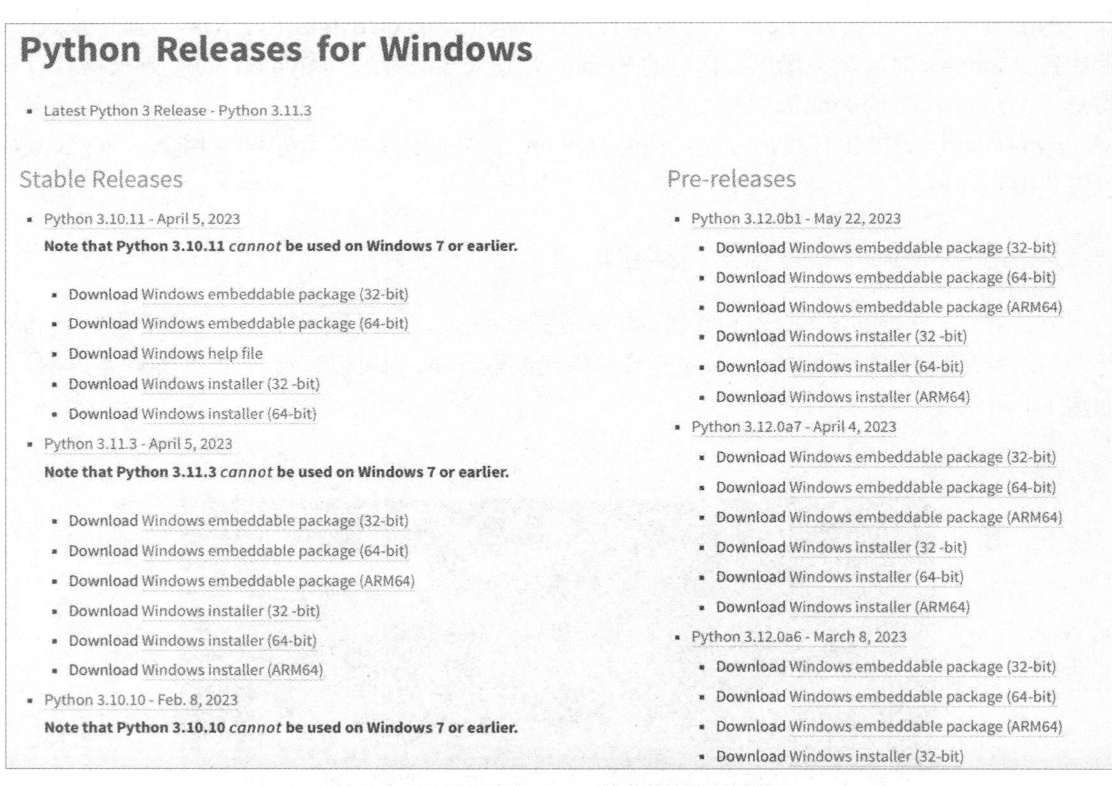

图 1-3　适用于 Windows 的版本的下载页面

当然，读者也可以根据自己的需要，选择下载更稳定的版本。读者可以在图 1-3 所示的页面中选择所需要的版本，比如要下载Python 3.9.0，则单击Windows x86-64 executable installer

文字链接即可，如图 1-4 所示。

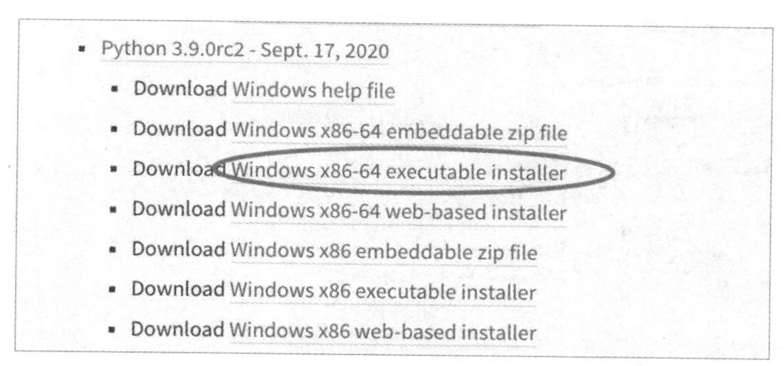

图 1-4　早期 Python 版本下载示意图

我们以稳定的 Python 3.9.6 为例介绍安装过程。下载完成后，双击 Windows installer(64-bit) 安装包文件，进入 Python 安装主界面，如图 1-5 所示。

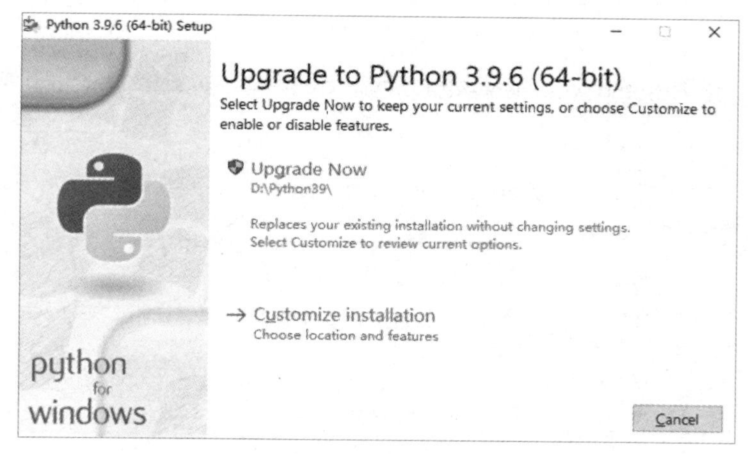

图 1-5　Python 安装主界面

选择 Customize installation 选项，进入 Optional Features 界面，如图 1-6 所示。可以保持选项的默认设置。

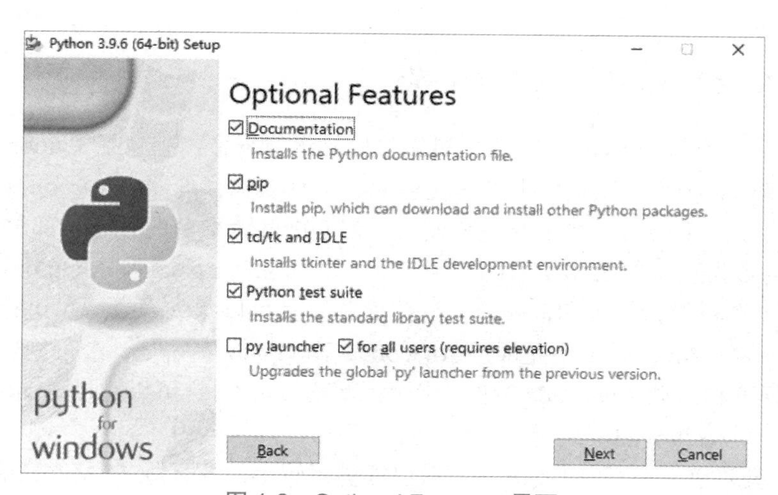

图 1-6　Optional Features 界面

首先单击 Next 按钮进入 Advanced Options 界面，可以选择安装位置，如图 1-7 所示，然后单击 Install 按钮开始安装。

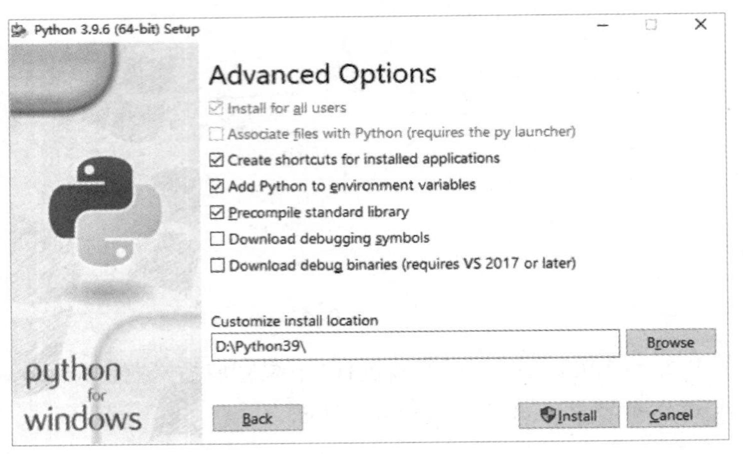

图 1-7　Advanced Options 界面

安装成功后，进入 Setup was successful 界面，如图 1-8 所示，单击 Close 按钮，完成安装。

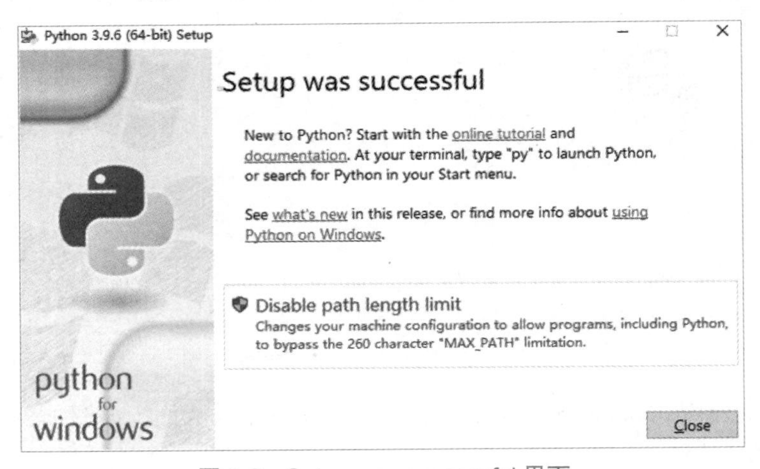

图 1-8　Setup was successful 界面

1.2.2　使用 Anaconda 集成包搭建编程环境

Anaconda 是一个基于 Python 的数据科学与机器学习平台，它包括 Python 解释器、许多常用的科学计算库和工具，以及用于管理这些库和工具的包管理器。Anaconda 独立于系统的 Python 环境，可以在不同的平台上安装和使用，方便进行跨平台的开发与部署。Anaconda 包含了许多常用的数据科学与机器学习的库和工具，如 NumPy、pandas、Matplotlib、scikit-learn、Jupyter 等 180 多个科学计算包和依赖包。这些库和工具可以帮助开发人员进行数据分析、可视化、建模与部署。Anaconda 还提供了 Anaconda Navigator，它是一个可视化的应用程序，可以帮助用户管理和启动 Anaconda 中的应用程序和工具。用户可以通过 Anaconda Navigator 安装和更新库、启动 Jupyter、运行 Spyder 等。

Anaconda 安装包大约有 531MB，当然也提供了较小的发行版本 Miniconda，Miniconda 仅包含 conda 和 Python，没有复杂的科学计算包和依赖包。Anaconda 的下载页面提供了适用于 Windows、macOS 和 Linux 的 3 个版本，用户可以根据自己的操作系统选择相应的版本。此处选择下载适用于 Windows 的版本，下载完成后，双击可执行文件，按照指引界面直接安装即可。按照指引界面安装成功后，打开 Anaconda Navigator（Anaconda），会进入如图 1-9 所示的界面。

图 1-9　Anaconda Navigator 界面

1.2.3　Python 编程工具 IDE

在学习和编写 Python 程序时，通常需要使用 IDE 工具或代码编辑器，这些工具可以提高开发效率和速度。目前常用的 IDE 工具有 PyCharm、Sublime Text 和 Spyder。

- PyCharm：PyCharm 是由 JetBrains 打造的一款 Python IDE，具有一般 Python IDE 的所有功能，如调试、语法高亮、项目管理、代码跳转、智能提示、自动完成、单元测试、版本控制等。对于 Django 开发，PyCharm 提供了很好的支持，同时还支持 Google App Engine 和 IronPython。
- Sublime Text：Sublime Text 具有漂亮的用户界面和强大的功能，如代码缩略图、Python 的插件、代码段等。还可以自定义键绑定、菜单和工具栏。Sublime Text 的主要功能包括拼写检查、书签、完整的 Python API、Goto 功能、即时项目切换、多选择、多窗口等。Sublime Text 是一个跨平台的编辑器，同时支持 Windows、Linux、macOS 等操作系统。
- Spyder：Spyder 是集成在 Python 安装包里的 IDE 工具，在安装 Python 环境时自动安装。Spyder 模仿 MATLAB 的工作空间功能，由许多窗格构成，用户可以根据自己的喜好调整它们的位置和大小。

除此之外，Python 还提供了网页式编程 IDE 工具 Jupyter，用户通过浏览器就可以方便地编写程序。Jupyter 具有交互式编程的特点，方便用户在代码编写过程中进行实时调试。如果使用 Python 安装包搭建编程环境，则需要单独安装 Jupyter，安装命令为 pip install jupyter。安装成功后，使用 jupyter notebook 命令启动 Jupyter，即可打开一个可编程的网页。如果使用 Anaconda 集成包搭建编程环境，则可以直接在显示的页面中单击 JupyterLab 图标，启动 Jupyter。为了方便初学者学习 Python，本书中的示例代码均在 Jupyter 中编写、运行和调试。当然，这些代码也可以被直接放到其他的 IDE 工具中运行。

1.3 编写并运行第一个 Python 程序

1.3.1 利用 Jupyter 编写并运行 Hello World 程序

首先，打开 Anaconda Navigator（Anaconda），单击 Install 图标，安装 Notebook，选择 File→New→Notebook 命令，新建一个 Notebook 文件，如图 1-10 所示，然后进入 Notebook 程序编写页面，如图 1-11 所示。需要注意的是，生成的是以.ipynb 为扩展名的文件，默认文件名是 Untitled.ipynb。读者可以单击左侧的“文件”图标查看当前目录下扩展名为.ipynb 的文件，如图 1-12 所示。读者可以选中某文件，单击鼠标右键，在弹出的快捷菜单中选择 Rename 命令，如图 1-13 所示。此时文件名处于可编辑状态，可以修改文件名。

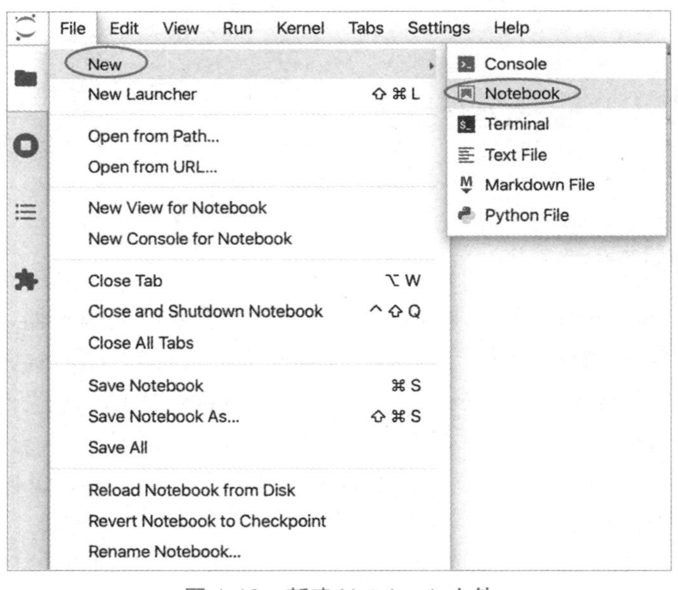

图 1-10 新建 Notebook 文件

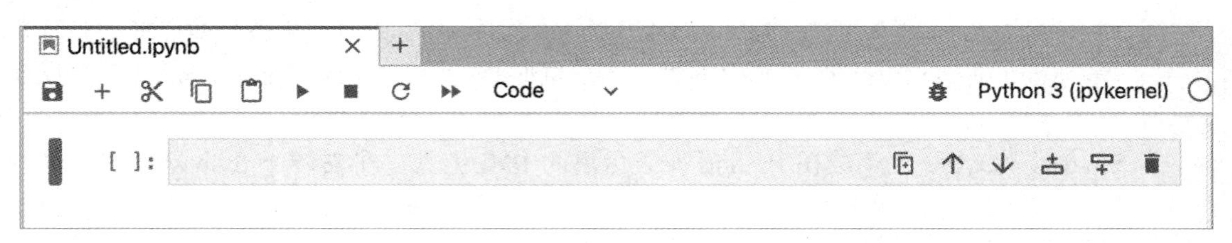

图 1-11 Notebook 程序编写页面

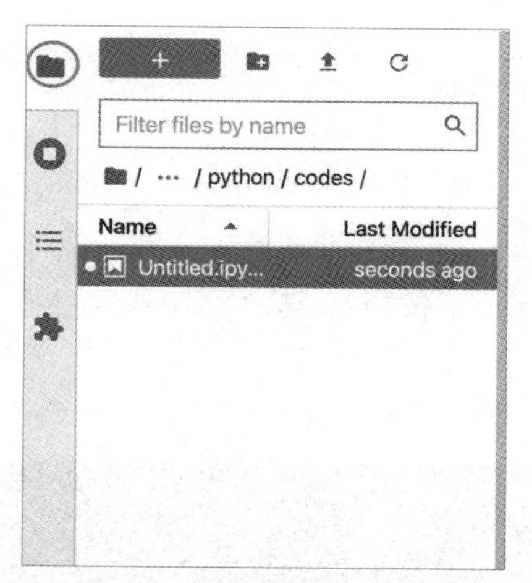

图 1-12　查看当前目录下的文件

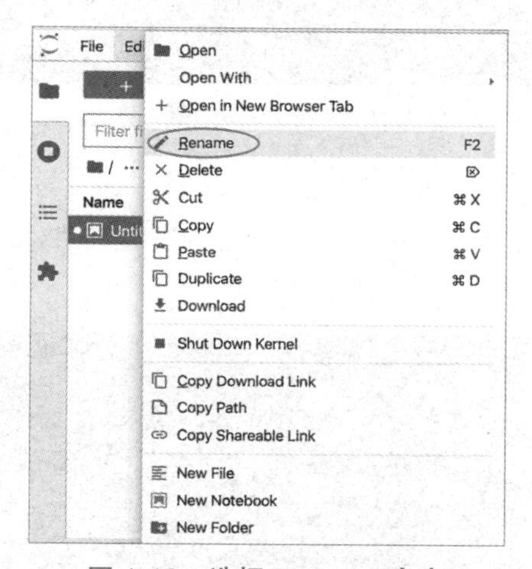

图 1-13　选择 Rename 命令

首先在 Notebook 的窗口中输入代码“print('Hello World!')”，然后单击上方的运行图标▶即可运行程序，如图 1-14 所示。print()是 Python 的内置函数，用于输出指定的内容。更多的用法将在第 2 章中详细介绍。

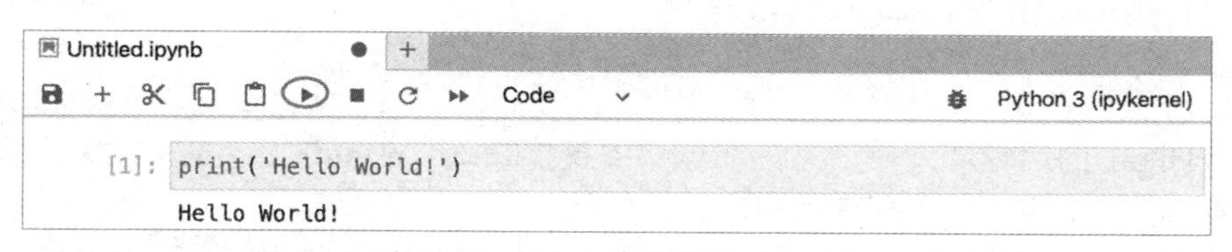

图 1-14　使用 Notebook 编写的第一个 Python 程序

1.3.2　从终端运行 Python 程序

前文使用 Anaconda Navigator（Anaconda）中的 Notebook 运行了一个简单的 Hello World 程序，我们还可以通过“命令提示符”窗口运行 Python 程序。

使用记事本编写一个 Python 程序。首先，新建记事本文件，输入内容“print('Hello World!')”，将文件保存到指定位置，给文件指定一个名称，并将扩展名改为.py，比如将文件名设置为 helloworld.py，如图 1-15 所示。

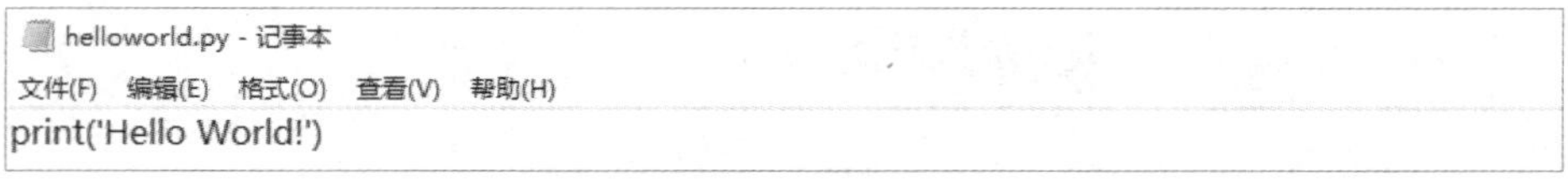

helloworld.py - 记事本

文件(F) 编辑(E) 格式(O) 查看(V) 帮助(H)

```
print('Hello World!')
```

图 1-15　使用记事本编写一个 Python 程序

然后，打开“命令提示符”窗口，进入程序文件所在文件夹中。例如，保存路径为 E:\pyproject，操作过程为输入“E:”后按 Enter 键，进入 E 盘根目录；使用 cd 命令切换到 pyproject 文件夹中，如图 1-16 所示。

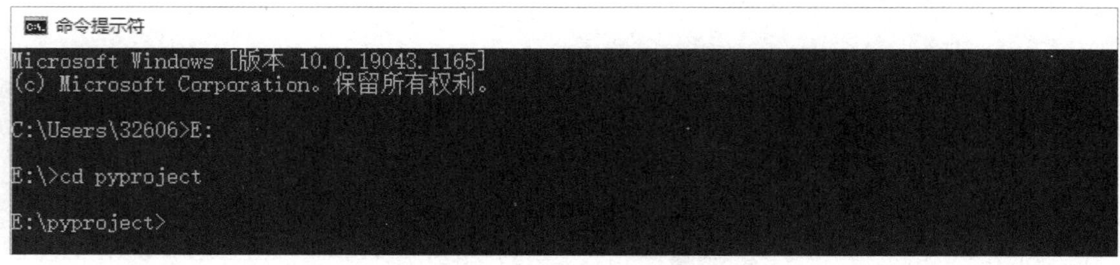

图 1-16　“命令提示符”窗口

最后，输入命令“py helloworld.py”后按 Enter 键，显示运行结果为“Hello World！”，如图 1-17 所示。

命令提示符

```
Microsoft Windows [版本 10.0.19043.1165]
(c) Microsoft Corporation。保留所有权利。

C:\Users\32606>E:

E:\>cd pyproject

E:\pyproject>py helloworld.py
Hello World!

E:\pyproject>
```

图 1-17　程序运行结果

1.3.3　在 Python 命令窗口中运行程序

我们也可以直接在“命令提示符”窗口中输入 Python 命令，此时会进入 Python 命令窗口，头部显示 Python 的运行环境等信息。在窗口中直接输入“print('Hello World!')”，并按 Enter 键，可以看到运行结果。示例代码如下：

```
>>> print('Hello World! ')
Hello World!
```

1.4　Python 注释

在编写程序时，为了增加程序的可读性，通常会为关键代码添加注释，用来说明代码或代码块的作用，注释文字在程序运行时不会被执行。Python 提供了两种注释方法：单行注释和多行注释。

1.4.1　单行注释

Python 中使用“#”表示单行注释。单行注释可以作为单独的一行放在被注释的代码行之上，也可以放在语句或表达式之后。示例代码如下：

```
# 你好，这是单行注释
print('Hello World!')  #这是第一个 Python 程序
```

当单行注释作为单独的一行放在被注释的代码行之上时，为了保证代码的可读性，建议先在“#”后面添加一个空格，再添加注释内容。

当单行注释放在语句之后时，同样为了保证代码的可读性，建议“#”和语句之间至少添加两个空格。

1.4.2　多行注释

当注释内容过多，导致一行无法显示时，就可以使用多行注释，也称块注释。Python 中使用 3 个单引号或 3 个双引号表示多行注释。示例代码如下：

```
'''
你好，这是单引号多行注释
'''
"""
你好，这是双引号多行注释
"""
```

为了方便注释，Jupyter、Spyder 和 PyCharm 中可以使用专门的快捷键“Ctrl+/”来快速注释代码。使用时只需先选中所需要注释的代码然后在键盘上按快捷键“Ctrl+/”，就会在所有选中的代码行前添加一个“#”。同样，再次按快捷键“Ctrl+/”就会取消注释。

1.5　本章小结

本章详细介绍了 Python 的起源、Python 的发展史和 Python 的特点，以及为什么要学习 Python，让读者对 Python 有一个初步的认识。为便于后续章节的学习，本章还介绍了 Python 环境的搭建，包括使用 Python 安装包搭建编程环境和使用 Anaconda 集成包搭建编程环境。对于初学者来说，我们建议使用 Anaconda 集成包搭建编程环境。本章还介绍了程序设计过程中常用的编程工具，包括 PyCharm、Sublime Text 和 Spyder。当然，还有很多优秀的编程工具 IDE，比如 Visual Studio Code 等，感兴趣的读者可以根据自己的喜好选择合适的编程工具。最后，本章还介绍了编写并运行第一个 Python 程序的 3 种方法，包括 Jupyter、终端运行和 Python 命令窗口，并简要介绍了 Python 注释。

通过本章的学习，读者可以简要了解 Python 的发展史、环境搭建，以及如何编写与运行程序，为后续章节打好坚实的基础。

第 2 章 基础语法

Python 具有丰富的语法特性，这是其灵活性的来源。本章将介绍标识符与关键字、变量与赋值、语句、数据类型、输入与输出、运算符与表达式、数据类型转换，以及扩展赋值。掌握最基础和最常用的语法知识是后续深入学习 Python 的基石。另外，由于 Python 的语法也处于不断的发展变化过程中，在未来的某个新版本可能会包含新的语法要素，本章主要以 Python 3.10 为例介绍基础语法知识。本章的示例代码是利用 Jupyter 编写并运行的，也推荐初学者使用该工具。

2.1 标识符与关键字

在计算机高级程序设计语言中，标识符与关键字是两个基本的语法要素，是编写程序的基础。本节将介绍 Python 中常用的标识符与关键字。

2.1.1 标识符

标识符用来标识程序中的变量、函数、类、模块等，它们是由字母、数字和下画线组成的字符串。在程序设计过程中可以自行定义标识符，建议选用有意义的单词、单词缩写或单词组合。标识符的定义需要遵循如下规则。

- 标识符由字母、数字和下画线组成。
- 首字符必须是非数字字符，可以是字母，也可以是下画线。
- 标识符区分大小写，大小写不同的字母或单词表示不同的标识符，长度没有限制。比如 Age 和 age 是两个不同的标识符。
- 标识符不能与 Python 的关键字重名，如 True、def、class 等，否则会报错。
- 中文可以作为标识符，如姓名、年龄，但是不建议使用中文作为标识符。

例如，下面定义的 Python 标识符是合法的：

```
student， num，a1
```

而下面定义的 Python 标识符则是非法的：

```
2count，a-b，for，my name，high@， class，not
```

注意：标识符最好能在一定程度上反映它所标识的变量、函数、对象等的实际意义，尽量符合见名知意的原则，从而增强程序的可读性。例如，age 表示年龄，name 表示人名等。

2.1.2　关键字

Python 的关键字是指被 Python 解释器保留的特殊单词，它们被赋予特定含义，具有特定作用，不能再被编程人员挪作他用。Python 3.10.0 中定义的关键字共有 35 个，在 Jupyter 程序编写窗口中使用 help()函数即可查看 Python 的所有关键字。示例代码如下：

In [1]:
```
help('keywords')
```

Out[1]:
```
Here is a list of the Python keywords.  Enter any keyword to get more help.
False               class               from                or
None                continue            global              pass
True                def                 if                  raise
and                 del                 import              return
as                  elif                in                  try
assert              else                is                  while
async               except              lambda              with
await               finally             nonlocal            yield
break               for                 not
```

注意：True、False 和 None 这 3 个关键字的首字母是大写的，其余关键字的首字母是小写的。在后续的学习过程中，给变量或函数命名时须避开这些关键字。在 Python 编程环境下，关键字通常会以不同的字体和颜色呈现，以区分关键字和自定义变量或函数名。

2.2　变量与赋值

在 Python 中，变量是用于存储数据的标识符，变量可以用任何有意义的名称来命名，如 x、y、name、age 等。在 Python 中，变量不需要事先声明或定义，可以直接使用它存储数据。Python 中的变量名要遵循标识符规则，区分大小写，同时不能以数字开头，可以包含字母、数字和下画线。为了提高代码的可读性，建议使用有意义的变量名，变量名应尽量采用小写字母，如果由多个单词构成时，则应使用下画线分隔单词，如 age_of_person。

变量的赋值使用符号“=”表示，其语法格式为：变量名=值。

“=”右侧的“值”表示要存储的数据。在执行时，Python 会将“=”右侧的“值”传递给“=”左侧的变量，这个过程也被称为变量赋值。此外，Python 还会根据“=”右侧“值”的数据类型来自动确定左侧变量的数据类型，无须事先指定变量的数据类型。示例代码如下：

In [2]:
```
age=18
```

此时，Python 首先会在计算机内存中找到一个足以存放数值 18 的位置，并将此位置的数据类型设置为整型，然后把数值 18 存放到此位置，并且以 age 这个名称进行命名。这时，我们可以认为 age 是存储了数值 18 的变量。因此，Python 的变量不需要像编译型语言（如 C 语言）中的变量那样先声明再使用，Python 的变量可以直接赋值，在赋值的同时也声明了变量，并依据所赋予的值自动地确定数据类型。

变量的值在程序运行中是可以改变的。例如，在上述示例“age=18”的基础上，可以将变量 age 的值改为 10。示例代码如下：

```
In [3]:  age=18
         age=10
         print(age)

Out[3]:  10
```

当执行到第 2 行代码时，Python 会将变量 age 的值替换成 10，即重赋值，因此，程序运行结果为 10。此外，Python 中还允许在程序运行过程中动态地改变变量的数据类型，而编译型语言的变量通常不允许这样修改。例如，再次给变量 age 重新赋值，改变其数据类型为浮点型。示例代码如下：

```
In [4]:  age=10
         age=10.0
         print(age)

Out[4]:  10.0
```

此时，变量 age 的值替换成了 10.0，其数据类型也变成了浮点型。

在使用变量过程中需要注意以下几点。

- 变量名在被引用之前必须先赋值，否则会抛出 NameError 类型的异常。例如，在没有定义变量 name 的情况下，运行“print(name)”会显示“NameError: name 'name' is not defined”的错误信息。
- 变量间也可以赋值，即把一个变量的值赋给另外一个变量，此时两个变量存储相同的数据。示例代码如下：

```
In [5]:  num1=10
         num2=num1
         print(num2)

Out[5]:  10
```

第 2 行代码先将变量 num1 的值赋给变量 num2，这时 num1 和 num2 的值都是 10。

- 在使用时也可以随时改变变量的值，即在程序的任意位置都可以重复利用已经定义且不再使用的变量。示例代码如下：

```
In [6]:  num1=10
         num2=num1
         num1=20
         print('num1 的值为:',num1)
         print('num2 的值为:',num2)

Out[6]:  num1 的值为: 20
         num2 的值为: 10
```

第 2 行代码先将变量 num1 的值赋给变量 num2，再将 num1 的值更改为 20，这时 num2 的值将保持不变，仍然是 10，而 num1 的值变为 20。这是因为在计算机内部，变量 num1 和变量 num2 分别对应不同的内存区域。

2.3 语句

Python 中的语句是解释器执行的基本操作，它们通常是一种操作，可以是对函数的调用、条件判断、重复执行的循环语句，甚至可以是一条空语句。Python 的程序是由一条条语句组合而成的，这些语句可以用于定义函数、定义类、创建对象、变量赋值、调用函数等。Python 的语句可以分为简单语句和复合语句。

1. 简单语句

简单语句是指一行代码即可完成的操作，比如变量赋值、函数调用、算术运算、表达式语句、pass 空语句、return 语句等。一般来说，一条简单语句写在一行上，行尾不需要使用分隔符。当然，特殊情况下也可以在同一行中使用多条语句，中间用英文分号“;”分隔。如果一行中存在多条语句，则按照从左到右的顺序执行。示例代码如下：

In [7]:
```
a=4;b=2;c=a+b
```

上述示例代码会先执行 a=4，再执行 b=2，最后执行 c=a+b。但是这种写法会降低代码的可读性，因此，一般不建议将多条语句合并写在一行，除非满足以下条件。

- 语句很短。
- 语句风格近似。
- 需要节省代码的行数，以满足特殊的需要。

Python 简单语句的书写规则如下。

- Python 的语句块是由缩进控制的，因此语句间的缩进必须严格对齐，一般用 4 个空格作为缩进。
- 一行写一条语句，当语句太长而超过屏幕宽度时，可以在行尾使用续行符“\”表示下一行仍属于本行的语句。示例代码如下：

In [8]:
```
a=1+2+3+\
4+5
Print(a)
```

Out[8]:
```
15
```

此时，前 2 行代码表示一条语句。我们也可以使用圆括号“()”的方式将一条语句写在多行。示例代码如下：

In [9]:
```
b=('123'
'456'
'789')
print(b)
```

Out[9]:
```
123456789
```

此时，前 3 行代码表示一条语句。

- 当在一行中写多条语句时，务必要使用“;”分隔每一条语句。
- 与其他编程语言不同，在 Python 中，每行代码的末尾不需要使用任何分隔符。

2. 复合语句

Python 中的复合语句是由多条简单语句构成的语句块，包括 if 语句、while 语句、for 语句、函数定义、类定义等。复合语句由头部语句和构造体语句块组成。具体书写规则如下。

- 头部语句由相应的关键字开始，如 if、while、def、for、class 等。
- 构造体语句块为头部语句下一行开始的一行或多行缩进代码，同一构造体语句块的多条语句缩进的空格数必须一致（建议 4 个空格），否则会报错。

语句的执行过程一般是自上而下执行的。示例代码如下：

In [10]:
```
for i in range(5):
    print(i)
```

Out[10]:
```
0
1
2
3
4
```

在上述示例代码中，先执行第 1 行代码，再执行第 2 行代码。这里的 for 语句是循环语句，range()函数用于生成指定范围的列表，后面的章节会详细介绍其用法。这段代码表示从 0 开始逐个取出列表中的元素，并输出。

2.4 数据类型

数据是客观事物的符号表示，在计算机科学中指的是所有能输入计算机并被计算机程序处理的符号的总称。为了满足实际应用的需要，Python 将数据划分成多种类型，包括数值型、字符串、列表、元组、集合、字典等，每种类型都有其特定的用途和性质。本节主要介绍 Python 的基本数据类型：数值型和字符串。列表、元组、集合、字典是 Python 中较为复杂的数据类型，将在后续章节中逐一介绍。

数值型包含整型（int）、浮点型（float）、复数型（complex）和布尔型（bool）等。由于程序对不同数据类型的运算方法和存储方式存在明显差别，因此在程序设计过程中务必要为待处理的数据确定合适的数据类型和有效的处理方法。

2.4.1 数值型

1. 整型

整数类型简称为整型（int），它是 Python 中常用的一种数据类型。整型数据有正整数、零和负整数，是没有小数点的正数或负数，其含义与数学中的含义相同。Python 用 int 数据类型表示整型。整型数据有下列表示方法。

- 十进制整数：如 2，121，-1234 等。
- 二进制整数：以 0b 或 0B 开头，如 0B1010，-0b111 等。
- 八进制整数：以 0O 或 0o 开头，如 0O47，-0o21 等。
- 十六进制整数：以 0x 或 0X 开头，如 0x12，-0xA9，0XFF 等。

Python 提供了 bin()、oct()、hex()等内置函数，可以将十进制数转换为二、八、十六进制数，结果是对应进制数的字符串形式。

2. 浮点型

Python 用浮点型（float）表示数学中的实数（也称浮点数），它是既有整数部分又有小数部分的数。

浮点数可以用数学写法表示，如 1.23、3.14、−9.01 等。对于很大或很小的浮点数，可以用科学记数法表示，用 e 替代 10，如 1.23×10^9 可表示成 1.23e9 或者 12.3e8，0.000012 可以写成 1.2e−5 等。e 前的数字称为尾数，e 后的指数必须是整数。

Python 浮点型数据遵循 IEEE 754 双精度标准，占 8 字节。可表示的数据范围是 -1.8^{308}～1.8^{308}，当超出范围时，显示 Python 中预定义的常量：−inf（负无穷）或 inf（正无穷）。

另外，浮点数运算会产生不确定的小数位数。示例代码如下：

```
In [11]:  0.1+0.3

Out[11]:  0.4

In [12]:  0.1+0.2

Out[12]:  0.30000000000000004
```

3. 复数型

复数是由实数部分和虚数部分构成的数。Python 将复数型（complex）数据表示为 $x+yj$，其中 x 是实数部分（实部），y 是虚数部分（虚部），j 为虚数单位。

假设变量 a 是复数型，则 a.real 可获取 a 的实部，a.imag 可获取 a 的虚部，复数的实部和虚部都是浮点型数据。

内置函数 complex(real, imag)可创建一个实部为 real，虚部为 imag 的复数。示例代码如下：

```
In [13]:
x=10
y=3.14
z=1+2j
a=complex(x,y)
print('x 的类型是:',type(x))
print('y 的类型是:',type(y))
print('z 的类型是:',type(z))
print(a, type(a))

Out[13]:
x 的类型是: <class 'int'>
y 的类型是: <class 'float'>
z 的类型是: <class 'complex'>
(10+3.14j) <class 'complex'>
```

在上述示例代码中，x 是整数，y 是浮点数，z 是复数。需要注意的是，在利用 complex() 函数构造复数时，需要传递复数的实部和虚部这两个参数。给定一个复数，可以通过复数对象的 real 属性得到复数的实部，利用 imag 属性得到复数的虚部。例如，上述示例构造的复数 z，使用如下示例代码可以获得其实部和虚部。

```
In [14]:  z.real
Out[14]:  1
In [15]:  z.imag
Out[15]:  2
```

4. 布尔型

布尔型（bool）也称逻辑型，是用来表示逻辑值的数据类型。逻辑值在程序中用于条件真假逻辑判断，它只有“真”和“假”两个取值，其中“真”用 True 表示，“假”用 False 表示。示例代码如下。Python 中的布尔型也可被视为整型的子类，True 和 False 对应的整型值分别为 1 和 0。

```
In [16]:  x=10
          print(x>5)
Out[16]:  True
```

此外，Python 的布尔型数据支持普通整型的所有计算，如“False + 1”是合法的计算。示例代码如下：

```
In [17]:  y=False
          y+1
Out[17]:  1
```

当 y 为 False 时，Python 将其视为 0。

2.4.2 字符串

Python 采用字符串表示和存储文本（如英文字符）。字符串是最常用的数据类型，Python 中的字符串是由成对的英文单引号“'”、双引号“"”或三引号（三单引号“'''”或三双引号“"""”）界定的，其中单引号和双引号用于界定单行文本，三引号通常用于界定多行文本。示例代码如下：

```
In [18]:  var1 = 'Hello World!'
          var2 = "How are you?"
```

上述示例代码表示分别用单引号和双引号创建两个字符串，并分别赋给变量 var1 和变量 var2。需要注意的是，空格也是一个字符。

Python 中不支持单字符类型，单个的字符在 Python 中也被当作一个字符串使用。示例代码如下：

```
In [19]:  var='a'
          type(var)
Out[19]:  str
```

单个字符“'a'”赋给变量 var，在 Python 中被当作字符串，可以使用 type()函数查看变量的数据类型，结果为 str。

1. 转义字符

转义字符是一些具有特殊含义或输出不可见的字符，如回车符、换行符等。为了表达这些特殊字符，引入了转义功能。需要在字符串中表达特殊字符时，Python 用反斜杠“\”开头，后面紧跟一个字符表示某个特定的转义字符，Python 常用的转义字符如表 2-1 所示。

表 2-1　Python 常用的转义字符

转义字符	描　述
\（行尾）	续行符
\\	反斜杠符号
\'	单引号
\"	双引号
\a	响铃
\b	退格（Backspace）
\000	空
\n	换行
\v	纵向制表符
\t	横向制表符
\r	回车
\f	换页
\0yy	八进制数，yy 代表八进制数，如\012 表示十进制数 10
\xyy	十六进制数，yy 代表十六进制数，如\x1a 表示十进制数 26
\other	其他字符以普通格式输出

有趣的是，在双引号定义的字符串中使用单引号是完全正确的，不需要转义字符。例如，这几种方式可以方便地在字符串中加入单引号或双引号。

In [20]:
```
a = 'what\'s your name?'
print('a:',a)
b = "what's your name?"
print('b:',b)
c = "what\"s your name?"
print('c:',c)
```

Out[20]:
```
a: what's your name?
b: what's your name?
c: what"s your name?
```

如果想要某些字符串中的转义字符不生效，则需要指定一个自然字符串。自然字符串通过给字符串加上前缀 r 或 R 来指定。示例代码如下：

In [21]:
```
d=r"what\"s your name?"
print(d)
```

Out[21]:
```
what\"s your name?
```

2. 多行字符串

单引号和双引号一般用于定义单行的字符串，也就是说定义的字符串写在一行上。如果字符串太长，如长文本，或者为了美观而分行书写的文本，则可以使用一对三引号作为多行字符串的定界符，“'''”或“"""”均可。示例代码如下：

```
In [22]:  multi_str1="""
                    泉眼无声惜细流，
                    树阴照水爱晴柔。
                    小荷才露尖尖角，
                    早有蜻蜓立上头。
          """
          print(multi_str1)
```

```
Out[22]:  泉眼无声惜细流，
          树阴照水爱晴柔。
          小荷才露尖尖角，
          早有蜻蜓立上头。
```

```
In [23]:  multi_str2 ='''
                    泉眼无声惜细流，
                    树阴照水爱晴柔。
                    小荷才露尖尖角，
                    早有蜻蜓立上头。'''
          print(multi_str1)
```

```
Out[23]:  泉眼无声惜细流，
          树阴照水爱晴柔。
          小荷才露尖尖角，
          早有蜻蜓立上头。
```

上述示例代码中的三引号实现的功能是在将一首诗定义为一个字符串。字符串变量 multi_str1 是由一对“"""”创建的，而 multi_str2 是由一对“'''”创建的，但是两个变量表示的含义是一样的，因此输出的内容也是相同的。

当然，也可以使用圆括号“()”或在行尾用续行符“\”实现多行字符串。

3. 字符串格式化

字符串格式化是指将数据按照特定格式要求（如长度、类型等）转换为字符串。在 Python 中，字符串格式化有两种方式：%格式化和 format 格式化。字符串的格式化通常配合 print() 函数一起使用。

（1）%格式化。

该方法出现在较早版本的 Python 中。当使用%格式化字符串时，会以一个字符串作为模板。模板是由普通字符串和包含“%”的格式符组成的，这些“%”格式符为真实值预留位置，并规定真实值应该呈现的格式。%格式化的语法格式如下：

```
% [flag] [width]. [precision] type
```

- flag：为预留值设置对齐方式，也可省略，常用的对齐方式如表 2-2 所示。

表 2-2　常用的对齐方式

符　号	描　述
-	左对齐
+	右对齐并在正数前面显示加号（+）
0	右对齐并在显示的数字前面填充 0
空格或省略	右对齐

- width：指定数据的输出宽度，可省略。
- precision：指定数值型数据保留的小数位数，可省略。
- type：指定的格式符，不可省略，具体的格式符如表 2-3 所示。

表 2-3　具体的格式符

格式符	描　述
%c	格式符字符及其 ASCII 码
%s	字符串
%d	整数
%o	无符号八进制数
%x	无符号十六进制数（小写）
%X	无符号十六进制数（大写）
%f	小数，可指定小数点后的精度
%e	用科学记数法格式表示
%g	根据值的大小决定使用%f 或%e

In [24]:
```
print('%5d' %2) #默认右侧对齐，左侧补空格
print('%-5d' %2) #左侧对齐，右侧补空格
print('%05d' %2) #右侧对齐，且前面补 0
```

Out[24]:
```
    2
2
00002
```

上述示例代码中的“5”表示输出宽度是 5 的字符串。其中，第 1 行代码表示默认右对齐，左边补 4 个空格；第 2 行代码用“-”表示左对齐，右边补 4 个空格；第 3 行代码表示右对齐，左边补 4 个 0。

In [25]:
```
print('%f' % 3.14)
print('%6.2f' %3.1415926)
```

Out[25]:
```
3.140000
  3.14
```

上述示例代码中的“f”表示对浮点型数据进行格式化，还可以指定小数点前后的位数，比如第 2 行代码表示数据输出宽度是 6，不足 6 位的在左边补空格，小数点后面四舍五入为两位，若不足两位，则补 0。

（2）format 格式化。

format 格式化是 Python 2.6 新增的一个字符串格式化方法，它比%格式化的能力更强、更灵活，Python 官方也推荐使用 format 格式化字符串。format 格式化的语法格式如下：

```
<格式字符串>.format(<参数>)
```

- <格式字符串>：普通字符串和{替换字段}组成的字符串。
- <参数>：匹配替换的内容。

format 的作用是将信息进行格式化输出。格式字符串包含普通字符串和替换字段字符串，替换字段是用花括号“{}”界定的内容，我们把花括号“{}”称为槽。在输出时，format()函数的参数值会替换格式字符槽中与之匹配的替换字段。下面列举几种参数与替换字段的匹配关系。

① 序号匹配。

format()函数中的参数序号默认从 0 开始。如果替换字段名以数字序号的形式给出，那么它将与 format()函数对应序号上的参数进行匹配。如果格式字符串的“{}”中没有指定序号，那么将按照格式字符串中“{}”出现的先后次序与实际参数进行匹配。

```
In [26]:
#{}中指定了序号
print('{0}和{1}都是流行的程序设计语言'.format('Python','Java'))
print('Hello,{0}!我喜欢学习{1}'.format('world','Python'))

#{}中没有指定序号
print('{}和{}都是流行的程序设计语言'.format('Python','Java'))
```

```
Out[26]:
Python 和 Java 都是流行的程序设计语言
Hello,world!我喜欢学习 Python
Python 和 Java 都是流行的程序设计语言
```

② 使用键-值对匹配。

如果 format()函数中的参数以键-值对形式给出（见示例代码），并且替换字段名也用“键”表示，那么它将匹配 format()函数中的对应参数名称（键），并用匹配的同名参数的“值”置换替换字段从而实现格式化输出。

```
In [27]:
print('书名：{name},单价：{price}'.format(name='Python 程序设计',price=60.0))
```

```
Out[27]: 书名：Python 程序设计,单价：60.0
```

③ f-string 格式。

f-string 格式是 Python 3.6 新添加的格式化字符串的语法。与其他方法相比，该方法不仅更易读，更简洁，不易出错，而且速度更快。f-string 在形式上是以 f 或 F 修饰符引领的字符串（f'xxx'或 F'xxx'），以花括号“{}”标明被替换的字段；f-string 在本质上并不是字符串常量，而是一个在运行时运算求值的表达式。示例代码如下：

```
In [28]:
msg = f"窗前明月{'光'}，" \
      f"玻璃好上{'霜'}。" \
      f"要不及时{'擦'}，" \
      f"一会就得{'脏'}。"
print(msg)
```

```
Out[28]: 窗前明月光，玻璃好上霜。要不及时擦，一会就得脏。
```

花括号“{}”中可以是变量，也可以是一个表达式。示例代码如下：

```
In [29]:  name='张三'
          age=24
          print(f'{name}的年龄是{age}')
          print(f'{name}的年龄是否大于 18 岁？{age>18}')

Out[29]:  张三的年龄是 24
          张三的年龄是否大于 18 岁？True
```

第 3 行代码在花括号中传递的是两个变量，第 4 行代码中最后一个花括号传递的是一个表达式。

2.4.3　空值 None

Python 中的空值 None 是一个特殊的值，表示空或没有，也是数据类型 NoneType 的唯一值。需要注意的是，None 并不等同于 0 或者空的字符串“""”，它只是一个空值对象，也就是一个空的对象，没有赋值而已。None 表示的含义更多的是一种不存在，是真正的空，而不是空列表“[]”的空，也不是空的字符串。

2.5　输入与输出

任何一门程序设计语言都有数据的输入和计算结果的输出功能，可以通过控制台提供数据，并将计算结果在控制台中显示。

2.5.1　input()函数

如果 Python 程序需要从键盘中获取用户输入的数据，则可以使用 Python 的内置函数 input()。需要注意的是，无论用户输入的是数字、字母等任何数据类型，input()函数都会将其视为字符串类型进行处理。input()函数的语法格式如下：

```
input(<prompt>)
```

注意：参数<prompt>是提示字符串，当 Python 执行 input()函数时，会将<prompt>中的文本内容展示给用户，并等待用户输入数据。当用户输入数据并按 Enter 键后，input()函数会以字符串的形式获取用户输入的数据，可以直接赋给一个变量，也可以什么都不做。示例代码如下：

```
In [30]:  num=input('请输入一个数字')
          type(num)

Out[30]:  请输入一个数字：10
          <class 'str'>
```

当 Python 执行到第 1 行代码时，会显示 input()函数中的提示内容“请输入一个数字：”，后面还会出现一个光标，用于等待用户输入数据。当用户输入数据，比如数字 10 ，并按 Enter 键后，input()函数读取的数据是字符串"10"而不是整数 10。当执行到第 2 行代码时，type()函数用于显示接收到的数据的类型，即 str 类型。

在实际的编程过程中，我们可能希望接收到的数据类型就是实际输入的数据类型，或者将输入数据转换为所需要的数据类型，这时候就需要进行相应的强制转换。常用的转换函数有 int()和 float()。int()函数的功能是强制将接收到的数据转换为整型数据，float()函数的功能是将接收到的数据转换为浮点型数据。示例代码如下：

```
In [31]: num1=int(input('请输入数据 1：'))
         num2=float(input('请输入数据 2：'))
         type(num1)
```

```
Out[31]: 请输入数据 1:10
         请输入数据 2:10
         <class 'int'>
```

第 1 行代码是将 input()函数从键盘接收到的数据作为参数传递给 int()函数，此时输入的数据会被强制转换为整型；第 2 行代码是将 input()函数接收到的数据作为参数传递给 float()函数，此时输入的数据会被强制转换为浮点型。使用 type()函数可以显示 num1 的数据类型为 int，num2 的数据类型为 float。

注意：当使用 int()函数和 float()函数对输入数据进行强制转换时，输入的数据必须为数字，不能为字符串，否则会抛出 ValueError 类型的异常。

```
In [32]: num1=int(input('请输入数据：'))
         type(num1)
```

```
Out[32]: 请输入数据:abc
         ---------------------------------------------------------------------------
         --------
         ValueError                              Traceback (most recent call last)
         Cell In[1], line 1
         ----> 1 num1=int(input('请输入数据：'))
               2 type(num1)
         ValueError: invalid literal for int() with base 10: 'abc'
```

2.5.2 print()函数

通常情况下，需要将程序运行处理后的结果在屏幕上输出显示，而 Python 的内置函数 print()可以将指定的内容输出在屏幕上。前面简单地使用了 print()函数在屏幕上输出结果，详细的 print()函数语法格式如下：

```
print(<expr>[,<expr>,...] [,sep=<string>] [,end<string>])
```

- <expr>：输出内容的表达式，可省略。
- sep：多个输出数据之间的分隔符，可省略，默认值是单个空格。
- end：末尾输出内容，可省略，默认值是换行符“\n”。

print()函数中的多个<expr>表达式之间必须使用英文逗号“,”分隔，运行时将依次输出各个<expr>表达式的值。输出的数据默认以空格为分隔符显示，也可以设置 sep 参数，设定输出数据之间的分隔符。print()函数在输出内容后会自动换行。当然，也可以通过设置 end 参数设定 print()函数输出后不换行。因此，可以有多种不同的输出格式。

（1）以默认方式多行输出。每个 print()函数输出一行内容。示例代码如下：

```
In [33]: a, b, c=10,20,30
         print(a)
         print(b)
         print(c)
```

```
Out[33]: 10
         20
         30
```

（2）以默认方式一行输出多个数据。首先分别定义 3 个变量 a、b、c，并且分别赋值为 10、20、30。然后直接调用 print()函数，把 a、b、c 分别作为 3 个参数传递给 print()函数，默认输出格式是以空格分隔的。示例代码如下：

```
In [34]: a,b,c=10,20,30
         print(a,b,c)
```

```
Out[34]: 10 20 30
```

（3）以指定字符分隔方式，一行输出多个数据。在（2）的基础上，为参数 sep 设置分隔符，如 sep="#"。示例代码如下：

```
In [35]: a,b,c=10,20,30
         print(a,b,c,sep="#")
```

```
Out[35]: 10#20#30
```

注意：这里的 sep="#"可以使用双引号也可以使用单引号，如 sep='#'。此外，一定要将其放在最后，否则程序会报错。

（4）为输出末尾指定特殊字符，每个 print()函数输出后都不换行。

```
In [36]: a,b,c=10,20,30
         print(a, end='|')
         print(b,end='|')
         print(c)
```

```
Out[36]: 10|20|30
```

对比前面的几个示例，在该示例中使用 end 参数设置每个 print()函数输出后的符号，这里用“|”表示每行输出后不加任何字符，因此多个输出之间不会换行。

2.5.3　eval()函数

eval()函数用于将一个字符串中的表达式作为 Python 代码执行，并返回表达式的值。我们从键盘输入数据时，Python 接收的是字符串，这时可以使用 eval()函数，将输入的数据进行还原。示例代码如下：

```
In [37]: n = input()
         m = eval(input())
         # type()函数可以用来检测数据类型
         print(type(n))
         print(type(m))
         # 利用 eval()将字符串转换为整型
```

```
print(type(eval(n)))
```

```
Out[37]: 5
 5
<class 'str'>
<class 'int'>
<class 'int'>
```

对于第一个 input()函数，输入数字为 5，其数据类型是 str，在第二个 input()函数中使用了 eval()函数，此时会将数字 5 的数据类型转换为其本来应该有的数据类型 int。

再比如，可以用 eval()函数来计算一个简单的数学表达式。示例代码如下：

```
In [38]: result = eval("3 + 4 * 5")
print(result)  # 输出结果为 23
```

```
Out[38]: 23
```

eval()函数将字符串“"3 + 4 * 5"”作为表达式进行求值，并返回结果 23。

需要注意的是，eval()函数会执行字符串中的任何代码，因此应该小心使用它，特别是在处理来自不可信源的输入时。不当使用 eval()函数可能会导致安全问题或代码执行错误。

2.6 运算符与表达式

运算符是 Python 用于表示某种运算的符号。运算符按其功能可以划分为算术运算符、比较运算符、逻辑运算符、赋值运算符、位运算符、成员运算符、身份运算符等。按照操作数的数量，运算符还可分为一元运算符（如“~”）和二元运算符（如“+”“*”）等。Python 中常用的运算符包括以下几类。

- 算术运算符：-（求负数）、+、-、*、/、//、%、**。
- 比较运算符：==、!=、>、>=、<、<=。
- 逻辑运算符：not、and、or。
- 成员运算符：in、not in。

2.6.1 算术运算符

算术运算符是执行算术运算的符号，它们是最基本、最常见的运算符。算术运算符如表 2-4 所示。

表 2-4 算术运算符

运 算 符	功 能	示 例
-	求负数运算	-a
+	加运算	a + b
-	减运算	a - b
*	乘运算	a * b
/	浮点数除运算	a / b

续表

运 算 符	功　　能	示　　例
//	整除求商运算（地板除）	a // b
%	取余（取模）运算	a % b
**	幂（指数）运算	a ** b

可以利用这些算术运算符进行简单的数值运算。示例代码如下：

```
In [39]: x=13
         y=4
         print('x-y=',x-y)    #减运算
         print('x+y=',x+y)    #加运算
         print('x*y=',x*y)    #乘运算
         print('x/y=',x/y)    #除运算
         print('x//y=',x//y)  #整除求商运算
         print('x%y=',x%y)    #取模运算
         print('x**y=',x**y)  #指数运算
```

```
Out[39]: x-y= 9
         x+y= 17
         x*y= 52
         x/y= 3.25
         x//y= 3
         x%y= 1
         x**y= 28561
```

2.6.2　比较运算符

比较运算符是用于比较两个数据大小的运算符，其运算的结果为逻辑值 True 或逻辑值 False。比较运算符都是二元运算符，也就是需要两个数进行比较。常见的比较运算符如表 2-5 所示。比较运算符可以比较两个整数、两个浮点数、一个整数和一个浮点数及两个字符串。

表 2-5　常见的比较运算符

运 算 符	功　　能	示　　例
==	等于	a == b
!=	不等于	a != b
>	大于	a > b
>=	大于或等于	a >= b
<	小于	a < b
<=	小于或等于	a <= b

在 Python 中，运算符“==”的功能是检查两个数据是否相等，当特定的值与某变量名所指向的值相等时，结果为 True，否则为 False。检查的对象可以是字符串。示例代码如下：

In [40]:
```
car='bmw'
car=='bmw'
```

Out[40]:
```
True
```

首先使用一个等号“=”将字符串“'bmw'”赋给变量 car，然后使用运算符“==”检查 car 的值是否为“'bmw'”。当运算符“==”两侧的值相等时，结果返回 True，否则返回 False。在这个示例中，运算符“==”两侧的值是相等的，因此返回值为 True。

在检查字符串是否相等时，字符串的比较规则是从首位开始的，逐一比较对应字符的 ASCII 码值。在计算机中，大写字母与小写字母对应的 ASCII 码值是不同的，因此需要区分字母的大小写。示例代码如下：

In [41]:
```
car='Bmw'
car=='bmw'
```

Out[41]:
```
False
```

在上述示例中，变量 car 的取值为“'Bmw'”，首字母为大写，而运算符“==”右侧字符串“'bmw'”的首字母为小写，因此二者不相等，结果为 False。

注意：在计算机内部，小写字母的 ASCII 码值会大于大写的 ASCII 码值。示例代码如下：

In [42]:
```
'hello'<='Hello'
```

Out[42]:
```
False
```

字符 h 的 ASCII 码值大于字符 H，因此结果为 False。

In [43]:
```
'helLo'>'hello'
```

Out[43]:
```
False
```

字符 L 的 ASCII 码值小于字符 l，因此结果为 False。

在编写程序的过程中，如果字母的大小写无关紧要，只是想检查变量的值是否代表同一个内容，则可以先将变量中的大写字母转换为小写字母后再进行比较。示例代码如下：

In [44]:
```
car='Bmw'
car.lower()=='bmw'
```

Out[44]:
```
True
```

在进行条件判断前先对变量 car 使用 lower()函数，将其中的字母全部转换为小写字母，再与右侧的值进行比较，此时的结果为 True。

除了判断两个值是否相等，还可以判断两个值是否不相等，结合使用叹号和等号“!=”来判断，其中的叹号“!”表示不。当两个值不相等时返回 True，当两个值相等时返回 False。示例代码如下：

In [45]:
```
'Bmw'!='bmw'
```

Out[45]:
```
True
```

运算符“!=”的左侧首字母是大写，而右侧首字母是小写，因此“'Bmw'”和“'bmw'”是两个不同的值，结果返回 True。

当比较的对象是数字时，可以是整数与整数的比较，也可以是浮点数与浮点数的比较，还可以是整数与浮点数的比较。当整数与浮点数进行比较时，整数会被隐式地转换为浮点数。

示例代码如下：

```
In [46]:  2.3==5
Out[46]:  False
```

上述代码的运行结果为 False，此时整数 5 会被隐式地转换为浮点数 5.0。

比较两个数是否相等的示例代码如下：

```
In [47]:  x=2
          y=3
          x==y
Out[47]:  False
```

比较两个数是否不相等的示例代码如下：

```
In [48]:  x=2
          y=3
          x!=y
Out[48]:  True
```

此外，还可以使用各种比较运算符，如运算符“<”、运算符“<=”、运算符“>”和运算符“>=”。使用运算符“>”的示例代码如下：

```
In [49]:  x=2
          y=3
          x>y
Out[49]:  False
```

使用运算符“<=”的示例代码如下：

```
In [50]:  x=2
          y=3
          x<=y
Out[50]:  True
```

2.6.3　逻辑运算符

在高中数学中我们就学过逻辑运算，如果 p 为真命题，q 为假命题，则“p 且 q”为假，“p 或 q”为真，“非 q”为真。在 Python 中也有类似的逻辑运算。

逻辑运算符是操作符和运算结果都是逻辑值的运算符，常见的逻辑运算符包括 and、or 和 not。Python 中的逻辑运算符 and 和 or 也叫惰性求值，就是从左至右解析，由于是惰性的，因此只要确定了值就不往后解析代码了。

例如，表达式 x or y，如果 x 是 True 或非 0，则整个表达式的取值就为 True 或非 0；反之，如果 x 是 False，则不管 y 是 True 还是 False，y 的值就是整个表达式的值。

对于表达式 x and y，只要 x 是 False，表达式的值就为 False，后面的表达式就不需要运算了，无论后面是 True 还是 False。反之，如果 x 是 True，则直接返回后面操作数的值，意思就是如果两个操作数都为 True，表达式的值就为 True，如果有一个操作数为 False，则整个表达式的值就为 False。接下来，将详细介绍常用的逻辑运算符。

1. and 运算符

and 运算符执行“与”运算，表示“……且……”的逻辑，只有两个操作数都为 True 时，结果才为 True，如果有一个操作数为 False，则结果为 False。例如学校评优秀学生，只有各科成绩都大于 90 分的学生才能被评为优秀学生，这就是“……且……”的逻辑。在 and 运算符的操作下，会存在逻辑短路，即当 and 运算符左侧的表达式结果为 False 时，程序直接判断出整个表达式的结果为 False，无须再判断 and 运算符右侧的表达式。例如，要检查两个人的年龄是否都小于 18 岁，可以使用下面的示例代码进行判断：

```
In [51]: age_0=20
         age_1=17
         age_0<18 and age_1<18

Out[51]: False
```

首先，定义两个用于存储年龄的变量：age_0 和 age_1，然后分别检查这两个变量是否都小于 18。因为 age_0 的值为 20，左侧的表达式 age_0<18 的结果为 False。在 and 运算符的操作下，只要有一个操作数为 False，则整个表达式的结果就为 False，因此，将不再判断右侧的表达式 age_1<18，直接返回 False。如果将 age_0 的值改为 16，则示例代码如下：

```
In [52]: age_0=16
         age_1=17
         age_0<18 and age_1<18

Out[52]: True
```

此时，左侧的表达式结果也为 True，则整个表达式的结果就为 True。

2. or 运算符

or 运算符执行“或”运算，表示“要么……要么……”的逻辑，只有两个操作数都为 False 时，结果才为 False。如果有一个操作数为 True，则结果为 True。例如，期末成绩只要有一门不及格，综合评价就不及格，这就是“要么……要么……”的逻辑。要检查两个人的年龄至少有一个小于 18 岁，可以使用下面的示例代码进行判断：

```
In [53]: age_0=20
         age_1=17
         age_0<18 or age_1<18

Out[53]: True
```

在这两个条件中，只有右侧的表达式 age_1<18 的结果为 True，则整个表达式的结果为 True。类似地，如果把 age_1 的值也改成 20，则整个表达式的结果变为 False。示例代码如下：

```
In [54]: age_0=20
         age_1=20
         age_0<18 or age_1<18

Out[54]: False
```

【练一练】

某学校设置了学生评优的条件，要求语文和英语中至少有一门的成绩大于 90 分，且数学成绩大于 90 分，假设某学生 3 门课的成绩分别为语文 92，英语 86，数学 88。示例代码如下：

```
In [55]: Chinese=92
         English=86
         Math=88
         Chinese>90 or English>90 and Math>90
```

```
Out[55]: True
```

程序运行结果为 True，但是根据评优条件，该学生数学成绩小于 90 分，因此不能被评优。这里的问题出在 or 和 and 的优先级上，程序认为它们的优先级相同，因此运行时是从左往右展开的，or 左侧为 True，or 右侧为 False，因此整个计算结果为 True。实际上 and 的优先级高于 or，and 右侧为 False，and 左侧为 True，所以整个计算结果为 False，正确的代码应该写为：

```
In [56]: (Chinese>90 or English>90) and Math>90
```

```
Out[56]: False
```

3. not 运算符

not 运算符执行“非”运算，得到和操作数相反的逻辑值。not True 的结果为 False，not False 的结果为 True。示例代码如下：

```
In [57]: x=True
         y=False
         not x
```

```
Out[57]: False
```

```
In [58]: not y
```

```
Out[58]: True
```

需要注意的是，任意的整数、浮点数、复数，以及字符串等，其逻辑值都为 True，所以，在这些值前面加上 not 后，返回的结果为 False。示例代码如下：

```
In [59]: a=4
         b=4.44
         c='st'
         d=2+3j
         print(not a)
         print(not b)
         print(not c)
         print(not d)
```

```
Out[59]: False
         False
         False
         False
```

注意：当有多个内容要输出时，一定要使用 print()函数，否则后面的输出内容会覆盖前面的输出内容。

2.6.4 成员运算符

Python 中的成员运算符是用于判断某个对象是否为另外一个容器对象中的数据成员的运算符，这里的容器对象是指字符串、列表、元组、集合或字典。Python 的成员运算符如表 2-6 所示。

表 2-6 成员运算符

运 算 符	功 能	示 例
in	包含于	a in b
not in	不包含	a not in b

1. in 运算符

In [60]:
```
a='Python 程序设计'
print('P 在字符串 a 中吗? ','P' in a)
print('p 在字符串 a 中吗? ','p' in a)
print('Python 在 a 中吗? ','Python' in a)
```

Out[60]:
```
P 在字符串 a 中吗?  True
p 在字符串 a 中吗?  False
Python 在 a 中吗?  True
```

这里定义了一个字符串变量 a，可以用 in 判断字符是否在给定的字符串中，如第 2 行和第 3 行代码，分别判断大写字母 P 和小写字母 p 是否在字符串变量 a 中。除此之外，还可以判断一个字符串中是否包含一个子字符串。例如，第 4 行代码，判断子字符串'Python'是否为字符串变量 a 的子串。

2. not in 运算符

In [61]:
```
a='Python 程序设计'
print('p 不在字符串 a 中:','p' not in a)
```

Out[61]:
```
p 不在字符串 a 中: True
```

上述示例代码利用 not in 判断一个字符或子字符串是否为字符串变量 a 的子串。当不在给定的字符串中返回 True，反之返回 False。

2.6.5 表达式

表达式是由操作数和运算符组成的，是将操作数通过运算符按照一定规则连接起来的式子。表达式执行指定的运算并返回结果，如 a + b 和 x > y 等都是表达式。表达式的计算结果通常赋值给变量或作为程序控制的条件。

表达式的计算需要按照运算符的优先顺序从高到低依次进行。运算符的优先级是指当多个运算符同时出现在一个表达式时先执行哪个运算，决定了表达式中各运算符执行的先后顺序。大体上说，算术运算符的优先级高于比较运算符的优先级，比较运算符的优先级高于逻辑运算符的优先级，赋值运算符的优先级高于逻辑运算符的优先级。Python 运算符优先级从高到低的顺序如表 2-7 所示。

表 2-7　运算符的优先级（从高到低）

运　算　符	功　　能
**	指数（最高优先级）运算符
~，+，-	按位翻转，求正数、负数运算符
*，/，%，//	乘、除、取模和整除运算符
+，-	加、减运算符
>>，<<	右移、左移运算符
&	按位与运算符
^，|	按位异或、或运算符
<=，<，>，>=	比较运算符
==，!=	等于、不等于运算符
is，is not	身份运算符
in，not in	成员运算符
not	逻辑非运算符
and	逻辑与运算符
or	逻辑或运算符
lambda	Lambda 表达式

表达式可以使用括号“()”显式地改变括号内外运算符的优先顺序，使得括号内的运算优先于括号外的运算。此外，适当地使用括号也可使表达式的结构更清晰。例如：

```
not a > b and c + d or e == f
```

使用括号可显式地写成如下格式：

```
(not (a > b)) and (c + d) or (e == f)
```

这样就更清楚地表明了各运算的顺序，使程序的可读性更强。示例代码如下：

```
In [62]:
a = 20
b = 10
c = 15
d = 5

e = (a+b)*c/d       #( 30 * 15 ) / 5
print("(a+b)*c/d运算结果为", e)

e = ((a+b)*c)/d     #(30 * 15 ) / 5
print("((a+b)*c)/d运算结果为：", e)

e = (a+b)*(c/d);    #(30) * (15/5)
print("(a+b)*(c/d) 运算结果为：",  e)

e = a+(b*c)/d;      #20 + (150/5)
print("a+(b*c)/d 运算结果为：",  e)
```

```
Out[62]:
(a + b) * c / d 运算结果为： 90.0
((a + b) * c) / d 运算结果为： 90.0
(a + b) * (c / d) 运算结果为： 90.0
a + (b * c) / d 运算结果为： 50.0
```

2.7 数据类型转换

Python 规定表达式中各项数据的类型必须一致。如果数据类型不一致时，则需要对数据类型进行转换才能计算表达式的值。数据类型转换可分为自动转换和显式转换两种情况。

2.7.1 自动转换

如果表达式中出现的数据类型不一致， 那么 Python 会检查这些数据是否可以转换为该表达式需要的类型。如果可以，那么将原数据类型转换为表达式所需要的类型；如果不可以，那么报告类型错误。这种数据类型转换称为自动转换。例如，表达式“1.2 + 3”中的两个操作数的数据类型不同，Python 会先将整型数据 3 转换为浮点型数据 3.0，然后执行表达式“1.2 + 3.0”的运算。

在数值型数据类型中，Python 自动转换的规则如下：

- 整型数据可以自动在数据后面加上“.0”转换为浮点型数据。
- 非复数型数据可以自动在数据后面加上“0j”转换为复数型数据。

2.7.2 显式转换

Python 可以将整型数据自动转换为浮点型，但不可以将浮点型数据自动转换为整型。如果需要将浮点型数据转换为整型，那么要使用 Python 提供的内置函数进行转换，这种转换称为显式转换。表 2-8 中给出了 Python 的常用类型转换函数。

表 2-8 Python 的常用类型转换函数

函数格式	描 述
int(x[, base])	将字符串或其他数值型的数据转换为整型
float(x)	将字符串或其他数值型的数据转换为浮点型
complex(real,imag)	转换为复数型，real 可以是数值型也可以是字符串，imag 只能为数值型（默认为 0）
str(x)	将数值型数据转换为字符串
repr(x)	返回一个对象的字符串格式
eval(str)	将 str 转换为表达式并返回表达式的运算结果
tuple(seq)	将 seq 转换为元组，seq 可为列表、集合或字典
list(seq)	将 seq 转换为列表，seq 可为元组、集合或字典
set(seq)	将一个可迭代对象 seq 转换为集合

续表

函数格式	描　述
dict(d)	将一个可迭代对象 d 转换为字典
chr(x)	返回整数 x 对应的 Unicode 码
ord(ch)	返回字符 ch 对应的 ASCII 码值或 Unicode 码
hex(x)	将整数 x 转换为十六进制字符串
oct(x)	将整数 x 转换为八进制字符串

数据类型转换示例如下。

- 使用 int()函数，可以将数字转化为整型，自动截去小数部分，只保留整数部分。示例代码如下：

```
In [63]: int(5.6)

Out[63]: 5
```

也可以将数字字符串转换成整型。示例代码如下：

```
In [64]: int('3')

Out[64]: 3
```

注意：不能将带小数点的数字字符串转换为整型，否则会抛出 ValueError 类型的异常。示例代码如下：

```
In [65]: int('5.5')  #将带小数点的数字字符串转换为整型

         ---------------------------------------------------------------------------
         ValueError                Traceback (most recent call last)
Out[65]: Cell In[64], line 1
         ----> 1 int('5.5')

         ValueError: invalid literal for int() with base 10: '5.5'
```

- 使用 complex()函数，可以将两个数字转换为一个复数。示例代码如下：

```
         a=1
In [66]: b=2.5
         complex(a,b)

Out[66]: (1+2.5j)
```

- 字符串转换为数值型，将字符串转换为浮点数。示例代码如下：

```
In [67]: float('4.5')
Out[67]: 4.5
```

2.8　扩展赋值

2.2 节讲到了变量与赋值，我们也可以在基本赋值符“=”前面加上其他运算符，这样就构成了扩展赋值运算符。例如，a += 5 等效于 a=a+5。扩展赋值运算符先对“=”左侧的变量进行运算，再将运算的结果赋值给“=”左侧的变量。Python 中常用的扩展赋值运算符如表 2-9 所示。

表 2-9　常用的扩展赋值运算符

运　算　符	功　　能	示　　例
+=	加法赋值运算符	b+=a 等效于 b=b+a
-=	减法赋值运算符	b-=a 等效于 b=b-a
*=	乘法赋值运算符	b*=a 等效于 b=b*a
/=	除法赋值运算符	b/=a 等效于 b=b/a
//=	整除赋值运算符	b//=a 等效于 b=b//a
%=	取余赋值运算符	b%=a 等效于 b=b%a
**=	幂赋值运算符	b**=a 等效于 b=b**a

以下是几个扩展赋值运算符示例。

（1）运算符“+=”。示例代码如下：

```
In [68]:  a=10
          b=20
          b+=a
          print(b)

Out[68]:  30
```

第 3 行代码的 b+=a 等效于 b=b+a，即先将 a 和 b 的值相加，再将计算结果赋值给变量 b，因此 b 的结果为 30。

（2）运算符“-=”。示例代码如下：

```
In [69]:  a=10
          b=20
          b-=a
          print(b)

Out[69]:  10
```

第 3 行代码的 b-=a 等效于 b=b-a，即先计算 b-a，再将计算结果赋值给变量 b，因此 b 的结果为 10。

（3）运算符“*=”。示例代码如下：

```
In [70]:  a=10
          b=20
          b*=a
          print(b)

Out[70]:  200
```

第 3 行代码的 b*=a 等效于 b=b*a，即先将 a 和 b 的值相乘，再将计算结果赋值给变量 b，因此 b 的结果为 200。

2.9　案例分析

1．将一条消息赋给变量，先将其输出，再将变量的值修改为新消息并输出。

```
In [71]:
# 将一条消息赋给变量
message = "Hello, world!"
print(message)

# 修改变量的值为新消息
message = "How are you doing today?"
print(message)
```

```
Out[71]:
Hello, world!
How are you doing today?
```

在这个程序中，首先将一个字符串“"Hello, world!"”赋给变量 message，并使用 print()函数将其输出。然后将变量的值修改为新的字符串“"How are you doing today?"”，并再次使用 print()函数将其输出。

2．定义 3 个变量，分别表示一个人的姓名、年龄和身高。使用 format()函数，创建一个格式化字符串，其中包含 3 个占位符“{}”，分别用于表示姓名、年龄和身高。在 format()函数中，将这 3 个变量作为参数传递进去，用于填充占位符。最后，输出这个格式化字符串。

```
In [72]:
# 判断求职者是否符合面试要求
# 创建一个姓名、年龄和身高的格式化字符串
name = "Alice"
age = 25
height = 1.65

formatted_string = "My name is {} and I'm {} years old. My height is
{} meters.".format(name, age, height)

print(formatted_string)
```

```
Out[72]: My name is Alice and I'm 25 years old. My height is 1.65 meters.
```

在这个程序中，首先定义了 3 个变量 name、age 和 height，分别表示一个人的姓名、年龄和身高。然后使用字符串的 format()函数创建一个格式化字符串，其中包含 3 个占位符“{}”，分别用于表示姓名、年龄和身高。在 format()函数中，将 name、age 和 height 作为参数传递进去，用于填充占位符。最后将格式化字符串输出。

2.10　本章小结

本章主要介绍了 Python 的基础语法，包括以下内容。

- 标识符与关键字：Python 中的标识符是用来表示变量、函数、类等名称的字符序列，而关键字是被 Python 保留的特殊标识符。标识符必须遵循一定的命名规则，如不能以数字开头、不能包含特殊字符等。
- 变量与赋值：Python 中的变量可以用来存储数据，赋值操作用于将数据存储到变量中。Python 中的变量无须事先声明，可以直接使用，赋值操作使用等号“=”进行。
- 语句：Python 中的语句用于执行特定的操作，包括赋值语句、条件语句、循环语句、函数调用等。Python 语句的末尾不需要分号。

- 数据类型：Python 中支持多种数据类型，包括整型、浮点型、布尔型、字符串等。每种数据类型都有其特点和用途，可以根据实际需要进行选择。
- 输入与输出：Python 中的输入函数 input()用于从键盘获取用户输入，输出函数 print()用于将数据输出到屏幕上。print()函数可以输出多个参数，使用逗号分隔。
- 运算符与表达式：Python 中支持多种运算符，包括算术运算符、比较运算符、逻辑运算符、成员运算符等，表达式用于计算运行结果。运算符的优先级可以使用括号来改变。
- 数据类型转换：Python 中的数据类型可以相互转换，包括整型、浮点型、字符串等之间的转换。转换操作可以使用内置函数进行。
- 扩展赋值：Python 中的扩展赋值操作可以将多个赋值操作合并为一行，提高代码的可读性，使代码看起来更简洁。例如，a+=2 等效于 a=a+2。

通过对本章的学习，读者可以了解 Python 的基础语法，为进一步学习 Python 编程打下坚实的基础。

动手编程

1．输入两个整数 A 和 B（通过键盘输入），并输出它们的和。

2．输入一个整数，并输出它的各位数字之和。

3．先读取用户从键盘输入的圆柱体的半径和高，再计算圆柱体的底面面积和体积，并将其输出。

4．编写一个程序，读取用户从键盘输入的小计和酬金率，并计算小费及合计金额。如果用户输入的小计是 10，酬金率是 15%，则程序会显示小费是 1.5，合计金额是 11.5。

5．编写一个程序，首先要求用户输入两个数字并将其存储在变量中，然后输出这两个数字的和、差、积与商。

提示：可以使用 input()函数获取用户输入的数字，并使用 int()函数将输入数字的数据类型转换为整型。可以使用多个 print()函数分别输出每个运算结果。

6．编写一个程序，首先要求用户输入一个字符串和一个数字，并将它们存储在变量中。然后使用字符串格式化语法将它们输出，其中字符串应该包含一个占位符，用于替换数字。要求程序使用以下字符串格式化语法。

- 百分号“%”占位符：用于将一个变量替换成字符串中的占位符。例如，可以使用%s 将一个字符串替换成占位符，使用%d 将一个整数替换成占位符。
- format()函数：用于将一个变量替换成字符串中的占位符。例如，可以使用“{}”将一个字符串或数字替换成占位符，使用{0}、{1}等占位符替换多个变量。

7．编写一个程序，首先要求用户输入两个数字并将它们存储在变量中。然后使用比较运算符将它们进行比较，并输出比较结果。要求程序使用以下比较运算符。

- 运算符“<”用于检查一个数是否小于另一个数。
- 运算符“>”用于检查一个数是否大于另一个数。
- 运算符“<=”用于检查一个数是否小于或等于另一个数。
- 运算符“>=”用于检查一个数是否大于或等于另一个数。
- 运算符“==”用于检查两个数是否相等。
- 运算符“!=”用于检查两个数是否不相等。

第 3 章　Python 控制流

Python 中的代码通常按照其出现的顺序逐行执行。程序代码从第一行开始，按照自上而下的顺序依次执行，执行完某一行后再执行下一行，这种顺序执行方式通常被称为程序的顺序结构。顺序结构是最简单的程序结构，也是最常用的程序结构，只要按照解决问题的顺序写出相应的语句即可，它的执行顺序是自上而下的，如图 3-1 所示。

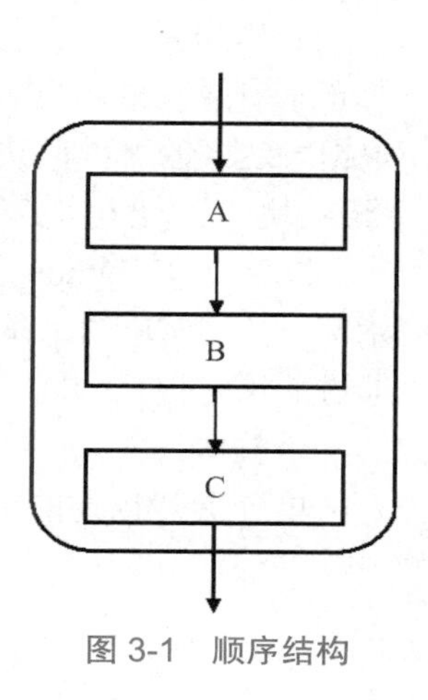

图 3-1　顺序结构

在实际的编程过程中，通常还会让程序按照所设定的条件有选择地执行某些语句，或者重复地执行某些语句以减少代码的行数，这就要用到选择结构和循环结构。本章主要介绍选择结构、简单循环结构，以及复杂循环结构。

3.1　选择结构

在实际的生活中，我们通常需要对某些条件进行判断，并根据判断的结果得出不同的结论或者采取不同的措施。例如，判断一个学生的考试成绩是否大于 60 分，如果大于 60 分，则认为其考试合格，否则认为考试不合格。计算机在处理实际问题时也需要做一些判断，根据判断结果来控制程序的执行流程，这种程序的执行方式被称为选择结构，如图 3-2 所示。在 Python 中，利用分支语句来解决程序的选择控制是非常重要的、主流的程序控制方式。

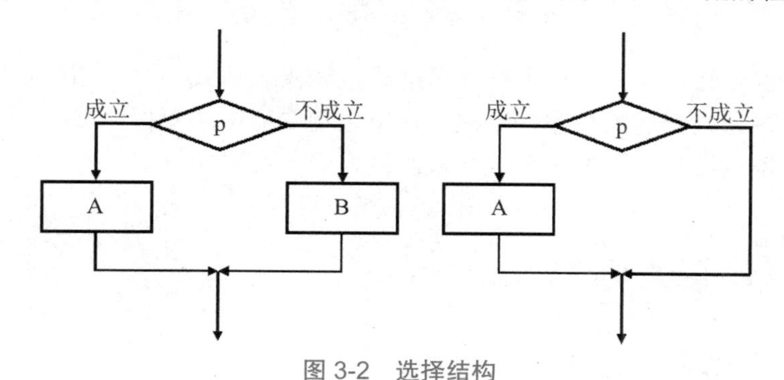

图 3-2　选择结构

Python 中的选择结构分为简单分支选择、双分支选择和多分支选择 3 种结构。用于条件判断的关键字包括 if、else 和 elif。接下来将详细介绍选择结构的用法。

3.1.1　if 语句

if 语句是由一个 if 条件表达式实现的语句。单个 if 语句又被称为单分支 if 语句。单分支

if 语句是编程语言中最基本的选择语句，它根据一个布尔表达式的结果来选择是否执行一条语句。Python 根据条件表达式的结果为 True 还是 False 来决定是否执行 if 语句中的语句块。如果条件表达式的结果为 True，则 Python 会执行紧跟在 if 语句后面的代码；如果为 False，则 Python 会忽略这些代码，退出程序。

单个 if 语句的语法格式只有一个条件表达式和一个操作。语法格式如下：

```
if 条件表达式:
    语句块 1
    语句块 2
    ...
```

if 语句有一个条件表达式，紧跟一条或多条语句组成的语句块。表达式可以是一个单纯的布尔值或变量，也可以是比较运算符或逻辑表达式，表达式的结果只能为真或假，Python 根据表达式的真或假决定是否执行语句块。只有表达式的结果为真时，才执行 if 语句后面的“语句块 1”“语句块 2”……，否则不执行。

注意：在 Python 中，if 语句的表达式后面要用英文冒号“:”，表示下一行是语句块的开始部分。语句块的每条语句前要加 4 个空格，这是 Python 中的缩进，在 Python 中，具有共同缩进的语句被视为同一个整体。也就是说，上述语法格式中的“语句块 1”和“语句块 2”是同一个整体。

单分支 if 语句的执行流程如图 3-3 所示。

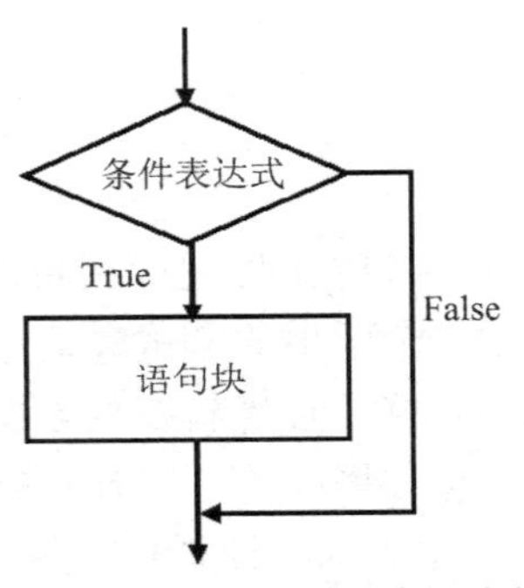

图 3-3 单个 if 语句执行流程

先从程序起点开始，往下执行到条件表达式，如果表达式为真，则先执行语句块，然后结束这个 if 语句；如果表达式为假，则跳过这个语句块直接结束程序。

【例 3-1】 根据成绩判断学生的考试是否及格。示例代码如下：

```
In [1]:  grad=70
         if grad>=60:
             print('您的考核结果为：及格')
             print('祝贺你！')
```

```
Out[1]:  您的考核结果为：及格
         祝贺你！
```

在这个示例中，关键字 if 后面的条件表达式为 grad>=60。变量 grad 的值为 70，所以大于 60，条件表达式的结果为 True。因此，执行紧跟在后面的语句块，输出结果为“您的考核结果为：及格”。需要注意的是，这个语句块中调用了两次 print()函数，前面都进行了缩进，因此会接着输出内容“祝贺你！”。反之，如果将变量 grad 的值改为 59，则条件表达式的结果为 False，if 语句的语句块不会被执行。

此外，还需要注意的是，所有数据类型都自带布尔值，None、0、空对象（空字符串、空列表、空字典等）3 种情况的布尔值均为 False，其余的布尔值均为 True。示例代码如下：

In [2]:
```
if None:
    print('执行语句块 1')
if 3:
    print('执行语句块 2')
```

Out[2]:
```
执行语句块 2
```

在第一条 if 语句中，None 的布尔值为 False，所以不执行语句块，没有输出。在第二条 if 语句中，3 的布尔值为 True，因此执行语句块。

3.1.2　if…else 语句

在 if 语句中，如果条件表达式不为真，则 if 后面的语句块将不再执行。这种结构很不友好。if 语句后可跟一个可选的 else 语句，当条件表达式为假时执行。该结构为 if…else 语句。if…else 语句的语法格式如下：

```
if 条件表达式:
    语句块 1
else:
    语句块 2
```

if…else 语句的执行过程是当 if 语句的条件表达式结果为 True 时，执行表达式后的语句块 1；当 if 语句的条件表达式结果为 False 时，执行 else 语句后的语句块 2。具体执行流程如图 3-4 所示。

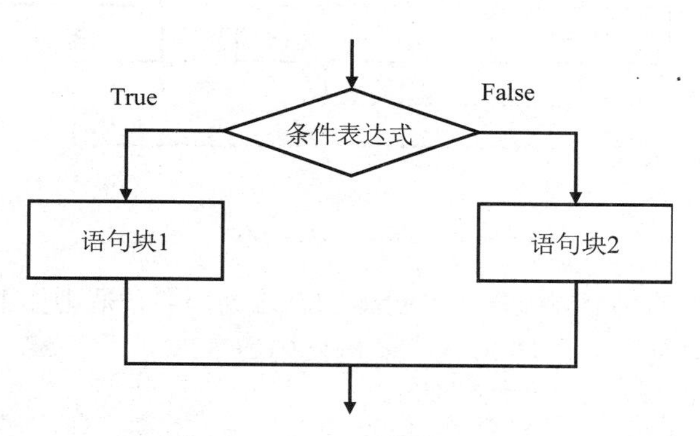

图 3-4　if…else 语句执行流程

注意：else 语句后面没有条件表达式。

【例 3-2】根据用户输入的成绩判断学生是否通过考试。

In [3]:
```
grade=int(input('请输入成绩:'))
if grade <60:
    print('考试不及格！')
else:
    print('恭喜您，考试及格！')
```

Out[3]:
```
请输入成绩: 70
恭喜您，考试及格！
```

当用户输入的值为 70 时，if 语句的条件表达式结果为 False，因此不执行 if 语句后的语句块，转而执行 else 语句后的语句块。

3.1.3 if…elif…else 语句

除了上面两种情况，我们还经常需要检查超过两个条件表达式的情形，为此，可以使用 Python 提供的 if…elif…else 语句。Python 只执行 if…elif…else 语法结构中的一个语句块，它依次检查每个条件表达式，直到表达式的结果为 True。当表达式的结果为 True 时，Python 将执行紧跟在它后面的代码，并跳过余下的判断条件。if…elif…else 语句的语法格式如下：

```
if 条件表达式 1:
    语句块 1
elif 条件表达式 2:
    语句块 2
else:
    语句块 3
```

在执行过程中，首先判断 if 语句后面的“条件表达式 1”是否为 True，如果为 True，则执行“语句块 1”；否则跳到 elif 语句，判断“条件表达式 2”是否为 True，如果为 True，则执行“语句块 2”，如果为 False，则执行“语句块 3”。具体执行流程如图 3-5 所示。

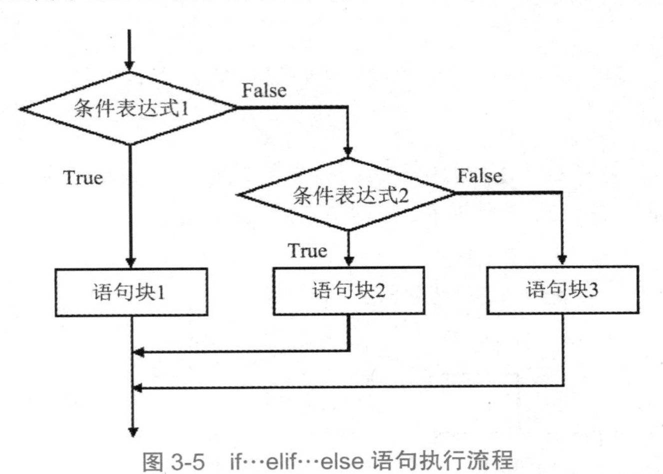

图 3-5 if…elif…else 语句执行流程

【例 3-3】根据不同的年龄段收取不同价格的游乐场门票，规则如下：4 岁以下免票，4～18 岁收取 25 元，18 岁及以上收取 40 元。示例代码如下：

```
In [4]:  age=int(input('请输入年龄：'))
         if age<4:
             print('票价 0 元')
         elif age<18:
             print('票价 25 元')
         else:
             print('票价 40 元')
```

首先从键盘输入用户年龄，if 语句检查输出的年龄是否不满 4 岁，如果结果为 True，则 Python 将输出信息“票价 0 元”，并跳过余下的条件表达式。当输入的年龄大于 4 岁时，elif 语句将进一步检查，如果第二个条件表达式的结果为 True，则执行它后面的代码，输出信息“票价 25 元”，并跳过余下的条件表达式。需要注意的是，elif 语句只有在前面的表达式结果为 False 时才会被执行。当前面的所有表达式结果都为 False 时才会执行 else 语句后的语句块。

在本示例中，当输入的年龄为 12 岁时，第一个条件表达式的结果为 False，因此不执行其语句块。然而，第二个条件表达式的结果为 True，因此执行第二个语句块，跳过余下的条件表达式，代码运行结束。

除了使用简单的 if…elif…else 语句，还可以根据需要使用任意数量的 elif 语句块。语法格式如下：

```
if 条件表达式 1:
    语句块 1
elif 条件表达式 2:
    语句块 2
elif 条件表达式 3:
    语句块 3
…
else:
    语句块 n
```

在使用 if…elif…elif…else 语句时，如果条件表达式 1 的结果为 True，则执行“语句块 1”；如果条件表达式 1 的结果为 False，则跳过“语句块 1”，进行下一个 elif 语句的判断，且采用同样的判断与执行方式。只有在所有表达式的结果都为 False 的情况下，才会执行 else 语句后的语句块。

【例 3-4】 在例 3-3 的基础上增加一个检查，65 岁及以上的老人可半价购买门票。

```
In [5]:   age=int(input('请输入年龄：'))
          if age<4:
              print('票价 0 元')
          elif age<18:
              print('票价 25 元')
          elif age<65:
              print('票价 40 元')
          else:
              print('票价 20 元')
```

在上述示例中，仅增加了一个 elif 语句块，通过检查年龄不满 65 岁后，将门票价格设置为全票 40 元。只有当前面的表达式结果均为 False 时，即年龄超过 65 岁才显示票价 20 元。

3.2　简单循环结构

在程序设计过程中，通常需要多次执行同一段代码，这就需要采用循环结构来编写程序。循环结构如图 3-6 所示。Python 提供了两种循环结构来实现多次执行语句或语句块，即 while 循环和 for 循环。

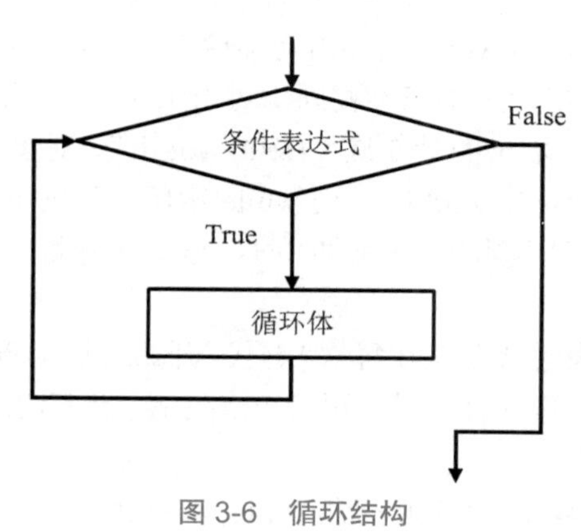

图 3-6　循环结构

3.2.1 while 循环

利用 while 循环语句，可以让一个语句块一遍又一遍地执行。只要 while 循环语句的条件表达式结果为 True，while 循环语句中的代码就会被执行。while 循环语句的语法格式如下：

```
while 条件表达式:
    语句块
```

while 循环语句总是包含以下几个部分：while 关键字、条件表达式、冒号、缩进的语句块。在 while 循环语句中，条件表达式可以是任何表达式，True 表示为任何非零值。while 语句后要紧跟着冒号“:”表示循环体的开始。循环体中的语句可以是单条语句或一组具有统一缩进的语句块。当表达式的结果为 True 时执行语句块中的代码，当表达式的结果为 False 时，程序控制跳出 while 循环体，继续执行 while 语句之后的代码。

可以看到，while 循环语句看起来和 if 语句类似。不同之处在于，在 if 语句结束时，程序会继续执行 if 语句之后的语句。但在 while 子句结束时，程序将跳回到 while 循环语句开始处执行。

让我们看一个 if 语句和一个 while 循环语句的示例，它们使用相同的条件，并基于该条件执行同样的语句块。if 语句的示例代码如下：

In [6]:

```
i=0
if i<5:
    print('Hello world!')
    i=i+1
```

Out[6]:

```
Hello world!
```

在本示例中，if 语句只判断一次，因此输出结果只有一行。while 循环语句的示例代码如下：

In [7]:

```
# while 循环语句的代码
i=0
while i<5:
    print('Hello world!')
    i=i+1
```

Out[7]:

```
Hello world!
Hello world!
Hello world!
Hello world!
Hello world!
```

这两个语句类似，if 语句和 while 循环语句都检查 i 的值，如果 i 小于 5，则输出一条消息。但是运行这两个代码输出的结果却不相同。对于 if 语句，输出的就是“Hello world!”。但是，对于 while 循环语句，输出的是 5 次“Hello world!”。对于 if 语句，如果条件表达式的结果为 True，则输出一次“Hello world!”。而 while 循环语句则不同，会输出 5 次。输出 5 次才停下来是因为在每次循环迭代末尾，i 都增加 1，这意味着将执行 5 次循环，直到 i<5 的结果变为 False。

在 while 循环中，条件表达式总是在每次“迭代”开始时被检查（也就是每次循环执行时）。如果表达式的结果为 True，则先执行子句，再检查表达式。当表达式第一次的检查结果为 False 时，就跳出子句。

【例 3-5】使用 while 循环求 1～100 的偶数和。示例代码如下：

In [8]:
```
sum=0
x=1
while x<=100:
    if x%2==0:
        sum=sum+x
    x=x+1
print(sum)
```

Out[8]:
```
2550
```

在本示例中，首先定义变量 x 的初始值为 1，然后利用 while 语句判断 x 的当前值是否小于或等于 100，如果结果为 True，则执行 while 语句块中的内容，否则退出程序。if 语句用于判断变量 x 的当前值是否为偶数，“%”是取余运算符，如果变量 x 的值能被 2 整除，则条件表达式结果为 True，说明 x 是偶数，否则，条件表达式结果为 False，说明 x 是奇数。只有当 if 语句的条件表达式结果为 True 时，才执行求和运算。x=x+1 用于对 x 的取值进行修改，每一次循环都要修改 x 的值，直到 x 的值为 101 时，不再满足 while 循环语句的检查条件后才跳出 while 循环，程序终止。

3.2.2 for 循环

在 while 循环语句中，当条件表达式结果为 True 时会不断执行语句块，执行次数是不确定的。但是，当我们想让一个语句块执行固定次数时，可以通过 for 循环语句和 range()函数实现。for 循环也被称为迭代循环，即重复执行相同的操作。迭代循环是 Python 中最强大的循环结构。for 循环可以用于遍历任何可迭代对象，如列表、元组、集合、字典、字符串等，在后续章节中将详细介绍，本节只介绍 for 循环语句的基本用法。

for 循环语句的语法格式如下：

```
for 循环变量 in 序列:
    语句块 1
```

包含以下几个关键部分：for 关键字、变量名、in 关键字、冒号、缩进的语句块和序列。每一次执行都是先从序列中逐次取出一个元素赋给循环遍历，然后执行语句块，直到序列中的元素全部取完为止。for 循环语句末尾的冒号“:”用于告诉 Python 下一行是循环语句的开始行，如果不小心漏掉了冒号“：”，则会导致语法错误，因为 Python 不知道接下来做什么。

本节结合 range()函数介绍 for 循环语句的基本用法。在 Python 中，range()函数是一个迭代器，可以根据需要产生整数序列。语法格式如下：

```
range([start], stop, [step])
```

各参数的含义如下。

- start：起始值，可以不指定，默认从 0 开始。
- stop：终止值，但不包括 stop。
- step：步长，表示序列产生的间隔，可省略，默认为 1。例如，range(0,5)等价于 range(0,5,1)。

注意：range()函数是根据参数返回特定的 range 对象，该对象蕴含两个整数之间的序列。当 range()函数只有一个参数时，传入的值作为终止值，会产生从 0 到终止值逐一递增的整数序列对象。示例代码如下：

In [9]:
```
range(10)
```

Out[9]:
```
range(0,10)
```

从上述示例可以看出，range()函数返回的并不是一个序列，而是一个序列对象。如果想要输出其中的值，则需要使用 for 循环语句。示例代码如下：

In [10]:
```
for i in range(10):
    print(i)
```

Out[10]:
```
0
1
2
3
4
5
6
7
8
9
```

for 循环变量的初始值是 0，终止值是 range()函数中的参数，也是循环停止的数字（但不包含它自己）。Python 完成 for 循环子句内所有代码的一次迭代之后，执行将回到循环的顶部，for 循环语句让 i 增加 1。每一次迭代，i 分别被设置为 0、1、2、3、4、5、6、7、8、9。变量 i 将递增到（但不包括）传递给 range()函数的整数。

我们可以为 range()函数传入两个参数，分别表示起始值和终止值。示例代码如下：

In [11]:
```
for i in range(5,10):
    print(i)
```

Out[11]:
```
5
6
7
8
9
```

在第一次运行时，变量 i 的初始值被设置为 5，每一次迭代，i 将依次被设置为 6、7、8、9，不包含 10。

也可以为 range()函数传入 3 个参数，分别表示起始值、终止值和步长。示例代码如下：

In [12]:
```
for i in range(5,10,2):
    print(i)
```

Out[12]:
```
5
7
9
```

range(5,10,2)将生成起始值为 5，终止值为 10，步长为 2 的序列对象。

在为 for 循环生成序列对象方面，range()函数很灵活，甚至可以用负数作为步长，让循环计数逐渐减少，而不是增加。示例代码如下：

In [13]:
```
for i in range(5,-1,-1):
    print(i)
```

Out[13]:
```
5
4
3
2
1
```

```
0
```

可以用 for 循环语句和 range()函数实现与 while 循环语句相同的功能。示例代码如下：

In [14]:
```
for i in range(5):
    print('Hello world!')
```

Out[14]:
```
Hello world!
Hello world!
Hello world!
Hello world!
Hello world!
```

for 循环子句中的代码运行了 5 次。在第一次运行时，变量 i 被设置为 0，子句中的 print()函数将输出“Hello world!”，随后重新回到循环的顶部，变量 i 被设置为 1，再次输出“Hello world!”，以此类推，直到变量 i 被设置为 4。

【例 3-6】 用 for 循环计算 0～100 的偶数和。示例代码如下：

In [15]:
```
sum = 0
for i in range(2,101,2):
    sum += i
print(sum)
```

Out[15]:
```
2550
```

第 1 行代码创建用于存储和的变量，并赋初值为 0。第 2 行代码 for 循环语句中的 range(2,101,2)用于生成 2 到 101 之间的偶数列表[2,4,6,8,...,100]，并且通过 for 循环逐次取出元素，并赋值给变量 i。for 语句末尾的冒号表明开始执行第一条 for 循环语句，执行加法操作，语句“sum+=i”就等价于“sum=sum+i”，是 Python 的简洁写法。最后再将计算的结果通过 print()函数输出，结果为 2550。

3.2.3　break 语句

在 while 和 for 循环语句中，如果没有退出条件，则循环会一直执行，直到条件为假或序列中的元素取完时为止。如果需要提前中断循环，如循环结果已达预期，不想再继续执行循环来占用资源，则可以使用 break 语句控制。

break 语句在 while 和 for 循环中用于退出本层循环。当执行 break 语句时，即使循环条件依旧为 True，也会停止执行循环语句。这就好比在操场上跑步，原计划跑 10 圈，可是当跑到第 2 圈时，突然想起有急事要办，于是果断停止跑步并离开操场，就相当于使用了 break 语句提前终止了循环。

在代码中，break 语句仅包含 break 关键字。break 语句一般会结合 if 语句搭配使用，表示在某种条件下跳出循环体。break 语句的语法非常简单，只需要在相应的 while 或 for 循环语句中直接加入 break 关键字即可。break 语句的执行流程如图 3-7 所示。

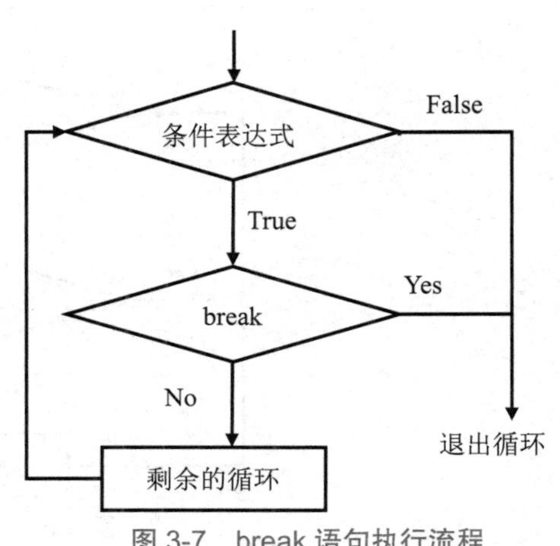

图 3-7　break 语句执行流程

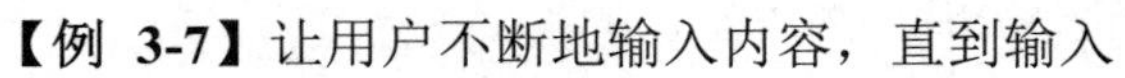
【例 3-7】 让用户不断地输入内容，直到输入

“quit”后退出循环。示例代码如下：

In [16]:
```
while True:
    content=input('请输入内容：')
    if content=='quit':
        break
    else:
        print('你输入的内容是:{0}'.format(content))
```

第 1 行代码创建了一个无限循环，它是一个条件总为 True 的 while 循环。程序执行将进入死循环，只有执行到 break 语句才会退出程序。第 2 行代码要求用户输入内容，并通过 input() 函数接收用户从键盘输入的内容。随后利用 if 语句判断用户输入的内容是不是“quit”，如果为 True，则会执行 break 语句，跳出 while 循环，否则会执行 else 语句，先输出用户输入的内容，再进入 while 循环体，要求用户输入内容。

【例 3-8】循环遍历 0～10 内的数，当为偶数时结束执行。示例代码如下：

In [17]:
```
for i in range(0, 10):
    print("i 的值是：", i)
    if i == 2:
        break       # 当执行该语句时将结束循环
```

Out[17]:
```
i 的值是： 0
i 的值是： 1
i 的值是： 2
```

在 for 循环体内部使用 if 语句判断变量 i 的当前取值是否为 2，如果为 2，则执行 break 语句，跳出 for 循环，程序结束。

注意：在编写程序时应该尽量避免无限循环（死循环），如果不小心写了无限循环，则在程序的运行过程中可以按快捷键“Ctrl+C”终止程序，或者在 IDE 编辑器中单击“终止”按钮。

3.2.4 continue 语句

与 break 语句一样，continue 语句也是可以用在 while 循环和 for 循环内部的，但不同的是，continue 语句的作用是跳过当前循环的剩余语句，跳回循环开始处，重新对循环条件进行判断，即执行下一次循环。continue 语句的执行流程如图 3-8 所示。

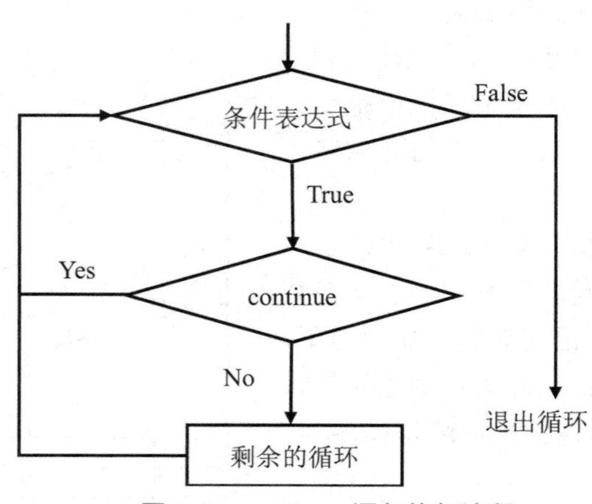

图 3-8 continue 语句执行流程

例如，输出 1～10 的奇数。示例代码如下：

In [18]:
```
current_number=0
while current_number<10:
    current_number+=1
    if current_number % 2==0:
        continue
    print(current_number)
```

Out[18]:
```
1
3
5
7
9
```

第 1 行代码定义了变量 current_number，初始值设置为 0；第 2 行代码中的 while 语句的条件表达式用于控制循环体，当变量 current_number 的值小于 10 时，才执行循环体中的代码；第 3 行代码将变量的值自增 1；第 4 行代码通过 if 语句判断变量当前的值是否为偶数，如果 if 的条件表达式为 True，则执行 continue 语句，跳过第 6 行代码的 print()语句，进入下次循环；如果条件表达式为 False，则不执行 continue 语句，顺序往下执行第 6 行代码，输出当前变量的值。

还可以使用 if…else 语句实现计算 1～10 以内的奇数之和。示例代码如下：

In [19]:
```
sum=0
current_number=0
while current_number<10:
    current_number+=1
    if current_number % 2==0:
        continue
    else:
        sum+=current_number
print("1～10 以内的奇数之和为:{0}".format(sum))
```

Out[19]:
```
25
```

通过 if…else 语句来判断是否做加法运算。如果当前的变量值为偶数，则跳过后面的所有代码，进入下一次的循环，否则执行 else 语句“sum+=current_number”。

3.3　复杂循环结构

Python 中的循环还允许嵌套使用，即允许在一个循环中使用其他循环语句。此外，也允许循环结构与 else 语句一起使用。比较常用的嵌套循环是 for-for 循环嵌套结构和 while-while 循环嵌套结构，当然也可以是 while-for 或 for-while 循环嵌套结构。嵌套循环的程序执行流程如图 3-9 所示。

在循环嵌套中，内层循环是外层循环的语句块，Python 的执行流程如下。

- 当外层循环条件为 True 时，则执行外层循环结构中的语句块。
- 外层循环体中包含了普通程序和内层循环，当内层循环的循环条件为 True 时，会执行内层循环中的循环体，直到内层循环的循环条件为 False，程序便跳出内循环。
- 如果此时外层循环的循环条件仍为 True，则返回上一步继续执行外层循环体，直到外层循环的循环条件为 False。

- 当内层循环的循环条件为 False，且外层循环的循环条件也为 False 时，则整个嵌套循环才算执行完毕。

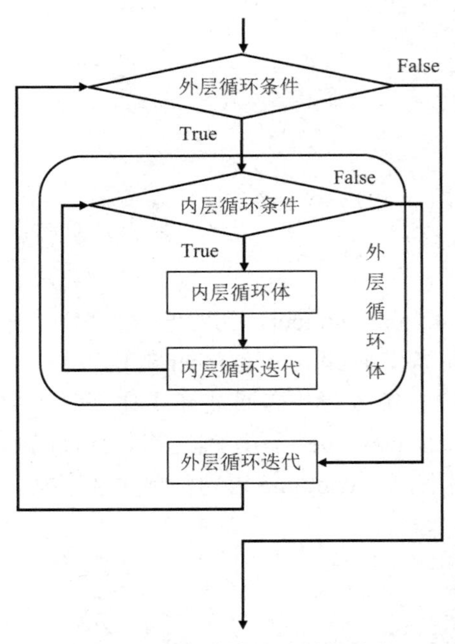

图 3-9　循环嵌套程序执行流程

3.3.1　for-for 循环嵌套结构

for-for 循环嵌套结构的语法格式如下：

```
for 循环变量 1 in 序列 1:
    for 循环变量 2 in 序列 2:
        语句块 1
    语句块 2
```

第 2 行代码中的 for 语句是第 1 行 for 语句的语句块，两个 for 语句构成的嵌套也被称为双重循环，当然也可以由 3 个及以上的 for 语句构成多重循环。在 for-for 循环嵌套结构中，首先遍历外层的 for 循环，即从序列 1 中逐次取出元素，并将元素赋给循环变量 1。第 1 行的 for 循环语句末尾要有冒号“:”表示下一行代码是 for 循环的语句块。第 2 行代码的 for 循环从序列 2 中逐次取出元素，并将其赋给循环变量 2，每执行一次内层 for 循环，语句块 1 都被执行一次。当第 2 行代码的 for 循环全部执行完后，再执行语句块 2。

例如，利用 for-for 循环嵌套结构输出九九乘法表。示例代码如下：

In [20]:
```
for i in range(1,10):
    for j in range(1,i+1):
        print('{0}*{1}={2}'.format(i, j, i*j),end=' ')
    print('')
```

Out[20]:
```
1*1=1
2*1=2 2*2=4
3*1=3 3*2=6 3*3=9
4*1=4 4*2=8 4*3=12 4*4=16
```

```
5*1=5 5*2=10 5*3=15 5*4=20 5*5=25
6*1=6 6*2=12 6*3=18 6*4=24 6*5=30 6*6=36
7*1=7 7*2=14 7*3=21 7*4=28 7*5=35 7*6=42 7*7=49
8*1=8 8*2=16 8*3=24 8*4=32 8*5=40 8*6=48 8*7=56 8*8=64
9*1=9 9*2=18 9*3=27 9*4=36 9*5=45 9*6=54 9*7=63 9*8=72 9*9=81
```

外层循环变量 i 用于处理行，表示乘号“*”左边的数；内层循环变量 j 用于处理列，表示乘号“*”右边的数。因为第 i 行有 i 个口诀，因此变量 j 的范围是[1,i+1]。循环体语句 print()函数中第一个参数是格式化字符串，利用 3 个占位符“{}”位置分别显示 i，j 和 i*j 的值；第二个参数是 end，赋值为空格，控制对齐间隔。

3.3.2　while-while 循环嵌套结构

while-while 循环嵌套结构的语法格式如下：

```
while 条件表达式 1:
    while 条件表达式 2:
        语句块 1
    语句块 2
```

第二个 while 语句是第一个 while 语句的语句块。在程序执行时，先判断条件表达式 1 的结果是否为 True，如果为 True，则执行第二个 while 语句。再判断内层的 while 循环的条件表达式 2 的结果是否为 True，如果为 True，则执行语句块 1，否则执行语句块 2。内层 while 循环执行结束后，执行语句块 2，并返回外层 while 循环，继续判断条件表达式 1 的结果是否为 True，如果为 True，则继续执行内层循环体，否则退出 while 循环。

同样，我们可以用 while-while 循环嵌套结构输出九九乘法表。示例代码如下：

In [21]:

```
row = 1
while row <= 9:
    col = 1
    while col <= row:
        result = row * col
        print(f"{row}*{col} = {result}", end=" ")
        col += 1
    print()
    row += 1
```

Out[21]:

```
1*1=1
2*1=2 2*2=4
3*1=3 3*2=6 3*3=9
4*1=4 4*2=8 4*3=12 4*4=16
5*1=5 5*2=10 5*3=15 5*4=20 5*5=25
6*1=6 6*2=12 6*3=18 6*4=24 6*5=30 6*6=36
7*1=7 7*2=14 7*3=21 7*4=28 7*5=35 7*6=42 7*7=49
8*1=8 8*2=16 8*3=24 8*4=32 8*5=40 8*6=48 8*7=56 8*8=64
9*1=9 9*2=18 9*3=27 9*4=36 9*5=45 9*6=54 9*7=63 9*8=72 9*9=81
```

定义了变量 row 用于控制行，变量 col 用于控制列。判断外层 while 循环判断 row 的值是否小于或等于 9，如果结果为 True，则将变量 col 赋值为 1，并且判断变量 col 的值是否小于或等于变量 row，如果结果为 True，则执行 print 语句，并将变量 col 的值增加 1。再次回到内层 while 循环，判断变量 col 的值是否小于或等于变量 row，如果结果为 True，则继续执行内层循环体语句，否则退出 while 循环。当内层 while 循环结束后，执行 print 语句输出空行，同时将变量 row 的值自增 1，并判断变量 row 是否小于或等于 9，如果结果为 True，则执行外层循环体语句，否则退出外出循环。

3.3.3 while-for 循环嵌套结构

while-for 循环嵌套结构的语法格式如下：

```
while 条件表达式:
    for 循环变量 in 序列:
        语句块 1
    语句块 2
```

判断 while 循环的条件表达式结果是否为 True，如果为 True，则执行循环体内的代码。for 循环语句从序列中逐次取出元素并赋值给循环变量，先执行语句块 1，直到 for 循环遍历结束，再执行语句块 2，进入下一次的 while 循环。示例代码如下：

In [22]:

```
i = 0
while i<10:
    for j in range(10):
        print("i=",i," j=",j)
    i=i+1
```

一开始 i=0，循环条件 i<10 成立，进入 while 外循环执行其外层循环体。从 j=0 开始，直到 j=10 不满足循环条件，则跳出 for 循环。继续执行 while 外循环的 i=i+1 语句，判断 i<10 是否依旧为 True，如果为 True，则继续执行 for 循环。直到条件 i<10 不成立为止。根据上面的分析，此程序中外层循环将执行 10 次，而每次执行外层循环时，内层循环都从 j=0 循环执行到 j=9。因此，该嵌套结构将执行 10×10 = 100 次。由此可知，嵌套循环执行的总次数=外循环执行次数×内循环执行次数。

3.3.4 循环中的 else 语句

Python 支持与循环语句相关联的 else 语句。如果 else 语句与 for 循环一起使用，则在循环遍历迭代对象结束后再执行 else 语句。如果 else 语句与 while 循环一起使用，则在条件表达式结果变为 False 时执行 else 语句。

在 for 循环中使用 else 语句的示例代码如下：

In [23]:

```
print('My name is:')
for i in range(5):
    print('张三 ({0})'.format(i))
else:
    print('输出完成')
```

Out[23]:

```
My name is:
张三 (0)
张三 (1)
张三 (2)
张三 (3)
张三 (4)
输出完成
```

当 for 循环结束后才执行 else 语句。

在 while 循环中使用 else 语句的示例代码如下：

In [24]:
```
count=0
while count<5:
    print('{0}<5'.format(count))
    count+=1
else:
    print('{0}=5'.format(count))
```

Out[24]:
```
0<5
1<5
2<5
3<5
4<5
5=5
```

该语句在变量 count 小于 5 时执行 while 语句，在 count 等于 5 时执行 else 语句。

注意：else 语句后面一定要跟冒号“:”，表示下一个缩进语句块的开始。

3.4　案例分析

1．获取从键盘输入的成绩，并利用条件运算符判断学生的成绩等级。学生的成绩可分为 3 个等级，大于或等于 90 分的为 A 级，60 分到 89 分之间的为 B 级，60 分以下的为 C 级。示例代码如下：

In [25]:
```
# 获取用户输入的成绩
score = float(input("请输入你的成绩："))

# 判断成绩等级并输出结果
if score >= 90:
  grade = 'A'
elif score >= 60:
  grade = 'B'
else:
  grade = 'C'

print("你的成绩等级为：", grade)
```

Out[25]:
```
请输入你的成绩：85
你的成绩等级为： B
```

在这个程序中，首先使用 input()函数获取用户输入的成绩，并将其转换为浮点型。需要注意的是，input()函数从键盘获取到的任意输入，都会将其默认为字符串，所以需要根据实际情况转换成所需要的数据类型。本示例是根据学生成绩判断其成绩等级的，因此，需要将输入的成绩转换成浮点数。然后，使用条件运算符的嵌套方式来判断成绩等级，并将结果赋值给变量 grade。如果成绩大于或等于 90 分，则等级为 A；如果成绩在 60 分到 89 分之间，则等级为 B；否则等级为 C。最后，使用 print()函数将成绩等级输出。

2．某金融企业招聘职工，满足以下两个条件之一的求职者将会接到面试通知。

- 25 岁及以下且是“金融工程”专业的应届生。
- 具备至少 3 年工作经验的“投资银行”专业人士。

编写一个程序，判断一个 24 岁非重点大学投资银行专业毕业，已有 3 年工作经验的求职者能否得到面试通知。示例代码如下：

In [26]:
```
# 判断求职者是否符合面试要求
age = 24
major = "投资银行"
work_experience = 3
education = "非重点大学"

if (age <= 25 and major == "金融工程" and education == "应届生") or
(work_experience >= 3 and major == "投资银行"):
  print("该求职者符合面试要求，将会接到面试通知。")
else:
  print("该求职者不符合面试要求，将不会接到面试通知。")
```

Out[26]:
```
该求职者符合面试要求，将会接到面试通知。
```

在这个程序中，首先定义了 4 个变量 age、major、work_experience 和 education，用于表示求职者的年龄、专业、工作经验和教育背景。然后使用条件运算符的嵌套方式来判断求职者是否符合面试要求。如果求职者年龄小于或等于 25 岁，专业是金融工程，教育背景是应届生，或者工作经验大于或等于 3 年，专业是投资银行，则认为该求职者符合面试要求，将会接到面试通知；否则认为该求职者不符合面试要求，不会接到面试通知。在本示例中，由于求职者年龄为 24 岁，不是重点大学金融工程专业的应届生，因此不符合第一个条件；但是他具有 3 年工作经验，并且是投资银行专业的，因此符合第二个条件。最后，程序输出的内容为“该求职者符合面试要求，将会接到面试通知。”

3．求三位水仙花数。水仙花数是指该数各位上数的立方和等于该数本身。因此，编程思路是先遍历从小到大的所有三位数，再对每个数进行判断，如果是水仙花数，则输出该三位数。例如，$153 = 1^3 + 5^3 + 3^3$。示例代码如下：

In [27]:
```
# 遍历所有三位数
for num in range(100, 1000):
    # 将数字转换成字符串
    str_num = str(num)
    # 计算每一位上数字的立方和
    sum = pow(int(str_num[0]), 3) + pow(int(str_num[1]), 3)\
    + pow(int(str_num[2]), 3)
    # 判断是否是水仙花数
    if sum == num:
        # 如果是水仙花数，则输出该三位数
        print(num)
```

Out[27]:
```
153
370
371
407
```

首先，使用 for 循环遍历所有的三位数。然后，将每个数字转换成字符串，并使用字符串切片和 int()函数获取每一位上的数字，计算它们的立方和。最后，使用 if 语句判断这个数是否为水仙花数，如果是水仙花数，则输出该三位数。需要注意的是，在判断水仙花数时，我们使用了 Python 内置的 pow()函数来计算一个数的立方。该函数的语法格式为：pow(x,n)，表示计算 x 的 n 次方。从输出结果来看，153 是最小的三位水仙花数，407 是最大的三位水仙花数。

4．输入起始数字 a 和终止数字 b，按照一行 8 个数的要求输出[a, b]范围内的素数，注意列对齐，并统计素数的个数。示例代码如下：

In [28]:

```
# 定义起始和终止数字
a = 10
b = 100

# 初始化计数器
count = 0

# 遍历指定范围内的数字
for num in range(a, b+1):
    # 判断是否是素数
    if num > 1:
        for i in range(2, num):
            if (num % i) == 0:
                break
        else:
            # 如果是素数，则输出并增加计数器
            print("{:5d}".format(num), end="")
            count += 1
            # 如果已经输出了 8 个素数，则换行
            if count % 8 == 0:
                print()
print("\n 共有{}个素数".format(count))
```

Out[28]:

```
11   13   17   19   23   29   31   37
41   43   47   53   59   61   67   71
73   79   83   89   97
共有 25 个素数
```

在上面的程序中，首先定义了起始数字 a 和终止数字 b，并使用 for 循环遍历这个范围内的所有数字。然后，使用一个 for-for 循环嵌套结构判断每个数字是否为素数，如果是素数，则输出，并增加计数器。为了对齐输出，本示例使用了字符串格式化函数{:5d}来输出每个数字，并指定宽度为 5。另外，为了满足每行输出 8 个数的要求，使用 if 语句和运算符“%”来判断是否需要换行。

5．编写一个程序，首先要求用户输入一个数字，并将它存储在变量中。然后，使用 while 循环不断地将这个数字除以 2，直到商为 1 或 0 为止。在每次循环中，输出商和余数，并将商重新赋值给原变量。如果商为 0，则退出循环。示例代码如下：

In [29]:

```
# 获取用户输入的数字并将其转换为整型
num = int(input("请输入一个数字："))

# 使用 while 循环不断地将数字除以 2
while num > 0:
    # 输出商和余数
    quotient = num // 2
```

```
    remainder = num % 2
    print("{} / 2 = {} ... {}".format(num, quotient, remainder))
    # 将商赋值给原变量
    num = quotient
    # 如果商为 0，则退出循环
    if num == 0:
        break
```

Out[29]:

```
请输入一个数字：57
57 / 2 = 28 ... 1
28 / 2 = 14 ... 0
14 / 2 = 7 ... 0
7 / 2 = 3 ... 1
3 / 2 = 1 ... 1
1 / 2 = 0 ... 1
```

在上面的程序中，首先使用 input()函数获取用户输入，并使用 int()函数将输入的数字转换为整型。然后，使用 while 循环不断地将数字除以 2，并使用运算符“//”和“%”计算商和余数。在每次循环中，使用 print()函数输出商和余数，并将商赋值给原变量。如果商为 0，则使用 break 语句退出循环。

6．编写一个程序，实现简单的猜数字游戏。随机生成一个数字 x，用户通过键盘输入数字 a，猜测随机数是多少。如果用户输入的数字 a 比 x 大，则提示“你猜的数字太大了！”。反之，则提示“你猜的数字太小了！”。当用户输入的数字 a 等于 x 时，则提示“恭喜你，猜对了！”。示例代码如下：

In [30]:

```
import random

# 生成随机数
x = random.randint(1, 100)

# 提示用户输入数字
print("猜数字游戏开始！")
while True:
    a = int(input("请输入一个 1 到 100 之间的整数："))
    if a > x:
        print("你猜的数字太大了！")
    elif a < x:
        print("你猜的数字太小了！")
    else:
        print("恭喜你，猜对了！")
        break
```

Out[30]:

```
猜数字游戏开始！
请输入一个 1 到 100 之间的整数：50
你猜的数字太小了！
请输入一个 1 到 100 之间的整数：75
你猜的数字太大了！
请输入一个 1 到 100 之间的整数：63
你猜的数字太小了！
请输入一个 1 到 100 之间的整数：69
```

```
你猜的数字太小了！
请输入一个 1 到 100 之间的整数：72
恭喜你，猜对了！
```

在上面的程序中，使用了 random()函数生成随机数。首先通过 import 语句将 random 模块导入当前程序中，使用 random.randint()函数生成一个 1 到 100 之间的随机整数 x。然后，使用 while 循环提示用户输入数字，并使用 if 语句判断用户猜测的数字与随机数的大小关系。如果用户猜测的数字比随机数大，则程序输出提示信息“你猜的数字太大了！”；如果用户猜测的数字比随机数小，则程序输出提示信息“你猜的数字太小了！”；如果用户猜测的数字与随机数相等，则程序输出恭喜信息“恭喜你，猜对了！”，并使用 break 语句退出循环。

3.5　本章小结

本章主要介绍了 Python 常用的控制流：选择结构、简单循环结构和复杂循环结构。

- 选择结构用于根据条件表达式判断是否执行某段代码。在 Python 中，可以使用 if 语句和 elif 语句来实现选择结构。if 语句用于判断一个条件是否为真，如果为真，则执行相应的语句块；否则就跳过该语句块。elif 语句用于在多个条件之间进行选择，如果前面的条件不成立，则判断下一个条件是否成立，直到找到一个成立的条件为止。如果所有条件都不成立，则可以使用 else 语句执行一个默认操作。
- 简单循环结构用于重复执行一段代码，直到满足某个条件为止。在 Python 中，可以使用 while 循环和 for 循环实现。先使用 while 循环语句判断一个条件是否为真，如果为真，则先执行相应的语句块，再判断条件，直到条件不成立为止。如果条件一开始就不成立，则不执行语句块。for 循环通常与 range()函数配套使用，重复循环指定的次数。循环中可以使用 break 语句和 continue 语句提前跳出程序。break 语句用于在循环中提前退出循环，continue 语句用于跳过循环中的某个语句块并继续执行下一次循环。
- 复杂循环结构是指在循环中嵌套了另一个循环。在 Python 中，可以使用 while-for 嵌套语句实现复杂的循环结构。嵌套的 while 语句可以在循环中执行另一个循环，可以实现更复杂的逻辑。其中的 for 语句用于遍历一个序列，可以对字符串、列表、元组等序列进行遍历。

选择结构、简单循环结构和复杂循环结构是 Python 中常用的控制流，掌握它们的使用方法可以帮助我们编写更加灵活、高效的程序。

动手编程

1．编写一个程序，输入 3 个整数赋给变量 a、b、c，将最小的数赋给变量 a，最大的数赋给变量 c，中间的数赋给变量 b。

2．编写一个程序，根据输入的 3 个边长值，判断是否能构成三角形。如果能构成等边三角形，则输出 1；如果能构成等腰三角形，则输出 2；如果能构成一般三角形，则输出 3；如果不能构成三角形，则输出 0。如果用户输入的内容不是数字，则提示用户规范输入。

3．如果一个数等于它的各个因子之和，则这个数就是“完数”。例如，6=1+2+3。编写一个程序，输出 1000 以内的所有完数。

4．输入 3 个整数 x，y，z，请把这 3 个数由小到大输出。

5．判断 101～200 之间有多少个素数，并输出所有素数。

6．求 1+2!+3!+…+20!的和。

7．猴子吃桃问题：猴子第一天摘下若干桃子，当即吃了一半，还不过瘾，又多吃了一个。第二天早上又将剩下的桃子吃掉一半，又多吃了一个。以后每天早上都吃前一天剩下桃子的一半零一个。到第 10 天早上想再吃时，只剩下一个桃子了。求第一天共摘了多少个桃子。

8．编写一个程序，反复接收自然数的输入，直到输入-1 为止，计算并输出每一个自然数除自身以外的最大约数。

9．从键盘输入一个正整数 n，用 while 循环找出小于或等于该整数 n 且能被 23 整除的最大正整数。如果找到了，则输出该整数；如果没有找到，则输出“未找到”。

10．编写一个程序，从键盘输入公司某商品的订单销售额，并对输入的销售额累加求和。当输入的值小于或等于 0 时，终止该操作。

第 4 章　字符串处理

第 2 章中简单介绍了字符串的定义和格式化输出，字符串作为日常生活中较为常用的数据类型，有很多特性是简单变量所不具备的。本章将详细介绍字符串的基本操作，包括字符串的长度与比较、字符串索引、字符串切片、字符串遍历及常用的字符串函数。

4.1　字符串的长度与比较

在 Python 中，可以使用 len()函数获取字符串的长度。示例代码如下：

In [1]:
```
var= 'Hello,world'
print(len(var))
```

Out[1]:
```
11
```

当然，也可以比较字符串的大小，比较的规则是如果两个字符串 var1 和 var2 完全相同，即所有字符的大小写均相同，则 var1==var2 成立，否则从 var1 和 var2 的最左侧开始依次比较每个字符。

注意：字符与字符的比较依据是它们的 ASCII 码值，即字母在 ASCII 字符集中的顺序。示例代码如下：

In [2]:
```
print('hello'=='hello')
print('Hello'>'hello')
print('hell'<'hello')
```

Out[2]:
```
True
False
True
```

第 1 行代码中运算符“==”两侧的两个字符串完全相同，因此返回结果为 True；第 2 行代码中 H 的 ASCII 码值比 h 的 ASCII 码值小，其余的字符相等，因此返回结果为 False；第 3 行代码中字符串“'hell'”比“'hello'”少一个字符“o”，因此在比较时将左边缺少的字符的 ASCII 码值被视为 0 与右侧的字符“o”的 ASCII 码值进行比较，因此返回结果为 True。

4.2　字符串索引

Python 中的字符串是一系列字符的有序集合。在这个有序集合中，每个字符都隐藏着一个数字下标，表示字符在有序集合中的位置，我们也把这个数字下标称为索引。因此，可以通过该索引来获取指定位置的字符。

一般来说，字符串的索引有两种表示方法：正向索引和反向索引。顾名思义，正向索引是按照从左到右的顺序依次递增检索字符串中的字符；反向索引是按照从右到左的顺序依次递减检索字符串中的字符。在 Python 中，通常使用 s[index]的方式获取字符串中指定位置的字符，s 表示一个字符串。在使用索引时需要注意以下几点。

- 索引必须是整数，可以是具体的数字，如 1、2、3 等，也可以是整型变量。示例代码如下：

In [3]:
```
s='hello'
print(s[2]) # 直接使用具体数字

idx=3
print(s[idx]) # 使用整型变量
```

Out[3]:
```
l
l
```

- 索引是从 0 开始的，也就是说字符串最左侧字符为 s[0]，往右索引依次增加 1，最右侧字符的索引为字符串的长度减 1，即 len(s)−1。例如，上述示例字符串中第 3 个字符的索引是 2。
- 当使用负向索引时，最右侧字符的索引用−1 表示，倒数第二个字符的索引为−2，最左侧字符的索引为字符串长度的相反数，即−len(s)。

我们以字符串“s='Hello'”为例进一步解释索引的使用方法。在字符串 s 中，H 的索引为 0，e 的索引为 1，第一个 l 的索引为 2，第二个 l 的索引为 3，o 的索引为 4。同时也可以说 H 的索引为−5，e 的索引为−4，第一个 l 的索引为−3，第二个 l 的索引为−2，o 的索引为−1。正反向索引示例如表 4-1 所示。

表 4-1　正反向索引示例

索引方法	H	e	l	l	o
正向索引	0	1	2	3	4
反向索引	−5	−4	−3	−2	−1

我们通过下面这个示例来观察字符的检索过程。示例代码如下：

In [4]:
```
s = 'Hello'
print("第一个字符是:{}".format(s[0])) # 取 s 中索引为 0 的数
print("第二个字符是:{}".format(s[1])) # 取 s 中索引为 1 的数
print("倒数第一个字符是:{}".format(s[-1])) # 取 s 中索引为-1 的数
print("倒数第二个字符是:{}".format(s[-2])) # 取 s 中索引为-2 的数
```

Out[4]:
```
第一个字符是:H
第二个字符是:e
倒数第一个字符是:o
倒数第二个字符是:l
```

这个示例中的第一个字符 s[0]是 H，第二个字符 s[1]是 e，倒数第一个字符 s[−1]是 o，倒数第二个字符 s[−2]是 l。

注意：对于上面这个示例，如果给定的索引超过范围，如 s[6]和 s[−6]，则程序会抛出 IndexError 类型的异常。

In [5]:
```
s = 'Hello'
print(s[6])
```

Out[5]:
```
---------------------------------------------------------------------------
IndexError                Traceback (most recent call last)
Cell In[10], line 2
      1 s = 'Hello'
----> 2 print(s[6])
IndexError: string index out of range
```

4.3 字符串切片

利用索引可以对字符串中的单个字符进行访问，但如果需要访问指定范围内的字符，即获取一个字符串的子字符串，那么单纯使用索引逐个取字符的方法是比较麻烦的，这时就需要有一个可以快速访问指定范围内字符的方法。

Python 提供了切片的方法来实现这一操作。Python 中的切片是指截取某一范围内的元素，字符串切片就是截取指定范围内的子字符串。Python 中使用冒号分隔两个索引来指定索引的范围。字符串切片有两种方法：没有步长的简单切片和有步长的切片。

4.3.1 简单切片

简单切片用于截取连续区间内的子字符串。语法格式如下：

```
s[start:end]
```

start 表示起始位置，end 表示结束位置，为左闭右开区间，即所截取的子字符串包含 start 所在位置的字符，不包含 end 所在位置的字符。start 和 end 中间用冒号“:”分隔。例如，对于字符串“str='hello world'”，从中提取出第一个单词和第二个单词。

In [6]:
```
str='hello world'
print(str[0:5])
print(str[6:10])
```

Out[6]:
```
hello
worl
```

第一个单词首字母 h 的索引是 0，最后一个字母 o 的索引是 4，由于在切片时指定的起始索引和结束索引范围是左闭右开的区间，即包含左边的索引，不包含右边的索引。这个操作有点像数学里的 $a \leq x < b$，x 是我们需要得到的字符，a 是切片操作中的第一个索引，b 是第二个索引，b 不包含在 x 的取值范围内。在本示例中，如果指定 end=4，则检索出来的字符不包含 o，因此末尾索引应该是 5 而不是 4。

细心的读者应该会发现，第 3 行代码的输出结果是 worl 而不是 world，这是因为切片不包含索引为 10 的字符。为了解决这个问题，可以将 end 的索引设为 11；也可以省略结束索引，此时 Python 会默认截取字符串从开头到末尾的全部字符。

In [7]:
```
str='hello world'
```

```
print(str[6:11])
print(str[6:])
```

Out[7]:
```
world
world
```

需要注意的是，结束位置不能用索引-1，因为按照切片操作的规则，切片区间是左闭右开区间，如果设置结束索引为-1，则最后一个字符将被忽略。

此外，也可以不指定起始位置和结束位置，此时将会获取所有的字符。示例代码如下：

In [8]:
```
str='hello world'
print(str[:])
```

Out[8]:
```
hello world
```

4.3.2 有步长的切片

有步长的切片用于按照指定的间隔取出字符串中的字符。语法格式如下：

```
s[start:end:step]
```

start 表示起始位置，end 表示结束位置，为左闭右开区间，即所取出的字符包含 start 所在位置的字符，不包含 end 所在位置的字符。step 为步长，可以为正数也可以为负数，表示间隔地取出字符。示例代码如下：

In [9]:
```
s='abcdefghijklmnop'
print(s[1:10:2])
```

Out[9]:
```
bdfhj
```

上述代码表示从字符串 s 中索引为 1 的位置开始，到索引为 10 的位置结束，每隔 1 个字符取出 1 个字符。

当 step 为负数时，表示间隔地逆向取出字符串中的字符，即从右向左取出字符，步长的绝对值大于 1 表示取字符的间隔。例如，步长为-1 逆向取出字符的示例代码如下：

In [10]:
```
s= 'abcdefghijklmnop'
print(s[::-1])
```

Out[10]:
```
ponmlkjihgfedcba
```

每隔 1 个字符逆向取出字符的示例代码如下：

In [11]:
```
s= 'abcdefghijklmnop'
print(s[::-2])
```

Out[11]:
```
pnljhfdb
```

注意：在使用负数步长时，起始位置和结束位置都可以为空，如果不为空，则起始位置 start 必须大于结束位置 end。示例代码如下：

In [12]:
```
s= 'abcdefghijklmnop'
print(s[-1:-8:-1])
```

Out[12]:
```
ponmlkj
```

上述代码表示从最后一个字符到倒数第 8 个字符为止，步长为-1，逆向取出字符。也可以使用正向索引。示例代码如下：

In [13]:
```
s= 'abcdefghijklmnop'
print(s[10:1:-3])
```

Out[13]:
```
khe
```

上述代码表示从第 10 个字符到第 1 个字符为止，每隔 2 个字符取出 1 个字符。

4.4　字符串遍历

在实际应用中，有时候需要从字符串中逐个取出字符。我们一般都是先从头开始读取字符串，依次得到每个字符，再做处理，直到末尾，这种处理方法叫作遍历。

简而言之，字符串遍历就是从一个字符串的开头读取到末尾，每次只读取一个字符。字符串遍历主要使用 for 循环，配合一些内置函数，本节主要介绍常用的字符串遍历方法。

4.4.1　for 循环遍历

这种方法是将字符串视为由不同字符构成的序列，通过 for 循环从序列中逐个取出每个字符，并将其赋给 for 循环变量。在 for 语句块中可以直接使用获取到的字符。这种遍历方法也被称为直接遍历法。示例代码如下：

In [14]:
```
var = "How are you"
for every_char in var:
    print(every_char)
```

Out[14]:
```
H
o
w

a
r
e

y
o
u
```

在这个示例中，首先定义了一个字符串变量 var，其内容为“"How are you"”。在 for 循环中，逐个将每个字符赋给变量 every_char。例如，第一个字符是 H，先将其赋给变量 every_char，然后执行 print()函数输出该字符，接着取出第二个字符 o，将其赋给变量 every_char，并输出该字符，以此类推，直到取出最后一个字符为止。

可以把字符串 var 想象成一个盒子，里面有 11 件物品，它们的序号依次为 0 到 10，每次 for 循环就相当于从盒子里拿出一件物品，直到把所有物品拿出来为止，才结束 for 循环。

4.4.2　结合 range()函数的 for 循环遍历

这种方法首先是利用 range()函数生成一个数字序列迭代器，然后通过 for 循环遍历迭代器，从 range()函数生成的对象里逐个取出数字编码，即索引，最后根据索引从字符串中读取每个字符。示例代码如下：

In [15]:
```
var = "How are you"
for index in range(len(var)):
    print(var[index])
```

Out[15]:
```
H
o
w

a
r
e

y
o
u
```

Python 中的 len()函数返回字符串的长度。在本示例中，len(var)用于获得字符串 var 中字符的个数，共 11 个字符。首先使用 range(len(var))生成一个从 0 到 11 的数字序列，即每个字符的索引取值依次为 0 到 10。然后，利用 for 循环逐个拿到索引，并赋值给变量 index，最后通过 var[index]获得相应位置的字符。

4.4.3 内置函数 enumerate()遍历

enumerate()函数是 Python 内置的函数，将 enumerate()函数作用在字符串上将会返回两个值：索引和其对应的字符。使用 enumerate()函数遍历字符串的示例代码如下：

In [16]:
```
var = "How are you"
for index, every_char in enumerate(var):
    print("{}\t{}".format(index,every_char))
```

Out[16]:
```
0   H
1   o
2   w
3
4   a
5   r
6   e
7
8   y
9   o
10  u
```

在本示例中，index 是索引，every_char 是字符串 var 中 index 对应的字符串。

4.4.4 内置函数 iter()遍历

iter()函数用于将容器类型或序列类型转化为迭代器对象，iter()函数的标准用法是

iter(object)，object 是迭代的集合对象。由于字符串本身是一个序列，因此，可以利用 iter()函数将字符串转换为迭代器对象，在 for 循环中就可以使用迭代器的 next()函数逐一从迭代器中取出字符。示例代码如下：

```
In [17]:  var = "How are you"
          for every_char in iter(var):
              print(every_char)
```

```
Out[17]:  H
          o
          w
          
          a
          r
          e
          
          y
          o
          u
```

这种方法与使用简单的 for 循环语句遍历的效果是一样的。

4.5　常用的字符串函数

字符串常用的函数非常多，这是因为字符串从 string 模块中“继承”了很多函数。本节只介绍一些常用的字符串函数。

4.5.1　index()函数

index()函数用于确定字符串 str 中指定字符串的起始位置。语法格式如下：

```
str.index(sub_str,beg,end)
```

表示从字符串 str 中查找子字符串 sub_str，查找位置从 beg 开始，到 end 结束。默认情况下 beg 从索引为 0 的位置开始检索，end 等于字符串 str 的长度。因此，如果从整个字符串 str 中检索，则可以不用指定 beg 和 end 的索引。

```
In [18]:  a = 'I like swimming and going fishing'
          b = a.index('like')
          c = a.index('going')
          d = a.index('g')
          print(b)
          print(c)
          print(d)
```

```
Out[18]:  2
          20
          14
```

从上述示例中可以看出，当要检索的字符串中不止一个字符时，如果这个字符串存在于被检索的字符串中，则输出的值为要检索的字符串的第一个字符在被检索的字符串中的索引。

示例中的字符 g 在被检索的字符串中多次出现，因此返回的索引为字符 g 第一次出现的位置，即 14。

如果要检索的字符串不在被检索的字符串中，那么会发生什么情况呢？示例代码如下：

In [19]:
```
a = 'I like swimming and going fishing'
b = a.index('time')
print(b)
```

Out[19]:
```
---------------------------------------------------------------------------
ValueError                                Traceback (most recent call last)
Cell In[16], line 2
      1 a = 'I like swimming and going fishing'
----> 2 b = a.index('time')
      3 print(b)
ValueError: substring not found
```

从上述示例中可以得知，当要检索的字符串不在被检索的字符串中时，代码会报错，异常类型为 ValueError。

4.5.2 replace()函数

replace()函数用于字符串的替换，即将指定的字符串替换为一个新的字符串。语法格式如下：

```
str.replace(old, new[, max])
```

str 表示指定检索的字符串；old 表示将被替换的原字符串；new 表示新字符串，用于替换原字符串；max 为可选值，如果指定了 max 参数，则表示替换次数不超过 max 次。返回结果为将字符串中的 old（原字符串）替换成 new（新字符串）后生成的新字符串。示例代码如下：

In [20]:
```
field='do it now,do right now'
print('原字符串: ',field)
```

Out[20]:
```
原字符串:  do it now,do right now
```

In [21]:
```
print('新字符串 1:',field.replace('do','Just do'))
```

Out[21]:
```
新字符串 1: Just do it now,Just do right now
```

由输出结果可以看到，在使用 replace()函数时，若不指定 max 参数，则字符串中所有匹配到的字符串都会被替换。若指定 max 参数，则从字符串的左边开始往右进行查找匹配并替换，达到指定的替换次数后，便不再继续查找。若字符串查找结束仍没有达到指定的替换次数，则结束查找。替换一次的示例代码如下：

In [22]:
```
print('新字符串 2: ',field.replace('o','Just',1))
```

Out[22]:
```
新字符串 2:  dJust it now,do right now
```

替换两次的示例代码如下：

In [23]:
```
print('新字符串 3: ',field.replace('o','Just',2))
```

Out[23]:
```
新字符串 3:  dJust it nJustw,do right now
```

在实际项目应用中，replace()函数的应用不多，当遇到稍微复杂的替换时，读者可以查阅相关文档。

4.5.3　join()函数

join()函数用于将字符串中的字符或者列表中的字符串以指定字符连接成一个新字符串。语法格式如下：

```
str.join(sequence)
```

str 表示指定的字符，sequence 表示待连接的字符串。返回结果为按照指定字符连接后的新字符串。

```
In [24]:
var1 = 'stay hungry'
new_var1  = ','.join(var1)
print('new_var1:',new_var1)
```

```
Out[24]:
new_var1: s,t,a,y, ,h,u,n,g,r,y
```

运行时会把字符串 var1 中的每个字符取出来与指定的字符“,”进行连接，返回新的字符串。当然，也可以先把多个字符串放在列表中，再按照指定的字符连接。示例代码如下：

```
In [25]:
var1 = ['stay', 'hungry']
new_var1  = '_'.join(var1)
print('new_var1:',new_var1)
```

```
Out[25]:
new_var1: stay_hungry
```

在实际项目应用中，join()函数应用较多，特别是在连接字符串时，使用 join()函数的效率较高，占用的内存空间小。在路径拼接时，使用 join()函数是个不错的选择。

4.5.4　split()函数

split()函数用于按照指定的分隔符对字符串进行切片。语法格式如下：

```
str.split (sep=None, maxsplit=- 1)
```

str 表示指定检索的字符串；sep 表示分隔符，默认为空格等空白字符；maxsplit 表示分隔次数。split()函数返回的结果为分隔后的字符串构成的列表。不提供分隔符的示例代码如下：

```
In [26]:
var1 = 'I like china forever and I like singing forever!!!'
print('不提供分隔符：')
print(var1.split())
```

```
Out[26]:
不提供分隔符：
['I', 'like', 'china', 'forever', 'and', 'I', 'like', 'singing',
'forever!!!']
```

此时，程序将默认空格作为分隔符分隔字符串，也可以指定任意的字符作为分隔符。例如，根据字母 k 分隔字符串的示例代码如下：

```
In [27]:
print('根据字母 k 分隔后的字符串：')
print(var1.split('k'))
```

```
Out[27]:
根据字母 k 分隔后的字符串：
['I li', 'e china forever and I li', 'e singing forever!!!']
```

根据字母 e 分隔字符串的示例代码如下：

In [28]:
```
print('根据字母 e 分隔后的字符串：')
print(var1.split('e'))
```

Out[28]:
```
根据字母 e 分隔后的字符串：
['I lik', ' china for', 'v', 'r and I lik', ' singing for', 'v', 'r!!!']
```

注意：如果指定 maxsplit，则最多进行 maxsplit 次拆分；如果未指定或 maxsplit 为-1，则不限制拆分次数。

例如，根据字母 e 分隔 2 次字符串。示例代码如下：

In [29]:
```
print('根据字母 e 分隔 2 次后的字符串：')
print(var1.split('e',2))
```

Out[29]:
```
根据字母 e 分隔 2 次后的字符串：
['I lik', ' china for', 'ver and I like singing forever!!!']
```

从上面的示例中可以看出，split()函数支持各种方式的字符串分隔，如果不提供分隔符，则程序默认把空格作为分隔符。split()函数中可以指定分隔符和分隔次数，如果指定分隔次数，则从左往右检索和分隔符相匹配的字符，分隔次数不超过指定分隔符被匹配的次数；如果不指定分隔次数，则所有匹配的字符都会作为分隔符分隔字符。

在实际项目应用中，split()函数应用的频率较高，特别是在文本处理或字符串处理的业务中，经常需要使用该函数做一些字符串的分隔操作，以得到某个值。

4.5.5 strip()、lstrip()和 rstrip()函数

在处理字符串时，会发现字符串的起始位置和结束位置通常会存在空白字符，如空格、制表符和换行符，或者也可能会存在某些特定的字符，如“#”“-”“$”等。这时，就需要对字符串的起始位置和结束位置的字符进行处理。常用的函数包括 strip()、lstrip()和 rstrip()。

strip()函数用于删除字符串头部和尾部指定的特殊字符，lstrip()用于删除字符串头部指定的特殊字符，rstrip()用于删除字符串尾部指定的特殊字符。使用方法分别为：str.strip([chars])、str.lstrip([chars])和 str.rstrip([chars])。

在这 3 个方法中，str 表示指定检索的字符串，chars 表示待删除的字符，chars 可以为空。strip()函数返回的结果是删除字符串头部和尾部指定的特殊字符后所生成的新字符串。

注意：如果不指定字符，则默认只删除字符串头部和尾部的空格。以 strip()函数为例说明具体用法。示例代码如下：

In [30]:
```
var1 = ' I like china forever and I like singing forever!!! '
var1_new=var1.strip()
print(f'原字符串 1：{var1},字符串长度为:{len(var1)}')
print(f'新字符串 1：{ var1_new },字符串长度为:{len(var1_new)}')
```

Out[30]:
```
原字符串 1： I like china forever and I like singing forever!!! ,字符串长度为:52
新字符串 1：I like china forever and I like singing forever!!!,字符串长度为:50
```

在本示例中，字符串 var1 的头部和尾部都有一个特殊字符“ ”。因此，原字符串的长度为 52，删除头部和尾部的两个空格，生成的新字符串长度为 50。

In [31]:
```
var2 = '--I like china forever and I like singing forever!!!--'
var2_new=var2.strip("-")
print(f'原字符串 2: {var2},字符串长度为:{len(var2)}')
print(f'新字符串 2: {var2_new},字符串长度为:{len(var2_new}')
```

Out[31]:
```
原字符串 2: --I like china forever and I like singing forever!!!--,
字符串长度为:54
新字符串 2: I like china forever and I like singing forever!!!,字符串
长度为:50
```

在本示例中，字符串 var2 的头部和尾部都分别有两个特殊字符“-”。因此，原字符串的长度为 54，删除头部和尾部的 4 个特殊字符“-”，生成的新字符串长度为 50。

In [32]:
```
var3 = '--I-like-china-forever-and-I-like-singing-forever!!!--'
var3_new= var3.strip("-")
print(f'原字符串 3: {var3},字符串长度为:{len(var3)}')
print(f'新字符串 3: {var3_new},字符串长度为:{len(var3_new)}')
```

Out[32]:
```
原字符串 3: --I-like-china-forever-and-I-like-singing-forever!!!--,
字符串长度为:54
新字符串 3:I-like-china-forever-and-I-like-singing-forever!!!,字符串
长度为:50
```

由输出结果可以看到，strip()函数只删除字符串头部和尾部中能匹配到的特殊字符，而中间的特殊字符不会被删除。

在实际项目应用中，strip()函数使用较多，特别在对字符串进行合法性校验时，一般都会先删除头部和尾部的空格。当不确定字符串的头部和尾部是否有空格时，一般会先用 strip()函数过滤一遍。

同理，lstrip()函数和 rstrip()函数的用法跟 strip()函数一样，以一个简单的示例说明用法。使用 lstrip()函数的示例代码如下：

In [33]:
```
var1 = '--I like china forever and I like singing forever!!!--'
print(var1.lstrip('-'))
```

Out[33]:
```
I like china forever and I like singing forever!!!--
```

输出结果说明使用 lstrip()函数可以将字符串头部的字符“-”删除。使用 rstrip()函数的示例代码如下：

In [34]:
```
print(var1.rstrip('-'))
```

Out[34]:
```
--I like china forever and I like singing forever!!!
```

使用 rstrip()函数可以将字符串尾部的字符“-”删除。

4.5.6　find()函数

find()函数用于检查字符串中是否包含指定的子字符串，返回的是子字符串在原字符串中的起始位置的索引。find()函数的语法格式如下：

```
str.find(sub_str,beg=0,end=len(string))
```

sub_str 表示待检索的字符串；beg 表示从哪个位置开始检索，默认从 0 开始；end 表示检

索结束的索引位置，默认为字符串的长度。如果指定了 beg 和 end 的值，则 find()函数将在给定的范围内进行检索。find()函数返回的结果为匹配到的字符串在原字符串中的起始位置，即首字符的索引。如果没有匹配到，则返回-1。下面用示例代码来举例。

```
In [35]:  var1 = 'I like china forever and I like singing forever!!!'
          print(f'var1 的字符串长度为:{len(var1)}')

Out[35]:  var1 的字符串长度为:50

In [36]:  a = var1.find('like') # 从字符串 var1 中查找字符串“like”
          print('a',a)

          b = var1.find('china') # 从字符串 var1 中查找字符串“china”
          print('b',b)

          c = var1.find('fish')  # 从字符串 var1 中查找字符串“fish”
          print('c',c)

Out[36]:  a 2
          b 7
          c -1
```

由输出结果可以看到，使用 find()函数时，如果找到字符串，则返回该字符串所在位置最左端的索引；如果字符串的第一个字符是匹配到的字符串，则 find()函数返回的索引就是 0；如果没找到字符串，则返回-1。

除了上面的用法，find()函数还可以接收起始索引参数和结束索引参数，以指定查找的范围。示例代码如下：

```
In [37]:  var1 = 'I like china forever and I like singing forever!!!'
          a = var1.find('like',26)    # 从指定的起始位置开始查找
          print('a',a)

          b = var1.find('like',26,35)   # 从指定的起始位置和结束位置范围内查找
          print('b',b)

Out[37]:  a 27
          b 27
```

由输出结果可以看到，find()函数可以只指定起始索引参数查找指定子字符串是否在字符串中，也可以指定起始索引参数和结束索引参数查找子字符串是否在字符串中。

在实际项目应用中，find()函数的使用不是很多，一般在想要知道某个字符串在另一个字符串中的索引位置时使用较多，其余情形使用较少。

4.5.7 lower()和 upper()函数

lower()函数用于将字符串中的所有大写字母转换为小写字母。语法格式如下：

```
str.lower()
```

该函数不需要参数，返回结果为字符串中的所有大写字母转换为小写字母后生成的新字符串。示例代码如下：

In [38]:
```
var1 = 'JUST DO IT'
print('调用 lower 后得到的字符串：',var1.lower())
var2 = 'Hello World!'
print('调用 lower 后得到的字符串：',var2.lower())
```

Out[38]:
```
调用 lower 后得到的字符串： just do it
调用 lower 后得到的字符串： hello world!
```

使用 lower()函数后，字符串中所有的大写字母都转换为小写字母，小写字母依旧保持小写。

如果想要使某个字符串中的字母不受大小写的影响，都为小写，则可以使用 lower()函数做统一转换。如果想要在一个字符串中查找某个子字符串并忽略大小写，则也可以使用 lower()函数。示例代码如下：

In [39]:
```
var1 = 'JUST DO IT'
a = var1.find('Do')  # 直接查找字符串 Do
print('a',a)

b = var1.lower().find('Do')  # var1 中的字符串先转换为小写字母再查找
print('b',b)

c = var1.lower().find('Do'.lower()) # 都转换为小写字母后再查找
print('c',c)
```

Out[39]:
```
a -1
b -1
c 5
```

同理，upper()函数用于将字符串中所有的小写字母转换为大写字母。语法格式如下：

```
str.upper()
```

返回结果为字符串中所有小写字母转换为大写字母生成的新字符串。下面用示例代码来举例。

In [40]:
```
var1 = 'Hello World!'
print('调用 upper 后得到的字符串：',var1.upper())
```

Out[40]:
```
调用 upper 后得到的字符串： HELLO WORLD!
```

由输出结果可以看到，使用 upper()函数后，字符串中的小写字母全部转换为大写字母。在数据处理过程中，如果想要使某个字符串中的字母不受大小写的影响，则可以使用 upper()函数做统一转换。要在一个字符串中查找某个子字符串并忽略大小写，则也可以先使用 upper()函数再使用 find()函数。示例代码如下：

In [41]:
```
var1 = 'just do it'
a = var1.upper().find('Do')    #var1 中的字符串先转换为大写字母
b = var1.upper().find('Do'.upper())   #都转换为大写字母后再查找
print('a',a)
print('b',b)
```

Out[41]:
```
a -1
b 5
```

对于处理那些忽略大小写字母的字符串匹配任务上，使用 lower()函数和 upper()函数是十分方便的。

4.5.8 startswith()和 endswith()函数

这两个函数用于判断字符串是否以指定的子字符串、字符开始或结束，如果是，则返回 True，否则返回 False。语法格式为：str.startswith([char])和 str.endswith([char])。示例代码如下：

In [42]:
```
'hello world!'.startswith('hello')
```
Out[42]:
```
True
```
In [43]:
```
'hello world!'.endswith('hello')
```
Out[43]:
```
False
```

如果只需要检查字符串的开始或结束部分是否等于另一个字符串，而不是检查整个字符串，那么这两个函数就可以替代运算符“==”。

4.6 案例分析

1．已知字符串“a = 'ahGhd35AGdf'”，编写程序完成以下任务。

- 将字符串 a 中的大写字母改为小写字母，小写字母改为大写字母。
- 将字符串 a 中的数字取出，并输出成一个新的字符串。
- 请将字符串反转并输出，如字符串 abc 的反转为 cba。

示例代码如下：

In [44]:
```
a = 'ahGhd35AGdf'
s=''
for c in a:
    #print(c)
    if c.islower():
        s+=c.upper()
    elif c.isupper():
        s+=c.lower()
    else:
        s+=c
print(s)
d=''
for c in a:
    if c.isdigit(): d+=c
print(d) #反转
print(a[::-1])
```
Out[44]:
```
AHgHD35agDF
35
fdGA53dhGha
```

首先定义了一个字符串 a，然后定义了一个空字符串 s，用于存储转换后的字符串。接着，使用 for 循环遍历字符串 a 中的每个字符。在每次循环中，使用 if 语句判断字符 c 是否为小写字母，如果字符 c 为小写字母，则将其转换为大写字母并添加到字符串 s 中；如果字符 c 为大写字母，则将其转换为小写字母并添加到字符串 s 中；如果字符 c 不是字母，则直接添加到字符串 s 中。随后，使用另一个 for 循环和 if 语句，将字符串 a 中的数字提取出来并存储在另一个字符串 d 中。最后，使用字符串切片操作[::-1]将字符串 a 反转并输出。当然，读者也可以直接使用字符串的 lower()函数一次性将字符串 a 的所有大写字母转换成小写字母，这样使程序更简洁高效。

2．清理字符串，将所有大写字母改成小写字母，所有非字母及非数字的字符串替换为空格，将多个连续的空格替换为一个空格。定义字符串“s= " Hello,　World!　This is a 1st Test "”。示例代码如下：

In [45]:

```
# 定义一个字符串
s = "Hello, World! This is a 1st Test"

# 将所有大写字母改为小写字母
s = s.lower()
# 将非字母及非数字的字符串替换为空格
s_clean = ""
for c in s:
    if c.isalnum():
        s_clean += c
    else:
        s_clean += " "

# 将多个连续的空格替换为一个空格
s_clean = " ".join(s_clean.split())

# 输出清理后的字符串
print(s_clean)
```

Out[45]:

```
hello world this is a 1st test
```

首先定义了一个字符串 s，该字符串包含了大写字母、标点符号和多个连续的空格。然后，使用 lower()函数将所有大写字母改为小写字母。接着，使用 for 循环和 if 语句将非字母及非数字的字符串替换为空格，并使用一个新的字符串 s_clean 存储清理后的字符串。最后，使用 split()函数将字符串按空格分隔成列表，再使用 join()函数将列表中的多个连续的空格替换为一个空格。

3．开发一个电话号码识别程序，用户输入一串数字，程序先识别它是不是一个有效的电话号码，如果是有效的电话号码，则识别它是一个固定电话，是一个手机号码，还是一个 400 电话。用户输入“exit”后，程序退出。

分析：在动手编写代码之前，先列举几种常见的电话号码形式，手机号码是 11 位的，以 1 开头，不同运营商的前 3 位不一样，由于 3 位太多了，我们就以前两位来判断，包括 13、15、17、18 和 19。再看固定电话，为区号+电话号码的形式，区号可能是 3 位（010）的，也可能是 4 位（0888）的，电话号码是 8 位的，加起来一共是 11 位或 12 位。最后是 400 电话，这个特征很明显，以 400 开头，共 10 位。示例代码如下：

In [46]:

```
cellphone_number_start = "13,15,17,18,19"
telephone_number_start = "010,021,022,025,0888,0555"

while True:
    num = input("请输入一个电话号码: \n")
    if num == 'exit':
        break
    if not num:
        print("电话号码不能为空")
    num = num.strip()  # 删除前后空格
    if not num.isdigit(): # 判断是否为数字
        print("您输入的是一个无效电话号码")
        continue
#判断是否以 1 开头，并且长度为 11，前两位在 cellphone_number_start 中
if num.startswith('1') and len(num) == 11 and num[0:2] \
in cellphone_number_start:
        print("这是一个手机号码")
        continue
    elif num.startswith('400') and len(num) == 10:
        print("这是一个 400 电话")
        continue
    elif num.startswith("0"):   # 当代码太长时，可以用反斜杠分隔成多行。
        if (len(num) == 12 and num[0:4] in telephone_number_start) or 
\
(len(num) == 11 and num[0:3] in telephone_number_start):
            print("这是一个固定电话")
            continue

    print("无法识别该号码")
```

Out[46]:

```
请输入一个电话号码:
 185786453
无法识别该号码
请输入一个电话号码:
 18545678936
这是一个手机号码
请输入一个电话号码:
 01089654734
这是一个固定电话
请输入一个电话号码:
 exit
```

首先，代码中定义了两个字符串变量，分别存储手机号码和固定电话的前缀。然后，使用 while 循环让用户不断地输入电话号码，判断其类型并输出结果，直到用户输入“exit”退出程序。

4.7 本章小结

文本是常见的数据形式，Python 自带许多常用的字符串函数，用来处理、保存在字符串

中的文本。在 Python 程序中，几乎都会用到索引、切片等字符串方法。本章主要介绍了许多关于字符串的操作和方法，包括：

- 可以使用 len()函数获取字符串的长度，使用“==”“!=”等运算符比较两个字符串是否相等。在比较字符串时，会逐个比较字符串的字符，如果遇到不同的字符，则根据它们的 ASCII 码值进行比较。
- 字符串索引可以使用下标运算符“[]”来访问字符串中的单个字符，字符串中的第一个字符的索引为 0，最后一个字符的索引为字符串长度减 1。如果使用的索引超出了字符串的范围，则会抛出 IndexError 类型的异常。
- 字符串切片可以使用运算符“[:]”来获取字符串的子串，切片运算符可以接收起始索引和结束索引，表示从起始索引开始到结束索引的前一个字符为止的子串。如果不指定起始索引，则默认为 0；如果不指定结束索引，则默认为字符串的长度。此外，切片运算符也支持步长参数，可以指定间隔几个字符获取一个子串。
- 字符串遍历可以使用 for 循环来遍历字符串中的每个字符，也可以使用 while 循环和下标来遍历字符串中的每个字符。
- 最后，介绍了常用的字符串函数，包括 index()函数、replace()函数、join()函数等。

本章介绍的以上知识点都是非常实用的，读者可以在实际开发中使用它们来处理各种与字符串相关的任务。

动手编程

1．定义一个变量，解决格式化输出的对齐问题，对不齐的部分用空格或其他符号填充。

2．使用 find()函数和 index()函数对字符串进行索引，比对两者的异同。

3．定义一个变量，将变量中的大写字母转换为小写字母，小写字母转换为大写字母。

4．定义一个变量，对变量特定位置的字符进行替换。

5．定义一个变量，对变量按指定字符进行分隔，并且将分隔结果按指定字符连接。

6．使用 for 循环遍历字符串 test 中的每一个字符（test = "中华人民共和国"）。

7．判断字符串 s 是否由数字或字母组成（s = '1234hoU'）。

8．判断字符串 s 是否有小写字母，并且没有大写字母（s = '1234hoU'）。

9．编写一个程序，接受一行序列作为输入，并在序列中的所有字符转换为大写字母后输出。假设向程序提供以下输入：

```
Hello world Practice makes perfect
```

则输出为：

```
HELLO WORLD PRACTICE MAKES PERFECT
```

10．给定一个字符串 A 和它的长度，以及要平移的字符个数，返回平移后的字符串。

输入："ABCDE", 5, 3。

返回："DEABC"。

第 5 章　列表与元组

列表与元组是 Python 中重要的数据类型，是序列型容器，容器中的每个数据将被分配一个序号，这个序号被称为下标或索引，通过这个序号可以访问容器中的数据。其中列表是可变类型，即列表可以通过列表自身的方法来实现对列表元素的增删改查等操作；而元组是不可变类型，可以用来存储计算机中无须修改的内容。本章重点介绍列表与元组的定义和基本操作。

5.1　认识列表

列表是一种容器型的数据类型，它是可变类型，可以存储各种类型的元素，并使用多种方法操作其中的元素，实现增删改查等操作。

5.1.1　定义列表

列表是由一系列按照特定顺序排列的元素构成的序列，元素之间用逗号分隔。列表中的元素可以是整型、浮点型、字符串、其他列表或其他类型的数据。因此，列表中并不要求它的元素具有统一的数据类型，读者可以创建包含任何数据类型的列表，元素之间也可以没有任何关系。鉴于列表通常包含多个元素，我们可以给列表指定一个变量名字。

在 Python 中，用方括号“[]”表示列表，并用逗号分隔其中的元素。下面是一个列表示例：

In [1]:
```
[]
[1,2,3]
['cat','bat','rat']
["https://www.python.org/", 1, [2,3,4], 3.0]
```

在这个示例中，第 1 行代码定义了一个空列表；第 2 行代码定义了元素的数据类型全部为整型的列表；第 3 行代码定义了元素的数据类型全部为字符串的列表；第 4 行代码定义了包含不同数据类型元素的列表，列表中有 4 种数据类型，即字符串、整型、列表及浮点型。

5.1.2　创建列表

创建列表的方法主要有两种：描述法和函数构造法。

- 描述法：直接使用方括号“[]”创建列表，将若干元素通过方括号“[]”封装起来，元素之间使用逗号分隔，并将定义好的列表赋给一个变量。例如，下面创建的列表都是合法的。

In [2]:
```
num = [1, 2, 3, 4, 5, 6, 7]
names = ["张三", "李四"]
languages = ["C 语言", "Python", "Java"]
emptylist = []      # 列表为空
```

其中，num 是一个包含 7 个整型元素的列表；names 列表包含了两个字符串；languages 列表里包含 3 种编程语言，这 3 个元素也是字符串；emptylist 定义了一个空列表。

- 函数构造法：可以使用 list()函数创建列表。除了使用方括号“[]”创建列表，Python 还提供了一个内置的函数 list()，使用它可以将其他数据类型转换为列表。示例代码如下：

In [3]:
```
list1=list()  #利用 list()函数定义空列表
print(list1)

list2 = list("hello") # 将字符串转换成列表
print(list2)

list3=list(range(9)) # 使用 range()函数生成指定范围的序列迭代对象
print(list3)
```

Out[3]:
```
[]
['h', 'e', 'l', 'l', 'o']
[0, 1, 2, 3, 4, 5, 6, 7, 8]
```

第 1 行代码利用 list()函数创建了一个空列表；第 2 行代码将字符串“"hello"”转换为列表；第 3 行代码利用 range()函数生成一个序列迭代对象，通过 list()函数将其转换为列表。

另外，列表也是可以嵌套的，即列表中的元素仍然是一个列表。这种方法在 Python 中可以构造二维矩阵，甚至更高维的矩阵，如三维或四维矩阵。示例代码如下：

In [4]:
```
[[1,2,3],[4,5,6]]
```

输出结果为[[1,2,3],[4,5,6]]，可以认为它们是一个矩阵。这种嵌套列表的方式在利用 Python 进行数据处理时非常有用。

5.1.3　查看列表长度

在对列表进行操作时通常需要获取列表中元素的个数。Python 中也可以使用 len()函数查看列表长度，该函数返回的值是一个整型数据。以下示例展示了 len()函数的使用方法，示例中的列表包含 3 个元素，因此其长度为 3。

In [5]:
```
list1 = [123, 456, 'abc']
print(len(list1))
```

Out[5]:
```
3
```

5.1.4　访问列表

与第 4 章的字符串类似，列表也是一个有序的集合。因此，要访问列表中的任何元素，只需将该元素的位置或索引告诉 Python 即可。要访问列表元素，可以先指定列表的名称，再指出元素的索引，并将其放在方括号内，语法格式为：list[index]。与字符串索引的操作类似，列表的索引也是从 0 开始的。假设列表['physics', 'chemistry', 1997, 2000]保存在变量 spam 中。

spam[0]得到的元素为'physics'，spam[1]得到的元素为“'chemistry'”，以此类推。图 5-1 所示为一个列表访问示例。值得注意的是，由于第一个元素的索引为 0，所以最后一个元素的索引为 len(spam)-1，即 3。

```
spam=['physics', 'chemistry', 1997, 2000]
        ↗           ↗         ↑      ↖
    spam[0]     spam[1]    spam[2]  spam[3]
```

图 5-1　访问列表示例

图 5-1 中的列表保存在变量 spam 中，展示了每个索引指向哪个元素。

【例 5-1】创建一个包含 1 月到 5 月的月份列表 months，求出这个列表中一共有几个月，并输出列表的第 3 个元素是什么。示例代码如下：

In [6]:

```
months = ["January","February","March","April","May"]
lengths_m = len(months)
print(lengths_m)

third_m = months[2]
print(third_m)
```

Out[6]:

```
5
March
```

在这个示例中，首先利用“[]”创建了包含 5 个元素的列表，然后利用 len()函数求得列表中元素的个数。列表中第 3 个元素的索引为 2，索引是从 0 开始依次递增的。

上述访问方法通过从 0 开始逐个递增的方式获取索引，按照列表从左到右的顺序进行访问，索引为正整数。除此之外，列表访问与字符串索引类似，列表中也可以使用负整数作为索引，列表从右向左进行遍历，也被称为负向索引。在这种索引方法中，列表最后一个元素的索引为-1，倒数第二个元素的索引为-2，列表中的第一个元素的索引为-len(str)。示例代码如下：

In [7]:

```
months = ["January","February","March","April","May"]
print(months[-1])
print(months[-5])
```

Out[7]:

```
May
January
```

利用索引-1 获取列表中最后一个位置的元素，利用索引-5 获取列表中第一个位置的元素。

5.2　列表操作

5.2.1　列表遍历

列表遍历与字符串遍历类似，可以先从头对列表进行读取，依次得到每个元素，再做处理，一直到列表末尾。列表遍历主要使用第 3 章介绍的 while 循环和 for 循环，并配合一些内置函数实现，主要有以下几种方式。

（1）简单的 for 循环遍历。通过 for 循环从列表中逐个获取每个元素，并将其赋给 for 循环变量。在循环语句块内部，可以直接使用获取到的元素。这种方法也被称为直接遍历法。示例代码如下：

In [8]:

```
lists = ["m1", 1900, "m2", 2000]
for item in lists:
    print(item)
```

Out[8]:

```
m1
1900
m2
2000
```

在这个示例中，定义了一个列表 lists，列表中的元素的数据类型为字符串和整型。通过 for 循环逐个地从 lists 中获取每个元素，并赋给变量 item，在循环体内执行 print 语句，输出获取到的元素。

（2）索引遍历。通过获取每个元素的索引，间接地获得列表中的元素。这种方法也被称为间接遍历法。最简单的方法是先通过 range()函数获得索引列表迭代器，并通过 for 循环遍历列表迭代器获取索引，再根据索引获取列表中的元素。示例代码如下：

In [9]:

```
lists = ["m1", 1900, "m2", 2000]
for index in range(len(lists)):
    print(lists[index])
```

Out[9]:

```
m1
1900
m2
2000
```

在这个示例中，首先通过传递列表长度，利用 range()函数获得包含列表[0,1,2,3]的迭代器对象，然后通过 for 循环逐个获取迭代器中的元素。例如，先进入第一次循环获取索引 0，通过 list[0]获得索引为 0 的元素“m1”，再进入第二次循环，获取索引 1，并通过 list[1]获得索引为 1 的元素“1900”，以此类推。

除了使用 for 循环和 range()函数，还可以单纯使用 while 循环遍历，通过设定循环条件表达式，即当前索引是否达到列表的最大索引，来判断是否执行循环体内的语句块。示例代码如下：

In [10]:

```
lists = ["m1", 1900, "m2", 2000]
index = 0
while index < len(lists):
    print(lists[index])
    index = index + 1
```

Out[10]:

```
m1
1900
m2
2000
```

在这个示例中，首先定义了一个索引变量 index，设置初始值为 0，因为列表索引是从 0 开始的。然后在 while 语句中设定条件表达式 index<len(lists)，它用来判断当前的索引是否达到列表的最大索引，如果条件表达式结果为 True，则执行循环体内的语句块，根据当前索引

获取列表元素并输出。同时改变 index 的值，先将 index 的值增加 1，再进入下一轮 while 循环，继续判断条件表达式，以此类推，直到条件表达式结果为 False 为止。

（3）利用迭代器函数 iter()。iter()函数用来生成一个迭代器，iter()函数的标准用法是 iter(object)，与第 4 章介绍的字符串遍历用法类似。示例代码如下：

In [11]:
```
lists = ["m1", 1900, "m2", 2000]
for val in iter(lists):
    print(val)
```

Out[11]:
```
m1
1900
m2
2000
```

这种方式与使用简单 for 循环语句遍历的效果是一样的。

（4）利用迭代器函数 enumerate()。enumerate()函数是一个内置的函数，作用在列表上将会返回两个值：索引和其对应的元素。使用 enumerate()函数的列表遍历示例代码如下：

In [12]:
```
lists = ["m1", 1900, "m2", 2000]
for i, val in enumerate(lists):
    print(i,val)
```

Out[12]:
```
0 m1
1 1900
2 m2
3 2000
```

在上面的示例中，i 是索引，val 是 lists 列表中索引 i 所对应的元素。

通过上述的几种方式，都可以对列表进行完整的遍历。在 Python 应用场景中，这种遍历操作也是十分常见的。例如，我们需要输出 3 个参赛团队的队员名字，首先可以分别为每个参赛团队的队员名字构造一个列表，然后将这 3 个团队的列表组成一个列表，通过双重循环获取列表中的每个元素。示例代码如下：

In [13]:
```
team1 = ["Dacey","Bonnie","Angie"]
team2 = ["Charles","Richard","Thomas"]
team3 = ["George","Dalia","Amy"]
teams = [team1, team2, team3]
for names in teams:
    for item in names:
        print(item)
```

Out[13]:
```
Dacey
Bonnie
Angie
Charles
Richard
Thomas
George
Dalia
Amy
```

5.2.2　列表切片

列表切片就像使用索引从列表中获取单个元素一样，可以通过“切片”的方法从列表中获取多个元素，其结果是一个新的列表。切片用一对方括号来表示它的起始位置和结束位置，就像索引一样，但是两个整数之间要用冒号“:”分隔，语法格式为：[start:end:step]。这里面有 3 个关键的参数，参数之间用冒号分隔，具体含义如下。

- start：起始索引，0 表示开始，-1 表示结束。
- end：结束索引。
- step：步长为正数时表示从左向右获取元素。步长为负数时表示从右向左反向获取元素。

注意：切片的结果不包含结束索引对应的元素，即不包含最后的一位元素，-1 表示列表最后一位元素的索引。当然，这 3 个参数值可以均为空，也可以只包含部分参数值。我们分别举例说明列表中切片的用法。

（1）省略全部索引，这是一种快捷用法，表示截取全部内容。示例代码如下：

```
In [14]:  lists=[1,2,3,4,5,6]
          slice1=lists[:]
          print(slice1)

Out[14]:  [1, 2, 3, 4, 5, 6]
```

省略起始索引相当于使用索引 0 或从列表的开始处开始索引；省略结束索引相当于使用列表的长度，意味着切片直至列表的末尾。可以用来将一个列表复制给另一个列表。

（2）如果不包含列表的最后一个元素，则索引可以从起始位置 0 开始到结束位置-1，递增步长为 1。示例代码如下：

```
In [15]:  lists=[1,2,3,4,5,6]
          slice2=lists[0:-1:1]
          print(slice2)

Out[15]:  [1, 2, 3, 4, 5]
```

与字符串切片类似，列表的索引包含起始索引，不包含结束索引。列表中最后一个元素的索引可以是列表长度，即 len(str)-1，也可以是-1。从输出结果来看，并不包含最后一个元素 6。

（3）省略起始索引，以及步长。默认起始索引从头开始，默认步长为 1，结束索引为 3。示例代码如下：

```
In [16]:  lists=[1,2,3,4,5,6]
          slice3=lists[:3]
          print(slice3)

Out[16]:  [1,2,3]
```

切片结果不包括索引为 3 的元素 4，结果为[1,2,3]。

（4）间隔切片，列表的切片还可以根据间隔进行跳跃式操作。例如，从起始索引 0 到结束索引 5，每隔 2 个元素取出 1 个元素。示例代码如下：

```
In [17]:  lists=[1,2,3,4,5,6]
          slice4=lists[0:5:3]
          print(slice4)
```

```
Out[17]:    [1, 4]
```

只需要指定起始索引和结束索引，并设定步长即可。本示例中的步长为 3，表示间隔 2 个元素取值。

（5）反向切片，Python 中还可以根据需要从右向左切片。例如，从起始索引 5 开始到结束索引 0，步长为-1，不包含结束索引位置的元素。示例代码如下：

```
In [18]:    lists=[1,2,3,4,5,6]
            slice5=lists[5:0:-1]
            print(slice5)

Out[18]:    [6, 5, 4, 3, 2]
```

在反向切片中，起始索引大于结束索引，步长为负整数。这种方法常用于对列表反转的场景下。

列表的切片操作可以让我们从列表中获取自己想要的内容，在 Python 的很多应用场景中，列表切片的操作是很实用的，它能让我们省略掉许多不必要的操作，至少不必重新定义一个列表，可以在已有的列表上进行相应的操作。

5.2.3 列表解析

列表解析就是根据已有列表，高效创建新列表的一种方式，在有些教材中也被称为“列表推导式”。列表解析是 Python 迭代机制的一种应用，它常用于实现创建新列表。列表解析将 for 循环和创建新列表的代码合并成一行，并自动附加新元素。语法格式如下：

```
[每一个元素或者是和元素相关的操作 for 元素 in 可迭代数据类型]
[满足条件的元素相关的操作 for 元素 in 可迭代数据类型 if 元素相关的条件]
```

我们以几个简单的示例说明列表解析的用法。

（1）简单列表解析。假设需要创建一个列表[0, 0, 0, 0, 0, 0, 0, 0, 0, 0]，列表长度为 10，显然这样写 0 很费劲，然而使用列表解析就可以快速生成列表。示例代码如下：

```
In [19]:    [0 for i in range(10)]

Out[19]:    [0, 0, 0, 0, 0, 0, 0, 0, 0, 0]
```

当然，还可以按照顺序生成列表，如生成列表[0,1,2,3,4,5,6,7,8,9]。示例代码如下：

```
In [20]:    [i for i in range(10)]

Out[20]:    [0, 1, 2, 3, 4, 5, 6, 7, 8, 9]
```

（2）带条件列表解析。假设需要创建一个列表[0, 2, 0, 4, 0, 6, 0, 8, 0, 10] ，即偶数索引对应的元素为 0，奇数索引对应的元素为奇数索引+1。示例代码如下：

```
In [21]:    [i+1 if i%2 ==1 else 0 for i in range(11)]

Out[21]:    [0, 2, 0, 4, 0, 6, 0, 8, 0, 10]
```

代码右侧是 for 循环遍历 range(11)迭代器，左侧是一个 if 语句，如果当前位置是奇数位置，即变量 i 的值与 2 相除余数不为 0，则当前位置的元素为索引+1，变为偶数，否则执行 else 语句，将该位置的元素设置为 0。如果配合列表的 append()函数，则该代码等价于下面的示例代码：

In [22]:
```
l=[]
for i in range(10):
    if i%2==1:
        l.append(i+1)
    else:
        l.append(0)
print(l)
```

Out[22]:
```
[0, 2, 0, 4, 0, 6, 0, 8, 0, 10]
```

（3）多重循环的列表解析。Python 列表中还支持多重循环的列表解析，假设需要创建一个列表[[1, 1], [1, 2], [1, 3], [2, 1], [2, 2], [2, 3]]（可以看成 [1, 2] 和 [1, 2, 3] 的全排列）。示例代码如下：

In [23]:
```
[[i, j] for i in [1, 2] for j in [1, 2, 3]]
```

Out[23]:
```
[[1, 1], [1, 2], [1, 3], [2, 1], [2, 2], [2, 3]]
```

右侧是 for-for 循环嵌套结构，逐渐生成 i 和 j，并将 i 和 j 进行组合构成新的列表。同理，如果结合列表的 append()函数，则该代码等价于下面的示例代码：

In [24]:
```
l=[]
for i in [1,2]:
    for j in [1,2,3]:
        l.append([i,j])
print(l)
```

Out[24]:
```
[[1, 1], [1, 2], [1, 3], [2, 1], [2, 2], [2, 3]]
```

（4）矩阵降维或者标量化。Python 的列表解析还可以用于将嵌套列表转化为非嵌套列表，即对矩阵进行降维操作。示例代码如下：

In [25]:
```
matrix = [[1, 2, 3], [4, 5, 6], [7, 8, 9]]
array = [i for row in matrix for i in row]
print(array)
```

Out[25]:
```
[1, 2, 3, 4, 5, 6, 7, 8, 9]
```

第 2 行代码的 for 循环是一个嵌套循环，先从列表 matrix 中获取每个元素，由于每个元素又为列表，因此再通过 for 循环遍历获得最终的元素。该代码也等价于下面的示例代码：

In [26]:
```
matrix = [[1, 2, 3], [4, 5, 6], [7, 8, 9]]
array = []
for row in matrix:
    for i in row:
        array.append(i)
print(array)
```

Out[26]:
```
[1, 2, 3, 4, 5, 6, 7, 8, 9]
```

（5）使用列表解析求多项式和。例如，求 1−1/3+1/5−1/7+…−1/47+1/49 表达式之和。示例代码如下：

In [27]:
```
l=[1/(2*i-1) if i%2==1 else -1/(2*i-1) for i in range(1,26)]
print(sum(l))
```

Out[27]:
```
0.7801903948982474
```

该代码也等价于下面的示例代码：

In [28]:
```
s=0
for i in range(1,26):
    if i%2==1:
        tn=1/(2*i-1)
    else:
        tn=-1/(2*i-1)
    s=s+tn
print(s)
```

Out[28]:
```
0.7801903948982474
```

通过上述示例，我们可以体会到列表解析方法的高效性。在 Python 应用中，可以试着使用这种方法，让你的代码看起来更加简洁，要表达的意义也更加准确。例如本节的第一个示例，如果一个一个输入 0，则很有可能输入多了或少了，使用列表解析操作就可以避免这种问题。

5.2.4 列表数值计算

Python 中的列表可以用于常规的数值计算，包括加减乘除运算、求最大值、最小值、求和运算等。我们列举一些列表数值计算的示例。

（1）单个列表数值的加减乘除运算，如将列表中的每个元素加、减、乘或除一个数值。示例代码如下：

In [29]:
```
list_1 = list([1, 2, 3, 4, 5])
print([a+1 for a in list_1])
print([a-1 for a in list_1])
print([a*2 for a in list_1])
print([a/2 for a in list_1])
```

Out[29]:
```
[2, 3, 4, 5, 6]
[0, 1, 2, 3, 4]
[2, 4, 6, 8, 10]
[0.5, 1.0, 1.5, 2.0, 2.5]
```

（2）两个列表数值的加减乘除运算，先需要逐个获取两个列表中索引相同的元素，再进行数值运算，利用列表解析可以非常方便地完成两个列表中的数值运算。示例代码如下：

In [30]:
```
list_1 = list([1, 2, 3, 4, 5])
list_2 = list([6, 7, 8, 9, 10])
print([a+b for a,b in zip(list_1,list_2)])
print([a-b for a,b in zip(list_1,list_2)])
print([a*b for a,b in zip(list_1,list_2)])
print([a/b for a,b in zip(list_1,list_2)])
```

Out[30]:
```
[7, 9, 11, 13, 15]
[-5, -5, -5, -5, -5]
[6, 14, 24, 36, 50]
```

```
[0.16666666666666666,          0.2857142857142857,              0.375,
0.4444444444444444, 0.5]
```

这里使用到了 Python 的内置函数 zip()，用于成对地获取两个列表中索引相同的元素，并分别将其赋给变量 a 和变量 b。比如 1 和 6，先将 1 赋给变量 a，再将 6 赋给变量 b，并对两个元素进行相应的数值运算。

（3）其他方法计算。可以利用 Python 的内置函数获取列表元素中的最大、最小的值及所有元素的和，要求序列中元素的数据类型必须一致。示例代码如下：

In [31]:
```
print(max([1, 2, 3, 3, 5, 5, 9]))    # 获取最大值
print(min([1, 2, 3, 3, 5, 5, 9]))    # 获取最小值
print(sum(range(101)))          # 计算 1 到 100 的和
```

Out[31]:
```
9
1
5050
```

在 Python 应用场景中，列表的数值计算也是常用操作之一。我们往往需要知道数值列表中哪个元素是最大值、最小值及所有元素的和，比如在一个班级的学生成绩列表中，如果想知道学生成绩的最高分、最低分及平均分，则可以使用列表数值计算，几个简单的操作就能够将结果显示出来。示例代码如下：

In [32]:
```
scores = [84,97,91,87,89,97,88,98,79,84,86,86,87,91,93,86,95]
print("最高分：",max(scores))
print("最低分：",min(scores))
print("平均分：",sum(scores)/len(scores))
```

Out[32]:
```
最高分： 98
最低分： 79
平均分： 89.29411764705883
```

5.3　列表中元素的添加、删除与修改

在 Python 中创建的列表是动态的，这意味着列表被创建后可以随着程序的运行，根据实际需要向列表中添加、删除与修改元素。

5.3.1　向列表中添加元素

要向列表中添加新元素，可以使用 3 种函数，即 append()函数、insert()函数和 extend()函数。

（1）append()函数。向列表中添加新元素的最简单的方法是将元素附加在列表的末尾，可以用 append()函数可以实现。示例代码如下：

In [33]:
```
list1 = ['Python', 'C++', 'Java']
list1.append(['Ruby', 'SQL']) # 追加列表，整个列表也被当成一个元素
print(list1)
```

Out[33]:
```
['Python', 'C++', 'Java', ['Ruby', 'SQL']]
```

在上述代码中，['Ruby', 'SQL']被当作一个元素添加到 list1 列表中，并不影响列表中其他所有元素。

append()函数让动态地创建列表变得易如反掌。例如，在程序设计中可以先创建一个空列表，再使用一系列 append()函数来添加元素。示例代码如下：

In [34]:
```
list1=[]
list1.append('Python')
list1.append('C++')
list1.append('Java')
print(list1)
```

Out[34]:
```
['Python', 'C++', 'Java']
```

这种创建列表的方式极为常见，因为经常要等程序运行后才知道用户要在程序中存储哪些数据。当然，也可以结合 for 循环语句动态地创建列表。示例代码如下：

In [35]:
```
list2=[]
for i in range(5):
    element='a'+str(i)
    list2.append(element)
print(list2)
```

Out[35]:
```
['a0', 'a1', 'a2', 'a3', 'a4']
```

注意：append()函数只能在列表的末尾添加元素，如果想在其他位置添加元素，则要用到 insert()函数。

（2）insert()函数。使用 insert()函数可以在列表的任何位置添加新元素，为此需要为 insert()函数指定待插入元素的索引和值，即 list.insert(index,item)，第一个参数为索引，第二个参数为待插入元素的值，表示在原列表的 index 之前插入新元素。例如，要在第 index 为 1 的位置之前插入新元素。示例代码如下：

In [36]:
```
list2 = ['Python', 'C++', 'Java']
list2.insert(1, ['Ruby', 'SQL']) # 插入列表，整个列表被当成一个元素
print(list2)
```

Out[36]:
```
['Python', ['Ruby', 'SQL'], 'C++', 'Java']
```

在这个示例中，元素['Ruby', 'SQL']被插在了元素 Python 和 C++之间。这种操作会将原列表中索引为 1 的元素之后的元素都往右移动一个位置。

（3）extend()函数。该函数可以将一个列表的元素合并到当前列表的尾部。示例代码如下：

In [37]:
```
list3 = ['Python', 'C++', 'Java']
list3.extend(['Ruby', 'SQL']) # 追加列表，列表也被拆分成多个元素
print(list3)
```

Out[37]:
```
['Python', 'C++', 'Java', 'Ruby', 'SQL']
```

在这个示例中，列表['Ruby', 'SQL']中的元素被合并到列表 list3 中。

5.3.2 删除列表中的元素

在 Python 列表中，不但可以添加元素，还可以删除一个或多个元素。删除元素的方法

主要有以下 3 种。

（1）使用 del 语句删除元素。如果知道要删除的元素在列表中的位置，则可以使用 del 语句删除特定的元素。del 既不是方法也不是函数，而是一个语句，因为它没有使用函数调用时所必须的括号。示例代码如下：

In [38]:
```
lang = ["Python", "C++", "Java", "PHP", "Ruby", "MATLAB"]
print(lang)

del lang[2]        # 在上面列表的基础上，使用正整数索引删除一个元素
print(lang)

del lang[-2]       # 在上面列表的基础上，使用负整数索引删除一个元素
print(lang)
```

Out[38]:
```
['Python', 'C++', 'Java', 'PHP', 'Ruby', 'MATLAB']
['Python', 'C++', 'PHP', 'Ruby', 'MATLAB']
['Python', 'C++', 'PHP', 'MATLAB']
```

第 1 行代码定义了列表 lang，里面包含 6 个元素。我们可以先指定要删除的元素，如删除索引为 2 的元素，首先需要通过索引找到元素 lang[2]，然后直接使用 del 语句删除该元素。当然，也可以使用负整数索引要删除的元素位置。使用 del 语句可以删除列表任意位置的元素，条件是知道其索引。从输出结果来看，第 1 行为原始的列表，第 2 行为删除索引为 2 的元素 Java，第 3 行为删除索引为−2 的元素 Ruby。

注意：使用 del 语句将元素从列表中删除后，就无法再进行访问了，即 del 语句是永久性删除元素的。

当然，del 语句不但可以删除特定的一个元素，还可以删除连续索引区间内的若干元素，区别在于后者使用索引区间定位要删除的元素。示例代码如下：

In [39]:
```
# 使用 del 语句删除一段连续的元素
lang = ["Python", "C++", "Java", "PHP", "Ruby", "MATLAB"]
print(lang)

del lang[1: 4]
print(lang)

lang.extend(["SQL", "C#", "Go"])
del lang[-5: -2]
print(lang)
```

Out[39]:
```
['Python', 'C++', 'Java', 'PHP', 'Ruby', 'MATLAB']
['Python', 'Ruby', 'MATLAB']
['Python', 'C#', 'Go']
```

在这个示例中，利用切片方法定位要删除的元素，即 lang[1:4]，冒号左侧表示起始索引，冒号右侧表示结束索引，但是不包括结束索引。当然，也可以使用负整数索引表示一个区间。例如，lang[-5:-2]表示从倒数第 5 个元素开始到倒数第 2 个元素位置区间内的元素。

（2）使用 pop()函数删除元素。del 语句删除元素后，该元素就不存在了。有时，我们需要将元素从列表中删除并继续使用被删除的元素。例如，在 Web 应用程序开发中，可能会将用户从活跃成员列表中删除，并将其加入非活跃成员列表中。示例代码如下：

In [40]:
```
nums = [40, 36, 89, 2, 36, 100, 7]
print(nums)

nums.pop()
print(nums)

a=nums.pop(3)
print(nums)
print('a='+str(a))
```

Out[40]:
```
[40, 36, 89, 2, 36, 100, 7]
[40, 36, 89, 2, 36, 100]
[40, 36, 89, 36, 100]
a=2
```

使用 pop()删除了列表中的最后一个元素 7，使用 pop(3)删除了列表中索引为 3 的元素 2，并将删除的元素赋给变量 a，此时可以在任意位置使用被删除的元素了。

注意：每次使用 pop()函数时，被删除的元素就不再在列表中了。

（3）使用 remove()函数删除元素。如果只知道要删除的元素，而不知道要删除元素的位置，则可以使用 remove()函数。在使用 remove()函数时，需要传递要删除的元素。示例代码如下：

In [41]:
```
nums = [40, 36, 89, 2, 36, 100, 7]
nums.remove(36)
print(nums)
```

Out[41]:
```
[40, 89, 2, 36, 100, 7]
```

注意：当要删除的元素在列表中多次出现时，Python 只删除列表中首次出现的那个元素。

在本示例中，36 出现了 2 次，因此调用 remove()函数只是删除第一次出现的 36，而第二次出现的 36 并不受影响。如果要删除的元素在列表中多次出现，则可以多次调用 remove()函数。

（4）使用 clear()函数删除元素。该函数主要用于删除列表中的所有元素。示例代码如下：

In [42]:
```
li= list("Hello world!")
print(url)

li.clear()
print(li)
```

Out[42]:
```
['H', 'e', 'l', 'l', 'o', ' ', 'w', 'o', 'r', 'l', 'd', '!']
[]
```

本示例利用 clear()函数删除列表中的所有元素，因此，最后的输出结果为空列表。

5.3.3　修改列表中的元素

当我们想要对列表中的一些元素进行修改时，不用重新创建一个列表，可以直接在原列表上进行操作。可以修改单个元素，也可以修改一组元素。

（1）修改单个元素。修改单个元素非常简单，直接对元素赋值即可，语法格式为：list[index]=new，表示将列表 list 中索引为 index 的元素替换成等号右侧的新元素。示例代码如下：

In [43]:
```
nums = [40, 36, 89, 2, 36, 100, 7]
print('修改前:',nums)

nums[2]=-26
print('第一次修改:',nums)

nums[-3]=-66.2
print('第二次修改:',nums)
```

Out[43]:
```
修改前: [40, 36, 89, 2, 36, 100, 7]
第一次修改: [40, 36, -26, 2, 36, 100, 7]
第二次修改: [40, 36, -26, 2, -66.2, 100, 7]
```

在示例代码中，将索引为 2 的元素 89 改成了−26；将索引为−3 的元素 36 改成了−66.2。

（2）修改一组元素。Python 支持给一组元素赋值。在进行这种操作时，如果不指定步长（参数 step），则 Python 不要求新赋值的元素个数与原来的元素个数相同，这意味着该操作既可以为列表添加元素，也可以为列表删除元素。示例代码如下：

In [44]:
```
nums = [40, 36, 89, 2, 36, 100, 7]
print('修改前:',nums)
nums[1:4]=[45.25,-77,-52.5]
print('修改后:',nums)
```

Out[44]:
```
修改前: [40, 36, 89, 2, 36, 100, 7]
修改后: [40, 45.25, -77, -52.5, 36, 100, 7]
```

在本示例中，将索引为 1 到 4 之间，且不包含 4 的元素 36、89、2 分别修改成 45.25、−77、−52.5。

当然，我们也可以用这种方法向列表中插入一组元素，例如，要在索引为 4 的元素前面添加一组元素[45.25,−77,−52.5]。示例代码如下：

In [45]:
```
nums = [40, 36, 89, 2, 36, 100, 7]
print('修改前:',nums)
nums[4:4]=[45.25,-77,-52.5]
print('修改后:',nums)
```

Out[45]:
```
修改前: [40, 36, 89, 2, 36, 100, 7]
修改后: [40, 36, 89, 2, 45.25, -77, -52.5, 36, 100, 7]
```

本示例中的起始索引为 4，结束索引也为 4，运行结果相当于向列表中添加元素。

需要注意的是，在使用切片语法赋值时，Python 不支持单个值，如 num[4:4]=−77 这种写法是错误的，在程序运行时会显示如图 5-2 所示的错误信息。

```
---------------------------------------------------------------------------
TypeError                                 Traceback (most recent call last)
<ipython-input-44-25266e2c0f6a> in <module>
----> 1 nums[4:4]=-77

TypeError: can only assign an iterable
```

图 5-2　错误信息

但是如果使用字符串赋值，则 Python 会自动把字符串转换成序列，其中的每个字符都是一个元素。示例代码如下：

```
In [46]:
s=list('Hello')
print('修改前:',s)
s[2:4]='XYZ'
print('修改后:',s)
```

```
Out[46]:
修改前: ['H', 'e', 'l', 'l', 'o']
修改后: ['H', 'e', 'X', 'Y', 'Z', 'o']
```

此外，在使用切片语法时也可以指定步长（参数 step），但这时就要求所赋值的新元素的个数与原来的元素的个数相同。示例代码如下：

```
In [47]:
nums = [40, 36, 89, 2, 36, 100, 7]
print('修改前:',nums)
nums[1:6:2]=[0.025,-99,20.5]
print('修改后:',nums)
```

```
Out[47]:
修改前: [40, 36, 89, 2, 36, 100, 7]
修改后: [40, 0.025, 89, -99, 36, 20.5, 7]
```

表示每隔一个元素替换一次，即将 36 替换成 0.025，将 2 替换成-99，将 100 替换成 20.5。

5.4　列表的组织

在创建列表时，元素的排列顺序通常是无法预测的，程序没有办法控制用户提供数据的顺序。然而，在实际应用中经常需要按照特定的顺序呈现列表信息，因此就需要对列表进行重新组织。主要包括列表排序、列表反转和列表的复制。

5.4.1　列表排序

列表排序可以使用 Python 内置的 sort()函数和 sorted()函数。如果要对列表进行永久性排序，即不再恢复到原来的排列顺序，则可以使用 sort()函数。如果仅仅是对列表进行临时性排序，不对原始列表的排列顺序产生影响，则可以使用 sorted()函数。

（1）使用 sort()函数对列表进行永久性排序。在 Python 中，包含数值的列表或字符串的列表都可以使用 sort()函数排序。语法格式为：list.sort()。示例代码如下：

```
In [48]:
aList = ['123', 'Google', 'Runoob', 'Taobao', 'Facebook']
print('排序前',aList)

aList.sort()
print('排序后',aList)
```

Out[48]:
```
排序前 ['123', 'Google', 'Runoob', 'Taobao', 'Facebook']
排序后 ['123', 'Facebook', 'Google', 'Runoob', 'Taobao']
```

该程序对列表中的元素按照首字母的顺序升序排列。

当然，也可以使用 sort()函数对列表进行逆序排序，方法是为 sort()函数指定关键字参数 reverse=True，即 list.sort(reverse=True)。示例代码如下：

In [49]:
```
aList = ['123', 'Google', 'Runoob', 'Taobao', 'Facebook']
print('排序前',aList)

aList.sort(reverse=True)
print('排序后',aList)
```

Out[49]:
```
排序前 ['123', 'Google', 'Runoob', 'Taobao', 'Facebook']
排序后 ['Taobao', 'Runoob', 'Google', 'Facebook', '123']
```

关于 sort()函数的使用，还需要注意以下几点。

- sort()函数是就地对列表排序的，不需要写出 list=list.sort()这样的代码，即没有记录返回值，不需要对返回结果重新赋值。
- 不能对既有数字又有字符串的列表排序，因为 Python 不知道如何比较它们。示例代码如下：

In [50]:
```
alist=[1,2,3,'alice','bob']
alist.sort()
```

Out[50]:
```
---------------------------------------------------------------------------
TypeError                 Traceback (most recent call last)
Cell In[18], line 2
      1 alist=[1,2,3,'alice','bob']
----> 2 alist.sort()

TypeError: '<' not supported between instances of 'str' and 'int'
```

- sort()函数对字符串排序时，是按照字符对应的 ASCII 码值进行排序的，而不是实际的字母顺序，这意味着大写字母会排在小写字母前面。示例代码如下：

In [51]:
```
aList=['alice','Ants','bob','Badgers']
print('排序前',aList)

aList.sort()
print('排序后',aList)
```

Out[51]:
```
排序前 ['alice', 'Ants', 'bob', 'Badgers']
排序后 ['Ants', 'Badgers', 'alice', 'bob']
```

如果需要按照实际的字母顺序来排列，则需要在调用 sort()函数时，传递关键字参数 key，将其值设置为 str.lower。示例代码如下：

In [52]:
```
aList=['alice','Ants','bob','Badgers']
print('排序前',aList)

aList.sort(key=str.lower)
print('排序后',aList)
```

Out[52]:
```
排序前 ['alice', 'Ants', 'bob', 'Badgers']
排序后 ['alice', 'Ants', 'Badgers', 'bob']
```

（2）使用 sorted()函数对列表进行临时排序。如果要保留列表的原始排列顺序，同时需要以特定的顺序呈现，则可以使用 sorted()函数，该函数可以按照特定顺序显示列表元素，同时不影响它们在列表中的原始排列顺序。语法格式为：sorted(list)，将待排序的列表作为参数传递给 sorted()函数。示例代码如下：

In [53]:
```
aList=['alice','Ants','bob','Badgers']
print('排序前',aList)

sorted(aList)
print('排序后',aList)
```

Out[53]:
```
排序前 ['alice', 'Ants', 'bob', 'Badgers']
排序后 ['alice', 'Ants', 'bob', 'Badgers']
```

我们发现，排序前和排序后，列表的顺序并没有发生变化。sorted()函数会返回值，因此可以通过再赋值的方式使用排序后的列表。示例代码如下：

In [54]:
```
sorted_list=sorted(aList)
print('排序后',sorted_list)
```

Out[54]:
```
排序后 ['Ants', 'Badgers', 'alice', 'bob']
```

与 sort()函数类似，如果想要对列表逆序排列，则也可以向函数中传递关键字参数 reverse=True，注意这个参数放在列表的后面。示例代码如下：

In [55]:
```
aList=['alice','Ants','bob','Badgers']
sorted_list =sorted(aList,reverse=True)
print('排序后',sorted_list)
```

Out[55]:
```
排序后 ['bob', 'alice', 'Badgers', 'Ants']
```

5.4.2 列表反转

列表反转是将列表头尾对应元素互换。要对列表进行反转操作，可以使用 reverse()函数。reverse()函数不是按照与字母顺序相反的顺序排列列表元素的，而只是反转列表元素的排列顺序。示例代码如下：

In [56]:
```
aList = ['123', 'Google', 'Runoob', 'Taobao', 'Facebook']
aList.reverse()
print(aList)
```

Out[56]:
```
['Facebook', 'Taobao', 'Runoob', 'Google', '123']
```

我们发现，列表并没有按照实际的字母顺序逆序排序，而只是将原列表反转过来，即第一个元素与最后一个交换，第二个元素与倒数第二个元素交换，以此类推。需要注意的是，reverse()函数是永久性地修改列表元素的排列顺序的，但是可以随时恢复到原来的排列顺序，只需要再次对列表调用 reverse()函数即可。

列表反转操作避免了在需要列表反转时，重新创建新列表的问题。另外，该操作也可以说是从另一种角度去获取列表元素信息，这对于了解列表元素非常有用。比如对于学生成绩列表，需要按照成绩从低到高排序的列表，则可以用列表反转进行操作。

5.4.3　列表的复制：浅复制与深复制

在 Python 中，经常要对一个列表进行复制。对于复制，自然地就会有浅复制与深复制问题。浅复制与深复制的区别在于，当原列表复制出新列表后，修改原列表中的任意一个元素是否会对新列表造成影响，即这两个列表在内存中是否存储在同一个地址内，这也是区分浅复制与深复制的重要依据。接下来就针对 Python 中列表复制的几种方法，来探究它们属于浅复制还是深复制。弄清这个问题，有助于我们在编程中规避不必要的错误，减少不必要的调试时间。

注意：如果用等号“=”直接赋值，则是非复制方法。示例代码如下：

In [57]:
```
old = [1,[1,2,3],3]
new = old
print('Before:')
print(old)
print(new)

new[0] = 3
new[1][0] = 3
print('After:')
print(old)
print(new)
```

Out[57]:
```
Before:
[1, [1, 2, 3], 3]
[1, [1, 2, 3], 3]
After:
[3, [3, 2, 3], 3]
[3, [3, 2, 3], 3]
```

从结果中可以看出，这两个列表是等价的，修改其中任何一个列表都会影响到另一个列表。这也是 Python 作为动态语言与 C 语言这类静态语言在思想上的不同之处。

接下来，我们详细介绍列表的两种复制。

（1）列表的浅复制。可以使用 for 循环、列表生成、切片和 copy()函数实现列表的浅复制。

- 使用 for 循环复制列表，并且可以使用列表元素的添加操作（append()函数）协助完成列表的复制。示例代码如下：

In [58]:
```
old=[1,[1,2,3],3]
new=[]
for item in old:
    new.append(item)
new[1][0]=22

print(old)
print(new)
```

Out[58]:
```
[1, [22, 2, 3], 3]
[1, [22, 2, 3], 3]
```

- 使用列表生成方法，通过列表解析功能创建新列表的方式对列表进行复制。示例代码如下：

In [59]:
```
old=[1,[1,2,3],3]
new=[i for i in old]
print(old)
print(new)
```

Out[59]:
```
[1, [1, 2, 3], 3]
[1, [1, 2, 3], 3]
```

- 使用切片方法，利用索引复制列表。示例代码如下：

In [60]:
```
old=[1,[1,2,3],3]
new=old[:]
print(old)
print(new)
```

Out[60]:
```
[1, [1, 2, 3], 3]
[1, [1, 2, 3], 3]
```

这里不需要指定起始索引和结束索引，因为默认是从 0 开始到 len(old)-1 结束的。

- 使用 copy()函数，语法格式为：list.copy()。示例代码如下：

In [61]:
```
old=[1,[1,2,3],3]
new=old.copy()
print(old)
print(new)
```

Out[61]:
```
[1, [1, 2, 3], 3]
[1, [1, 2, 3], 3]
```

需要注意的是，在这几种方法中，尽管列表 old 和列表 new 不在同一块内存地址中，但列表 old 和列表 new 内部的列表，即[1,2,3]仍然在同一块内存地址中，但是两个列表内部非列表元素不是共享的。例如，修改列表 old 中的值，会发现以下结果：对列表 new 中第一个元素进行修改后，并不影响列表 old 中的第一个元素，即列表 old 的第一个元素并未发生变化。然而，当修改列表 new 中的第二个元素[1,2,3]时，列表 old 中的元素也跟着发生变化，说明列表中的列表在内存中的地址是共享的。

In [62]:
```
new[1][0]=23
new[0]=11
print(old)
print(new)
```

Out[62]:
```
[1, [23, 2, 3], 3]
[11, [23, 2, 3], 3]
```

（2）列表的深复制。可以使用 copy 模块中的 deepcopy()函数对原列表及其中的子列表连根拔起，完全赋值，从而在后续修改原列表时对复制得到的列表并无影响。示例代码如下：

In [63]:
```
import copy
old = [1,[1,2,3],3]
new = copy.deepcopy(old)
print('Before:')
```

```
print(old)
print(new)
new[0] = 3
new[1][0] = 3
print('After:')
print(old)
print(new)
```

Out[63]:

```
Before:
[1, [1, 2, 3], 3]
[1, [1, 2, 3], 3]
After:
[1, [1, 2, 3], 3]
[3, [3, 2, 3], 3]
```

deepcopy()函数是在 copy 模块中的函数，因此在使用之前需要利用 import 语句导入。随后，将原列表作为参数传递到 copy 模块下的 deepcopy()函数，该函数返回新的列表对象。对复制的列表修改元素，结果发现原列表中的元素并未发生变化。

5.5　元组

元组（tuple）是 Python 中另一个重要的序列结构，和列表类似，元组也是由一系列按照特定顺序排列的元素组成的。元组和列表的不同之处在于：

- 列表的元素是可以更改的，包括修改元素、删除和添加元素，所以列表是可变序列。
- 而元组一旦被创建，它的元素就不可更改了，所以元组是不可变序列。

5.5.1　创建元组

元组看起来很像列表，在 Python 中，用圆括号“( )”来表示元组，并用逗号来分隔其中的元素。定义好元组后，就可以像访问列表元素一样，使用索引来访问元组中的元素。与列表类似，元组中的元素可以是整型、浮点型、字符串、列表或元组等数据类型，也可以是多种混合数据类型。一般来说，元组的构造有以下几种方法。

（1）使用“()”直接创建元组。将元素用圆括号“()”括起来，而非方括号“[]”，各元素之间用逗号分隔。示例代码如下：

In [64]:

```
num_1 = (7, 14, 21, 28, 35)
num_2 = (20.5,100.7)
tuple_1 = ("Python 教程", "https://www.python.org/")
tuple_3 = ("python", 1, [2,'a'], ("abc",3.0))
tuple_4 =("https://www.python.org/",)
```

其中 num_1 是一个包含 5 个整型元素的元组；num_2 是包含两个浮点型元素的元组；tuple_1 是包含 3 个字符串元素的元组；tuple_3 是由字符串、整型、列表和元组的混合数据类型元素组成的元组；tuple_4 是单个字符串构成的元组。在定义元组时，圆括号可以忽略，但是不建议这么做，会导致程序可读性较差。如果定义的元组中只有一个元素，则元素后面的逗号不可以省略，否则 Python 解释器会将它视为字符串或数字。

（2）使用 tuple()函数创建元组。Python 提供了一个内置函数 tuple()，用来将其他数据类型转换为元组。例如，可以将字符串转换为元组。

In [65]:
```
tup1 = tuple("hello")
print(tup1)
```

Out[65]:
```
('h', 'e', 'l', 'l', 'o')
```

将字符串作为参数传递给 tuple()函数，运行结果是一个由字符构成的元组。

5.5.2 使用元组

在 Python 中，元组可以像列表一样通过索引的方式访问其中的元素；也可以使用切片方式访问元组中的一组元素，得到新的子元组。元组中元素数量通过 len()函数获得，元素的索引也是从 0 开始的，最大索引为 len(tuple)-1。示例代码如下：

In [66]:
```
tuple_call = tuple("https://www.python.org/")
# 使用索引访问元组中的某个元素
print(tuple_call[3])      # 使用正整数索引
print(tuple_call[-4])     # 使用负整数索引

# 使用切片访问元组中的一组元素
print(tuple_call[9: 18])     # 使用正整数切片
print(tuple_call[9: 18: 3])    # 指定步长
print(tuple_call[-6: -1])    # 使用负整数切片
```

Out[66]:
```
p
o
('w', 'w', '.', 'p', 'y', 't', 'h', 'o', 'n')
('w', 'p', 'h')
('n', '.', 'o', 'r', 'g')
```

与列表索引一样，索引可以为正整数，也可以为负整数。使用切片方式访问时也可以指定步长。当然，也可以像列表一样使用 for 循环遍历元组中的所有元素。示例代码如下：

In [67]:
```
tuple_call = tuple("https://www.python.org/")
print(tuple_call)
s=''
for i in tuple_call:
    s=s+i
print(s)
```

Out[67]:
```
('h', 't', 't', 'p', 's', ':', '/', '/', 'w', 'w', 'w', '.', 'p', 'y',
't', 'h', 'o', 'n', '.', 'o', 'r', 'g', '/')
https://www.python.org/
```

本示例使用 tuple()函数将字符串转换为元组，元组中的每个元素为字符串中的字符。通过 for 循环遍历元组中的每个字符，采用加法方式对字符进行拼接，构造新的字符串。

5.5.3 修改元组

前面讲过，元组是不可变序列，一旦定义好，元组中的元素就不能被修改。如果强制修改元组中的元素，则会报错误。示例代码如下：

In [68]:
```
tup = (100, 0.5, -36, 73)
tup[0]=200
```

Out[68]:
```
---------------------------------------------------------------------------
TypeError                             Traceback (most recent call last)
Cell In[22], line 2
      1 tup = (100, 0.5, -36, 73)
----> 2 tup[0]=200

TypeError: 'tuple' object does not support item assignment
```

当将元组中第 0 号元素修改为 200 时，会显示“'tuple' object does not support item assignment”的错误信息，即元组对象不支持元素指定。

既然元组中的元素不可修改，如果在程序设计中确实需要修改元素，那么该怎么办呢？我们可以重新定义一个元组，并将其赋值给原来的元组变量。示例代码如下：

In [69]:
```
tup = (100, 0.5, -36, 73)
tup = ('Python 语言',"https://www.python.org/")
print(tup)
```

Out[69]:
```
('Python 语言', 'https://www.python.org/')
```

以一个新的元组替代旧的元组。

另外，还可以使用运算符“+”对多个元组进行拼接。示例代码如下：

In [70]:
```
tup1 = (100, 0.5, -36, 73)
tup2 = (3+12j, -54.6, 99)
print(tup1+tup2)
```

Out[70]:
```
(100, 0.5, -36, 73, (3+12j), -54.6, 99)
```

在 Python 中，元组的应用场景主要有 3 个。

- 作为函数的参数和返回值，一个函数可以接收任意多个参数，一次返回多个值，这个在后面章节中会详细介绍。
- 格式化字符串，将多个值按照规定格式输出。示例代码如下：

In [71]:
```
product = "U 盘"
price = 35
print(" %s 的价格是 %.2f" % (product,price))
```

Out[71]:
```
U 盘 的价格是 35.00
```

- 使列表不被修改，保护数据。元组的出现往往表示有一些元素是不可改变的，如果在实际应用中，要求存储的数据和数量不变，那么肯定选用元组更合适。

5.6　案例分析

1．编写一个程序，先生成一个包含 20 个随机整数的列表，再对其中偶数索引的元素进行降序排列，奇数索引的元素不变。示例代码如下：

In [72]:
```
import random
x = [random.randint(0,100) for i in range(20)]
print(x)
y = x[::2]
y.sort(reverse=True)
x[::2] = y
print(x)
```

Out[72]:
```
[92, 72, 82, 20, 95, 18, 53, 74, 100, 47, 18, 97, 20, 76, 78, 67, 5,
22, 66, 9]
[100, 72, 95, 20, 92, 18, 82, 74, 78, 47, 66, 97, 53, 76, 20, 67, 18,
22, 5, 9]
```

第 1 行代码使用 import 语句导入 random 模块，该模块包含了生成随机数的函数。第 2 行代码使用列表推导式生成一个包含 20 个随机整数的列表 x，其中每个元素的值都在 0 到 100 之间。接下来，第 4 行代码使用切片操作 x[::2]来获取列表 x 中所有偶数索引的元素，并将它们存储到一个新列表 y 中。需要注意的是，这里使用了步长为 2 的切片操作，即从索引 0 开始，每隔一个元素取出一个元素。第 5 行代码使用 sort()函数对列表 y 进行降序排列，reverse=True 表示按照降序排列。最后，第 6 行代码使用切片操作 x[::2]来获取列表 x 中所有偶数索引的元素，并将它们替换为列表 y 中排好序的元素。这里使用了赋值语句 x[::2] = y，表示将列表 y 的元素依次赋值给 x 列表中的偶数索引的元素。由于列表 y 中的元素已经按照降序排列，因此这样就完成了对 x 列表中偶数索引元素的降序排列。

当然，读者也可以用 for-for 循环嵌套结构来实现，但是程序会相对复杂。本示例中使用的切片和排序操作可以非常方便地实现对偶数索引元素的降序排列，且保持奇数索引元素不变。

2．编写一个程序，先生成一个包含 20 个随机整数的列表，再将前 10 个元素升序排列，后 10 个元素降序排列，并输出结果。示例代码如下：

In [73]:
```
import random
x = [random.randint(0,100) for i in range(20)]
print(x)
y = x[0:10]
y.sort()
x[0:10] = y
y = x[10:20]
y.sort(reverse=True)
x[10:20] = y
print(x)
```

Out[73]:
```
[52, 46, 97, 86, 37, 91, 19, 83, 49, 26, 95, 93, 64, 38, 70, 99, 65,
7, 25, 37]
[19, 26, 37, 46, 49, 52, 83, 86, 91, 97, 99, 95, 93, 70, 65, 64, 38,
37, 25, 7]
```

第 1 行代码使用 import 语句导入 random 模块，该模块包含了生成随机数的函数。第 2 行代码使用列表推导式生成一个包含 20 个随机整数的列表 x，其中每个元素的值都在 0 到 100 之间。接下来，第 4 行代码使用切片操作 x[0:10]来获取列表 x 中的前 10 个元素，并将它们存储到一个新列表 y 中。需要注意的是，这里切片操作的范围是从索引 0 开始，到索引 9 结束，因为切片操作的范围区间是左闭右开的。第 5 行代码使用 sort()函数对列表 y 进行升序排列，这里不需要指定 reverse 参数，因为默认 False 表示按照升序排列。第 6 行代码使用赋值语句 x[0:10] = y，将列表 y 中排好序的元素依次赋值给列表 x 中的前 10 个元素，实现对前 10 个元素的升序排列。第 7 行代码使用切片操作 x[10:20]来获取列表 x 中的后 10 个元素，并将它们存储到列表 y 中。需要注意的是，这里切片操作的范围是从索引 10 开始，到索引 19 结束。第 8 行代码使用 sort()函数对列表 y 进行降序排列，这里需要指定 reverse=True，表示按照降序排列。最后，使用赋值语句 x[10:20] = y，将列表 y 中排好序的元素依次赋值给列表 x 中的后 10 个元素，实现了对后 10 个元素的降序排列。

3．编写一个程序实现冒泡排序。示例代码如下：

In [74]:

```
arr = [64, 34, 25, 12, 22, 11, 90]
n = len(arr)

# 遍历所有列表元素
for i in range(n):
    for j in range(0, n-i-1):
        # 从 0 到 n-i-1 的元素都需要比较
        if arr[j] > arr[j+1]:
            # 如果前面的元素比后面的元素大，则交换两者的位置
            arr[j], arr[j+1] = arr[j+1], arr[j]
# 输出排序后的列表
print("排序后的列表：")
for i in range(n):
    print("%d" % arr[i], end=" ")
```

Out[74]:

```
排序后的列表：
11 12 22 25 34 64 90
```

首先，定义了一个包含一些随机整数的列表 arr，然后，使用 n = len(arr)计算出列表的长度。接下来，使用 for-for 循环嵌套结构来遍历列表并对其进行排序。外层循环控制遍历的次数，因为每次遍历都会将当前未排序的最大值交换到列表的末尾，所以外层循环每遍历一次，就会有一个元素被排序在列表的末尾。内层循环用来比较相邻的元素并交换它们的位置。每次内层循环都会比较相邻的两个元素，如果前面的元素比后面的元素大，则交换它们的位置。这样一次内层循环结束后，当前未排序的最大值就会被交换到列表的末尾。最后，使用一个 for 循环输出排序后的列表。这里使用了字符串格式化来输出每个列表元素，其中%d 表示要输出的是一个整数，end=" "表示输出后不换行。

4．利用列表推导式，首先创建列表 L=[1,2,3,4,5,...,51]并将其输出，然后将该列表的元素进行分组操作，变成[[1,2,3],[4,5,6],...]并输出，最后找到该列表中数值和小于 50 的列表元素并输出。

In [75]:

```
# 创建列表 L
L = [i for i in range(1, 52)]
print("列表 L: ", L)

# 将 L 分组
grouped_L = [L[i:i+3] for i in range(0, len(L), 3)]
print("分组后的列表：", grouped_L)
```

```
# 找到数值和小于 50 的列表元素
sum_less_than_50 = [group for group in grouped_L if sum(group) < 50]
print("数值和小于 50 的列表元素：", sum_less_than_50)
```

Out[75]:

```
列表 L：[1, 2, 3, 4, 5, 6, 7, 8, 9, 10, 11, 12, 13, 14, 15, 16, 17,
18, 19, 20, 21, 22, 23, 24, 25, 26, 27, 28, 29, 30, 31, 32, 33, 34,
35, 36, 37, 38, 39, 40, 41, 42, 43, 44, 45, 46, 47, 48, 49, 50, 51]
分组后的列表：[[1, 2, 3], [4, 5, 6], [7, 8, 9], [10, 11, 12], [13, 14,
15], [16, 17, 18], [19, 20, 21], [22, 23, 24], [25, 26, 27], [28, 29,
30], [31, 32, 33], [34, 35, 36], [37, 38, 39], [40, 41, 42], [43, 44,
45], [46, 47, 48], [49, 50, 51]]
数值和小于 50 的列表元素：[[1, 2, 3], [4, 5, 6], [7, 8, 9], [10, 11, 12],
[13, 14, 15]]
```

首先，使用列表推导式创建列表 L，该列表包含从 1 到 51 的整数。然后，使用列表推导式将列表 L 的元素分成长度为 3 的子列表，存储在列表 grouped_L 中，并输出分组后的列表。最后，使用列表推导式找到列表 grouped_L 中数值和小于 50 的子列表，将这些子列表存储在变量 sum_less_than_50 中，并输出这些子列表。

5.7 本章小结

本章主要介绍了 Python 中的列表操作，以及列表中元素的添加、删除与修改，还介绍了列表的组织、元组等知识点。

- 列表是 Python 中的一种序列类型，可以用于存储一系列相关的值。列表可以用方括号“[]”来定义，元素之间用逗号“,”分隔。列表可以进行遍历、切片、解析、数值计算等操作。
- 列表中的元素可以通过索引或切片进行修改，可以使用 append()函数在列表末尾添加一个元素，使用 insert()函数在指定位置插入一个元素，使用 extend()函数在列表末尾添加多个元素。也可以使用赋值语句对列表中的元素进行修改。
- 可以使用 sort()函数对列表进行排序，使用 reverse()函数对列表进行反转，使用 index()函数查找指定元素在列表中的位置，还可以使用 copy()函数对列表进行复制操作。
- 元组是一种特殊的列表，可以通过元组来定义一个只读的列表。使用 tuple()函数可以将列表转换为元组，使用 list()函数将元组转换为列表。

总之，列表是 Python 中一种常用的数据类型，能够存储一系列相关的值。在实际使用中，需要掌握列表的基本操作，以及列表中元素的添加、删除与修改，还需要掌握列表的组织、元组等知识点，才能更好地利用列表和元组来处理数据。

动手编程

1．创建一个空列表，命名为 colors，完成以下任务。

- 向列表中添加 red、green 和 blue 元素并输出。
- 访问 colors 列表中的 blue 元素，求出该元素的长度并输出。
- 遍历 colors 列表，输出每个元素的索引和元素值。

- 使用 insert()函数将 white 元素添加到 colors 列表开头，使用 append()函数将 black 元素添加到列表末尾，输出修改后的 colors 列表。
- 分别修改 colors 列表的 green 和 blue 元素为 pink 和 yellow 元素，输出新的列表。
- 使用 pop()函数不断地删除 colors 列表中的元素，直到只有两个元素为止，最后升序输出修改后的 colors 列表。

2．给定一个字符串列表 L=['habit', 'glove', 'ginormous', 'ability']，将所有 g 开头的字符串的小写字母转换为大写字母并输出。

3．使用列表推导式输出 L=[[1,2,3],[4,5,6],[7,8,9]]列表中的[1,4,7]。

4．获取列表 L=[[5,7,8],[4,4,6],[8,1,3]]中每个列表元素的最大值和最小值，并将其格式化输出。

5．给定一个元组 T=(2, 1, (0.5,1), 'tuple_1', "python", 3.14)，完成以下操作。

- 获取索引为 3 到索引为 5 的元素并输出。
- 获取元组中所有的字符串元素，用这些元素创建新的列表，输出新列表中每个元素的索引和元素值。

6．给定元组字符串列表 L=['durian', 'rambutan', 'pear', 'fig', 'papaya']，过滤掉该列表中所有长度大于 5 的元素，将剩下的每个元素后都加一个小写字母 s，输出修改后的列表。

7．给定一个列表 Num=[45,62,55,86,74,36,92,41]，计算并输出所有列表元素中数值的平均值，如果列表中的数值比该平均值大，则将该数值替换为“'True'”，否则替换为“'False'”，并输出替换后的结果。

8．给定两个列表 List_A=[2,5,3,7,12,6]，List_B=[4,9,11,0,1,8]，首先将两个列表上相对应的元素相乘，将乘积结果存储在一个新列表中。然后获取新列表中索引为 2 到索引为 4 的元素的平均值，并将该平均值插到第 4 个元素之后，输出最后的列表。

9．给定一个列表 L=[[14,26,10],[12,32,16],[36,9,44]]，先将该列表中的每个列表元素按照从高到低的顺序进行排列，再将该列表进行降维操作，输出修改后的列表。

10．给定一个列表 Num=[8, 2, 3, 4, 5, 6, 9, 7]，将数值最大的元素与第一个元素交换，数值最小的元素与最后一个元素交换，输出修改后的列表。

11．给定一个列表 L=[3,4,5,6,7,8,9]，使其前面各元素顺序向后移 3 个位置，最后 3 个数变成最前面的 3 个数，输出新的列表。

12．编写一个程序，先产生 15 个 1～9 的随机整数存放于列表中并显示，再将列表中的重复元素删除后显示列表。

第6章　集合与字典

集合和字典是Python中另一对重要的数据类型，它们都是可变序列类型。不同于前面学习到的序列类型，集合中的元素是无序且不可重复的。集合虽然是可变类型，但是集合中的元素必须是不可变类型，比如数值型、字符串、元组等，列表和集合等可变类型数据都不能作为集合的元素。

字典是通过键-值对来存储数据的，与集合一样，字典中的元素也是无序的，每个元素的键都有一个与之对应的值，就像现实中的字典，可以通过选定某个词（键）从而找到它的含义（值）。字典是可变类型，但字典元素的键必须是不可变类型的，并且元素的键必须互不相同，即具有唯一性，而值可以是任意的数据类型，包括字符串、整型、列表、元组等。

字典和集合有相似之处，但是字典通过键作为索引可以访问特定的值，而集合不可以。因此，集合可以理解为没有值，仅有键的字典。本章重点介绍这两种重要的数据类型，包括集合、字典的定义、字典操作，以及字典嵌套。

6.1　集合

Python 中的集合和数学中的集合概念类似，由一系列元素组成。不同于前面学过的列表和元组，集合中的元素都是无序且不可重复的，集合也是标准的Python数据类型，类型为set，用“{}”定界，集合中的元素之间用逗号分隔。集合中元素的数据类型可以是数值型、字符串、元组等常规数据类型，也可以是一种或者多种混合数据类型。

注意：列表、集合等数据类型是不可以作为集合的元素的。

6.1.1　集合构造

构造集合有两种方法：一种是直接把元素用花括号“{}”括起来，花括号中的元素之间用逗号“,”分隔；另一种是用set(obj)函数定义，obj的数据类型可以是字符串、列表或元组。

下面用代码举例：

In [1]:
```
number1 = {1,2,3,4,5}
print(f'number1 对象的类型为：{type(number1)}')

number2 = set('abc')      # 传递的是一个字符串
print(f'number2 对象的类型为：{type(number2)}')

number3 = set(['皮卡丘','杰尼龟','小火龙']) # 传递的是一个列表
print(f'number3 对象的类型为：{type(number3)}')
```

```
number4 = set(('皮卡丘','杰尼龟','小火龙')) # 传递的是一个元组
print(f'number4 对象的类型为: {type(number4)}')
```

Out[1]:
```
number1 对象的类型为: <class 'set'>
number2 对象的类型为: <class 'set'>
number3 对象的类型为: <class 'set'>
number4 对象的类型为: <class 'set'>
```

在这个示例中，第 1 行代码利用花括号“{}”定义了一个集合，第 4 行代码利用 set()函数将字符串转换为一个集合，第 7 行代码将一个列表转换为一个集合，第 10 行代码将一个元组转换为一个集合。由输出结果可以看出，集合的创建方式是多种多样的，其中 type()函数是用来显示指定变量的数据类型。

注意：创建一个空集合必须用 set()函数而不是“{}”，因为“{}”是用来创建空字典的。

另外，集合中的元素是不能重复的，如果有重复的元素，则 Python 会自动清除。示例代码如下：

In [2]:
```
number = {1,1,2,2,2,3,4,4}
print(number)    #输出 number
```

Out[2]:
```
{1, 2, 3, 4}
```

由此可见，在定义时即使存在重复的元素，在使用过程中 Python 也会自动将重复元素清除。集合的这种特性在很大程度上能够高效地从列表或元组中删除重复元素，执行取并集、交集等常见的数学操作。

6.1.2　集合修改

Python 中提供了一些对集合操作的函数，如添加、删除、是否存在等函数，可以方便地对集合进行修改。

（1）添加元素。可以使用集合的 add()函数，语法格式为：set.add(element)。示例代码如下：

In [3]:
```
number = {1,2,3}
print(f'number 为: {number}')

number.add(5)
print(f'number 增加元素后为: {number}')
```

Out[3]:
```
number 为: {1, 2, 3}
number 增加元素后为: {1, 2, 3, 5}
```

在定义的集合 number 中添加新的元素 5，程序运行后发现集合 number 中的元素增加了一个 5。

（2）删除元素。Python 提供了 4 种删除元素的函数，即 remove()函数、discard()函数、pop()函数和 clear()函数。其中，最常用的是 remove()函数。接下来通过示例分别详细介绍这几种函数。

- remove()函数，直接将指定的元素从集合中删除。示例代码如下：

In [4]:
```
names= set(['皮卡丘','杰尼龟','小火龙'])
```

```
print(f'names 为: {names}')

names.remove('杰尼龟')
print(f'names 删除元素后为: {names}')
```

Out[4]:
```
names 为: {'皮卡丘', '杰尼龟', '小火龙'}
names 删除元素后为: {'皮卡丘', '小火龙'}
```

在本示例中，将元素“杰尼龟”作为参数传递给 remove()函数，执行删除操作。我们发现“杰尼龟”被删掉了。这种方法只能删除集合确实存在的元素，当集合中的元素数量太多，程序设计过程中不知道要删除的元素是否在集合中时，如果贸然使用 remove()函数，则可能会导致错误发生。例如，删除一个集合中不存在的元素“小霸王”。示例代码如下：

In [5]:
```
number = set(['皮卡丘','杰尼龟','小火龙'])
number.remove('小霸王')
```

Out[5]:
```
-------------------------------------------------------------
KeyError                          Traceback (most recent call last)
Cell In[25], line 2
     1 number = set(['皮卡丘','杰尼龟','小火龙'])
----> 2 number.remove('小霸王')

KeyError: '小霸王'
```

运行该程序会抛出 KeyError 类型的异常，即关键词不存在异常。

- discard()函数，为了保障程序的健壮性，可以使用该函数。例如，同样地删除集合 number 中不存在的元素“小霸王”。示例代码如下：

In [6]:
```
number = set(['皮卡丘','杰尼龟','小火龙'])
number.discard('小霸王')
```

Out[6]:

执行该程序发现并未报错，也没有任何输出。

- pop()函数，该函数与 remove()函数类似，以队列方式逐个弹出元素，该函数不需要传递参数，每次从集合中随机弹出一个元素。示例代码如下：

In [7]:
```
number = set(['皮卡丘','杰尼龟','小火龙'])
print(f'number 为: {number}')

number.pop()
print(f'number 删除元素后为: {number}')
```

Out[7]:
```
number 为: {'皮卡丘', '杰尼龟', '小火龙'}
number 删除元素后为: {'杰尼龟', '小火龙'}
```

- clear()函数，该函数用于一次性清空集合中的元素。示例代码如下：

In [8]:
```
number = set(['皮卡丘','杰尼龟','小火龙'])
print(f'number 为: {number}')

number.clear()
print(f'number 删除元素后为: {number}')
```

Out[8]:

```
number 为：{'皮卡丘', '杰尼龟', '小火龙'}
number 删除元素后为：set()
```

6.1.3　集合遍历

集合在 Python 中不能像列表和元组一样通过索引方式访问集合中的元素，但是可以通过集合遍历的方法逐个获取集合中的所有元素。最常见的集合遍历的方法是 for 循环。

下面用示例代码来举例说明集合的遍历过程。

In [9]:

```
A = {1,2,'star'}
for item in A:
    print(item)
```

Out[9]:

```
1
2
star
```

当然，也可以使用 while 循环，不过需要配合使用集合的 pop()函数遍历获得集合元素。示例代码如下：

In [10]:

```
A = {1,2,'star'}
while True:
    print(A.pop())
    if len(A)==0:
        break
```

Out[10]:

```
1
2
star
```

在本示例中，使用了 pop()函数从集合中不断弹出元素，为了防止集合为空而导致的异常，可以使用 if 语句判断集合的元素个数是否为 0，如果为 0，则跳出循环。在这里利用 len()函数获得集合中的元素个数。

6.1.4　集合操作

（1）判断某个元素是否在集合中，此时可以使用 in 语句和 not in 语句。示例代码如下：

In [11]:

```
number = {1,2,3,4,5}
print(2 in number)
print('a' in number)
print('a' not in number)
```

Out[11]:

```
True
False
True
```

in 语句用于判断元素是否在集合中，如果在集合中，则返回 True，否则返回 False。not in 语句用于判断元素是否不在集合中，如果不在集合中，则返回 True，否则返回 False。

（2）将集合变为有序列表，可以使用 Python 内置的 sorted()函数，会将无序的集合转换为按照特定顺序排列的有序列表。示例代码如下：

In [12]:
```
fruit = {'apple', 'orange', 'apple', 'pear', 'orange', 'banana'}
sorted(fruit)
```

Out[12]:
```
['apple', 'banana', 'orange', 'pear']
```

注意：sorted()函数作用在集合上时，输出的结果是有序的列表，而不再是集合。

当然，也可以通过为 sorted()函数指定参数 reverse=True 的方法将排序后的列表反转。示例代码如下：

In [13]:
```
fruit = {'apple', 'orange', 'apple', 'pear', 'orange', 'banana'}
sorted(fruit,reverse=True)
```

Out[13]:
```
['pear', 'orange', 'banana', 'apple']
```

6.1.5 集合运算

Python 中集合的 4 种运算包括交集、并集、差集和对称差集运算。

- 交集：运算符为“&”。两个集合相交的部分，即两个集合之间相同的元素。
- 并集：运算符为“|”。合并在一起的两个集合，即两个集合所有不重复的所有元素。
- 差集：运算符为“-”，两个集合之差，即被减数集合中减去减数集合中的重复元素。
- 对称差集：运算符为“^”，两个集合之间所有不同元素的集合。

例如，a={1,2,3,4}，b={2,4,6,8}。a-b 为{1,3}，a 集合中减去 b 集合中出现的 2 和 4；a|b 为{1,2,3,4,6,8}；a&b 为 a、b 集合中均出现的元素{2,4}。

6.2 字典的定义

在使用汉语字典时，如果想查找某个汉字，则可以从头到尾一页一页地查找这个汉字，也可以通过拼音索引或笔画索引快速找到这个汉字，在汉语字典中找拼音索引和笔画索引非常轻松简单。类似地，Python 中的字典可以让我们轻松地根据特定的键找到对应的值。

例如，每个同学在进入学校时都会被分配一个学号，每个学号代表一个学生，那么如何建立学号和学生姓名之间的关系呢？我们可以使用两个列表创建这种关系。但是，当学生人数较多时，先要创建一个比较大的学生姓名列表，再创建一个和学生姓名列表有同样多元素的学号列表，一旦学生姓名列表或学号列表发生变更，就要将学生姓名列表和学号列表进行重新排列，以保证元素对应关系的正确性。示例代码如下：

In [14]:
```
students = ['张三','李四','王五','赵六']
numbers = ['001','002','003','004']
index_num = students.index('张三')
print(f'张三的索引为：{index_num}')
number_num = numbers[index_num]
print(f'张三的学号为：{number_num}')
```

Out[14]:
```
张三的索引为：0
张三的学号为：001
```

需要创建学生姓名列表 students 和学号列表 numbers。对于要查询的学生姓名，如“张三”，先通过列表的 index()函数找到其在列表中的索引，再根据索引到学号列表中查找对应的学号。

这种操作流程是极为烦琐的，并且如果列表中的元素顺序不对应，那么将导致错误的结果。能否做到直接让一个学号绑定一个学生姓名呢？当然可以实现！字典就是为这种情况而生的。

与集合一样，Python 中的字典是另外一种可变容器，可以存储任意数据类型的数据。字典是通过键-值对来存储数据的，在存储和读取数据时，都是通过键读取字典中的值的。

6.2.1　构造字典

在 Python 中，字典由多个键及其对应的值构成的键-值对组成，一般也把一个键-值对称为一个项。字典的每个键-值对（key-value）用冒号键-值分隔，每项之间用逗号“,”分隔，并用花括号“{}”包围。创建字典的语法格式为：d={key1:value1,key2:value2,...}，字典的数据类型为 dict。

空字典（不包括任何项）仅由花括号组成，如“{}”。在字典中，键必须是不可变类型，如字符串、数值型或元组，但值可以为任何数据类型，下面用示例代码来举例。

In [15]:
```
dict_1 = {'张三':'001','李四':'002','王五':'003','赵六':'004'}
print(dict_1)

dict_2 = {'abc':444,2020:'年份'}
print(dict_2)

dict_3={}
print(dict_3)
```

Out[15]:
```
{'张三': '001', '李四': '002', '王五': '003', '赵六': '004'}
{'abc': 444, 2020: '年份'}
{}
```

这里构造了两个非空字典 dict_1 和 dict_2，以及一个空字典 dict_3。在 dict_1 中，“'张三'”“'李四'”“'王五'”“'赵六'”都是键，“'001'”“'002'”“'003'”“'004'”分别为键对应的值。空字典不包含任何项，仅用花括号“{}”包围。

在定义的字典中，键必须是唯一的，不应该存在完全相同的两个键。如果在定义字典时定义了两个完全相同的键，则 Python 只保留最后一次出现的键-值对，即后面出现的键会覆盖前面的键。虽然键不能相同，但是值是可以相同的。示例代码如下：

In [16]:
```
dic = {'a': 2, 'b': 2, 'b': '3'}
print(dic)
```

Out[16]:
```
{'a': 2, 'b': '3'}
```

在本示例中，键“'a'”和键“'b'”的值都为 2，定义了两个键为“'b'”的元素，值分别为 2 和 3，但是在程序运行时只保留最后一次出现的键-值对。

6.2.2　字典访问

在使用字典时，我们通常会访问字典，以获得字典中的元素。那如何才能访问字典中的元素呢？对于列表和元组，我们可以通过索引的方式访问，而字典中是没有索引的。但是，可以把每项的键视为索引，通过字典中每项的键访问对应的值。示例代码如下：

In [17]:
```
dict_1 = {'张三':'001','李四':'002','王五':'003','赵六':'004'}
```

```
print(dict_1['李四'])
```

Out[17]:
```
002
```

字典中键为“'李四'”的值是“'002'”，因此可以通过 dic_1['李四']进行查找。需要注意的是，不可以通过索引方式获取元素，否则会报错。示例代码如下：

In [18]:
```
dict_1 = {'张三':'001','李四':'002','王五':'003','赵六':'004'}
print(dict_1[1])
```

Out[18]:
```
---------------------------------------------------------------------------
KeyError                              Traceback (most recent call last)
Cell In[30], line 2
  1 dict_1 = {'张三':'001','李四':'002','王五':'003','赵六':'004'}
--> 2 print(dict_1[1])

KeyError: 1
```

当然，如果试图访问键不存在的项，则也会抛出 KeyError 类型的异常。

此外，Python 还为字典提供了 get()函数访问字典中键对应的值，语法格式为：dic.get(key, desc)。key 表示要查询的项的键；desc 表示当所提供的键不在字典中时的提示信息，也可以不提供。示例代码如下：

In [19]:
```
dict_1 = {'张三':'001','李四':'002','王五':'003','赵六':'004'}
print(dict_1.get('李四'))
print(dict_1.get('王七','不存在该人名'))
print(dict_1.get('王七'))
```

Out[19]:
```
002
不存在该人名
None
```

程序结果显示，键“'王七'”不存在，所以提示信息“不存在该人名”。如果不提供 desc 参数，则返回 None。

6.3 字典操作

字典的基本操作与列表和元组的类似，有添加、修改、删除、遍历等基本操作。下面逐一进行介绍。

6.3.1 向字典中添加元素

字典是一种动态结构，可以随时添加键-值对。要添加键-值对，就需要指定字典名、用方括号括起来的键、对应的值，语法格式为：dic[key]=value。例如，首先创建一个空的字典，然后向字典中动态地添加学生信息，包括姓名、年龄、户籍等信息。示例代码如下：

In [20]:
```
person={}
person['姓名']='张三'
person['年龄']=25
person['户籍'] = '杭州'
```

```
person['职业'] = '学生'
print(person)
```

Out[20]:
```
{'姓名': '张三', '年龄': 25, '户籍': '杭州', '职业': '学生'}
```

结果显示，字典的输出顺序与向字典中添加键-值对的顺序相同。此外，还可以结合前面学习过的 for 循环语句和 while 循环语句动态地向字典中添加元素，感兴趣的读者可以编写代码试一试。

6.3.2　修改字典中的值

可以对字典中已有的键-值对进行修改，结果将是保持现有键-值对数量不变，但其中某个或某几个键的值发生了变更。例如，将上面定义好的 person 字典中的“'职业'”的值改为“'工人'”，只需要对字典中的键“'职业'”重新赋予新的值即可。示例代码如下：

In [21]:
```
person['职业']='工人'
print(person)
```

Out[21]:
```
{'姓名': '张三', '年龄': 25, '户籍': '杭州', '职业': '工人'}
```

6.3.3　删除字典中的值

对于字典中不再需要的元素，可以使用 del 语句将相应的键-值对彻底删除。在使用 del 语句时必须指定字典名和要删除的键。示例代码如下：

In [22]:
```
dict_1 = {'张三':'001','李四':'002','王五':'003','赵六':'004'}
print("删除前: ",dict_1)

del dict_1['赵六'] #删除键为“'赵六'”的项
print("删除后: ",dict_1)
```

Out[22]:
```
删除前:  {'张三': '001', '李四': '002', '王五': '003', '赵六': '004'}
删除后:  {'张三': '001', '李四': '002', '王五': '003'}
```

在本示例中删除键为“'赵六'”的元素，并且不影响其他元素。

6.3.4　字典遍历

在 Python 中可以用很多函数来遍历字典，通过遍历字典可以逐个地获得字典中的项。主要有 keys()函数、values()函数和 items()函数 3 种。这些函数返回的值不是真正的列表，它们不能被修改，但是可以通过 for 循环遍历。示例代码如下：

In [23]:
```
dict1 = {1: 1, 2: 'aa', 'D': 'ee', 'Ty': 45}
for item in dict1.keys():
    print(item)
```

Out[23]:
```
1
2
D
Ty
```

上述代码先用 dic1.keys()函数获得字典中的所有键，再通过 for 循环遍历并输出 dic1 字典中的每个键。

In [24]:
```
dict1 = {1: 1, 2: 'aa', 'D': 'ee', 'Ty': 45}
for item in dict1.values():
    print(item)
```

Out[24]:
```
1
aa
ee
45
```

本示例使用 dic1.values()函数获得字典中的所有值，通过 for 循环遍历并输出字典中的每个值。

当然，也可以通过 for 循环同时遍历字典中的键-值对。示例代码如下：

In [25]:
```
dict1 = {1: 1, 2: 'aa', 'D': 'ee', 'Ty': 45}
for item in dict1.items():
    print(item)
```

Out[25]:
```
(1, 1)
(2, 'aa')
('D', 'ee')
('Ty', 45)
```

程序的输出结果为元组。我们也可以对 items()函数返回的元组进行分解，分别赋给不同的变量使用。示例代码如下：

In [26]:
```
dict1 = {1: 1, 2: 'aa', 'D': 'ee', 'Ty': 45}
for key,value in dict1.items():
    print("{}-{}".format(key,value))
```

Out[26]:
```
1-1
2-aa
D-ee
Ty-45
```

此时，每次循环遍历时，都是将 items()函数中元组的第一个元素赋给变量 key，第二个元素赋给变量 value，从而在循环体中可以使用这两个变量。

注意：利用 keys()、values()和 items()函数得到的元素不是真正的列表，如果想得到真正的列表，则可以使用 list()函数，把类似列表的返回值传递给 list()函数。示例代码如下：

In [27]:
```
dic = {'a': 1, 'b': 2, 'c': '3'}
print(dic.keys())
print(list(dic.keys()))
```

Out[27]:
```
dict_keys(['a', 'b', 'c'])
['a', 'b', 'c']
```

6.4 字典嵌套

有时，需要将一系列字典存储在列表中或者将列表作为值存储在字典中，这种用法通常被称为嵌套。本节主要介绍常用的 3 种嵌套用法：列表中嵌套字典、字典中嵌套列表、字典中嵌套字典。

6.4.1　列表中嵌套字典

当我们要存储很多的信息，而这些信息又互相关联，单一的字典无法满足时，可以选择将字典嵌套在列表中。示例代码如下：

In [28]:
```
dict1 = {'张三':'001','李四':'002'}
dict2 = {'王五':'003','赵六':'004'}
dict3 = {'小强':'005','小赵':'006'}
list1 = [dict1,dict2,dict3] #将 3 个字典作为元素构建列表 list1
print(list1)
```

Out[28]:
```
[{'张三': '001', '李四': '002'}, {'王五': '003', '赵六': '004'}, {'
小强': '005', '小赵': '006'}]
```

首先构造了 3 个字典，然后将 3 个字典作为元素构造列表。

如果要对字典中的元素进行访问，则需要构造双重循环进行遍历。外层 for 循环遍历列表，内层 for 循环遍历字典。例如，对上面定义的列表 list1 进行遍历。示例代码如下：

In [29]:
```
for d in list1:
    for k,v in d.items():
        print(k,v)
```

Out[29]:
```
张三 001
李四 002
王五 003
赵六 004
小强 005
小赵 006
```

在本示例中，列表 list1 中的每个元素都为字典，所以外层 for 循环首先从列表中逐个获取每个字典；然后对于每个字典使用 items()函数获得字典中的所有键-值对元组，以类似于列表的方式输出；最后从中逐个地获取每个元素，由于每个元素都是一个元组，所以可以通过 Python 中的自动拆包功能，将元组中的第一个元素赋给变量 k，将第二个元素赋给变量 v，并执行输出操作。

6.4.2　字典中嵌套列表

这种嵌套是将列表作为字典中某个键的值。例如，假设定义一个字典，包含用户姓名及他去过的省份，由于可能去过多个省份，所以将去过的省份放到列表中，作为字典的值。示例代码如下：

In [30]:
```
asd = ['浙江','四川','云南']dict1 = {'姓名':'张三','省份':asd}
print(dict1)
```

Out[30]:
```
{'姓名': '张三', '省份': ['浙江', '四川', '云南']}
```

最外层是字典，列表 asd 作为“'省份'”的值。要访问字典中的每个元素，也需要通过双重循环进行遍历。示例代码如下：

In [31]:
```
for k,v in dict1.items():
    if type(v)==list:
        for x in v:
            print(k,x)
    else:
        print(k,v)
```

Out[31]:
```
姓名 张三
省份 浙江
省份 四川
省份 云南
```

外层循环是对字典键-值对的遍历，在获取每个键对应的值时，需要判断该值是否为一个列表，只有为一个列表时才进行遍历，否则不进行遍历。因此，if 语句中使用 type()函数判断获取变量 v 的值是否是一个列表，如果是一个列表，则执行下一行的 for 循环语句，否则直接将变量 k 和 v 输出。

6.4.3 字典中嵌套字典

在 Python 中可在字典中嵌套字典，但这样做时，代码会变得复杂起来。例如，如果有多个网站用户，每位用户都有独特的用户名，则可先在字典中将用户名作为键，再将每一位用户的信息存储在字典中，并将该字典作为用户名相关联的值。在下面的示例代码中，我们对每位用户都存储了 3 项信息，分别是性别、籍贯和居住地。

In [32]:
```
t = {'性别':'男','籍贯':'浙江绍兴','居住地':'浙江杭州'}
m = {'性别':'女','籍贯':'浙江温州','居住地':'浙江台州'}
save = {'小明':t,'小红':m}
print(save)
```

Out[32]:
```
{'小明': {'性别': '男', '籍贯': '浙江绍兴', '居住地': '浙江杭州'}, '小红
': {'性别': '女', '籍贯': '浙江温州', '居住地': '浙江台州'}}
```

在本示例中定义了两个字典，分别存储小明和小红的个人信息，并将其作为键“'小明'”和键“'小红'”的值。为访问这些信息，将遍历所有的用户名，并访问与每位用户相关联的信息字典。可以通过 for-for 循环嵌套结构进行解析。示例代码如下：

In [33]:
```
for k_o,v_o in save.items():
    print(k_o)
    for k_i,v_i in v_o.items():
        print("{}:{}".format(k_i,v_i))
```

Out[33]:
```
小明
性别:男
籍贯:浙江绍兴
居住地:浙江杭州
小红
性别:女
籍贯:浙江温州
居住地:浙江台州
```

外层 for 循环是得到外层字典的键和值，内层 for 循环得到内层字典的键和值。

6.5　案例分析

1．利用集合分析活动投票情况。第一小分队有 5 名队员，序号分别为 1、2、3、4、5；第二小分队也有 5 名队员，序号分别为 6、7、8、9、10。输入一个得票队员序号的字符串，求第二小分队没有得票的队员。

例如，输入“1,5,9,3,1,5,7,4,4,5,4,9,5,10,9”，则输出“6 8”。示例代码如下：

In [34]:
```
a={6,7,8,9,10}        #第二小分队序号建立集合 a
b=set()               #创建空集合 b，存放没有得票的队员序号
# 将输入的得票队员序号创建为列表
number=list(map(int,input('请输入队员序列号:').split(',')))
col_number=set(number)       #将列表 number 转换为集合，去除重复序号
b=a-col_number     #两集合相减
c=sorted(list(b))       #为按序输出，排序
for i in c:
    print(i,end='  ')
```

Out[34]:
```
请输入队员序列号: 1,5,9,3,1,5,7,4,4,5,4,9,5,10,9
6  8
```

2．使用字典统计字符出现次数：输入一行字符，统计每个字符出现的次数。

分析如下：

（1）创建一个字典，键是字符，值是字符出现的次数。由于不能预知出现哪些字符，所以不能预先初始化字典。

（2）注意字典的 get()函数，get()函数返回指定键的值，如果值不在字典中，则返回默认值。dict.get(c,0)函数返回键为 c 的值，如果该键不在字典中，则返回 0。

示例代码如下：

In [35]:
```
cstr=input('请输入任意一串字符：')
dict={}
for c in cstr:
    dict[c]=dict.get(c,0)+1
print(dict)
for key,value in dict.items():
    print("'{}': {}次".format(key,value))
```

Out[35]:
```
请输入任意一串字符： We are happy
{'W': 1, 'e': 2, ' ': 2, 'a': 2, 'r': 1, 'h': 1, 'p': 2, 'y': 1}
'W': 1 次
'e': 2 次
' ': 2 次
'a': 2 次
'r': 1 次
'h': 1 次
'p': 2 次
'y': 1 次
```

3．应用字典实现四则运算。示例代码如下：

In [36]:
```
result={"+":"x+y","-":"x-y","*":"x*y","/":'''x/y  if  y!=0   else
"divided by zero"'''} #构建字典
x=int(input('请输入第一个数：'))
z=input('请输入运算符(+、-、*、/ )：').strip()
y=int(input('请输入第二个数：'))
r=eval(result.get(z))
if type(r)!=str:
  print(format(r,'.2f'))
else:
  print(r)
```

Out[36]:
```
请输入任意一串字符： We are happy
请输入第一个数：6
请输入运算符(+、-、*、/ )：*
请输入第二个数：5
30.00
```

4．先构造学生信息表，包含学生姓名、年龄、学号及所选课程，再输出每个学生的选课信息。示例代码如下：

In [37]:
```
p={'name':'alice','age':20,'ID':'001','course':['  数  据  结  构
','Python','操作系统']}

for k in p:
    name=p['name']
    age=p['age']
    ids=p['ID']
    cours=p['course']
    cos=''
    for c in cours:
        cos+=c+' '
print(f"{name},{age},{ids},{cos}")
```

Out[37]:
```
alice,20,001,数据结构 Python 操作系统
```

6.6 本章小结

本章介绍了集合、字典的定义、字典操作，以及字典嵌套。集合是一种无序且不重复的数据类型，可以用来存储一组元素。集合支持常见的集合运算，如并集、交集、差集等。字典是一种存储键-值对的数据类型，其中每个键对应一个值。字典支持常见的字典操作，如添加、修改、删除、遍历等。字典还支持嵌套，即在字典中嵌套其他字典或列表。这对于处理复杂的数据结构非常有用，如处理 JSON 格式的数据。

在实际编程中，集合和字典经常被用来处理数据和进行算法设计，这些基本的数据类型是 Python 中非常重要的一部分，也是深入学习后续章节的基础。

动手编程

1. 定义一个字典 score={'reuven':[300,250,350,400],'atara':[200,300,450,150] }来存储选手的名字与分数。使用字典表达式获取选手名字为键、平均分为值的字典。

2. 编写一个程序，反转字典的 key 和 value。例如，invert({ "z": "q", "w": "f" })→ { "q": "z", "f": "w" }。

3. 输入一行字符，分别统计出其中英文字母、空格、数字和其他字符的个数。

4. 使用给定的整数 n，编写一个程序以生成包含键-值对(i : i * i)的字典，其中 i 是 1～n 的整数（包括 1 和 n)，并且输出该字典。假设程序的输入为 8，输出结果为{1: 1, 2: 4, 3: 9, 4: 16, 5: 25, 6: 36, 7: 49, 8: 64}。提示：输入等待语句为 n=int(input('请输入一个数:'))。

5. 编写一个程序，随机生成 100 个卡号，卡号以 6102009 开头，后面 3 位依次是 001、002、003、…、100，生成关于银行卡号的字典，默认每个卡号的初始密码为 redhat，输出卡号和密码信息，格式如下：

```
卡号          密码
6102009001 000000
```

6. 定义一个字典 dic = {'k1':'v1','k2':'v2','k3':'v3','k4':'v4'}，请完成以下任务。

- 请输出其中所有的 key 和 value。
- 追加键为“'k6'”，值为“'电话'”的元素。
- 删除字典 dic 中的键-值对“'k1':'v1'”，并输出删除后的字典。
- 删除字典 dic 中不存在的键-值对“'k5':[123,4234,24]”，观察返回的结果。

7. 定义一个列表 list = [['k', ['qwe', 20, {'k1': ['tt', 3, '1']}, 89], 'ab']] ，请编写程序完成以下任务。

- 将列表中的“'tt'”变成大写字母。
- 将数字 3 变成字符串“'100'”。
- 将列表中的字符串“'1'”变成数字 101。

8. 将字典 dic = {"k2": "v2", "k3": "v3","k4": "v4"}转换成列表，其中的每个键和值都为列表中的一个元素。

9. 用 dict()函数实现存储一个人的姓名、手机号和地址信息。要求姓名为张三，手机号为 11111111111，地址信息为浙江省杭州市。

10. 从键盘输入一个字符串，统计字符串中每个字符出现的次数。请用字典推导式完成。

11. 假设姓名不重复，现有若干同学的姓名和成绩组成键-值对存储在字典 stu 中。stu={"张琳":58,"孙治平":70,"徐小伟":89,"徐丽萍":69, "童万丽":90,"钱志敏":84,"赵虚余":64}，请编写程序完成以下任务。

- 在字典中添加姓名为晋宇浩的同学，成绩显示为“缺考”。
- 将张琳的成绩改为 60；删除徐小伟的姓名及他的成绩。
- 统计当前字典中的总人数。
- 从键盘输入一个同学的姓名，显示该同学的成绩，如果字典中无此同学，则显示“没找到该同学”。

12. 张三买了 4 只股票，编号分别为 1～4，股票代码、股票名称和买入价分别是“601398、工商银行、5.51”“000001、平安银行、8.94”“601939、建设银行、6.89”“601328、交通银行、5.61”。请用字典实现根据编号查询购买的股票信息。要求只要输入编号，就可以一直查询购买的股票信息，直到输入编号以外的任意数字时，会显示“无查询结果”的提示信息，并结束程序。

13．在 12 题中，如何让股票信息不直接以列表形式显示，而是以“股票代码：601939，股票名称：建设银行，买入价：6.89”形式显示，程序应该如何修改？

14．构造一个字典，将客户分 ABCD（不区分大小写）类，A 类客户享受九折优惠，B 类客户享受九二折优惠，C 类客户享受九五折优惠，D 类客户不享受折扣优惠。假定商品的标准价格是 100 元。不管哪一类客户，对于不同的订货量（订货量为整数），还可享受不同的价格优惠，即订货量小于 500 的不享受价格优惠，订货量在 500～1999 之间的享受九五折优惠，订货量在 2000～4999 之间的享受九折优惠，订货量在 5000～20000 之间的享受八五折优惠，订货量在 20000 以上的享受八折优惠。客户可同时享受价格优惠和客户等级优惠。

要求只要输入客户等级和订货量，就可以计算出订货额。需判断客户等级和订货量是否输入正确，对于客户等级或订货量，不输入任何字符或者输入有误，均会退出程序，并显示“请输入正确信息，谢谢！”的提示信息。

第 7 章　函数与模块

在高级语言程序设计中，为了便于程序的编写和代码的复用，通常会将功能相关的代码块组织到一起，包装成一个独立的模块，并为其命名。只要知道这个模块的名字，就可以重复使用它，这个模块就叫作函数。函数是 Python 中最基本的程序结构，用来最大化地复用代码。与此同时，函数还可以把一个错综复杂的系统分割为便于管理的多个部分，简化了编程，并且提高了代码的复用性。

前面的章节已经介绍了不少 Python 的内置函数和模块，如 print()函数、type()函数、range()函数等。读者应该尽量多地使用 Python 内置的函数资源，因为这些函数的功能稳定、可靠，在性能上做了优化处理，且经历了大量用户的检验。然而，Python 自带的函数和模块毕竟是有限的，不可能满足用户的各方面需求。因此，与其他高级语言一样，Python 也支持自定义函数和模块。

本章主要介绍函数定义、函数调用、匿名函数、全局变量与局部变量、函数递归，以及常用的模块。

7.1　函数定义

函数是带有名字的代码块，用于将功能相关的代码块组织到一起，实现代码的复用。简单地说，一个函数就是由一组 Python 语句组成的，被包装起来的语句通过一个函数名来调用。当需要执行函数定义的特定任务时，可以通过函数名调用该函数的代码块。我们也可以在一个程序中多次调用函数。

print()函数、input()函数、len()函数等都是 Python 的内置函数，当需要用到这些代码实现的功能时，只需要调用这些函数即可，而无须关注代码内部的实现逻辑。例如，我们可以在一个程序中调用两次 print()函数，每次传递不同的字符串。示例代码如下：

In [1]:
```
print('程序设计')
print('Python 语言')
```

Out[1]:
```
程序设计
Python 语言
```

当然，我们也可以自己编写类似的函数。有了函数，我们可以在很大程度上减少复制及粘贴代码的次数；也可以把实现相同功能的代码提炼出来做成一个函数，在需要的地方调用即可，这样就可以提高代码的复用性，使代码看起来也比较简洁。

定义函数首先需要使用关键字 def，然后其后面紧跟着函数名和圆括号，圆括号内可以放置一个或多个不同的参数，也可以没有参数，但是圆括号是必不可少的。圆括号后面要有冒号“:”标记符，表示从下一行开始的代码为函数体。函数的功能代码放在函数体中，函数体相对于首行要缩进，一般要缩进 4 个空格。具体的语法格式如下：

```
def 函数名([参数[,…,参数]]): # []表示可选
    函数体
```

从上面的定义可以看出，def、函数名、圆括号和冒号都是不可或缺的。另外，函数体不能为空，如果函数体尚未设计好，则可以使用占位语句 pass 代替，pass 表示空操作，即什么也不做。示例代码如下：

```
In [2]:  def f():
             pass
```

可以在设计好函数体的内容后再补充函数体代码。

在定义函数时，圆括号中的参数数目都是可选的。因此，可以定义不带参数的函数，也可以定义带参数的函数。

7.1.1 不带参数的函数

最简单的函数是没有任何参数的，即无参函数。例如，我们定义一个最简单的函数。示例代码如下：

```
In [3]:  def hello():
             #显示简单的问候语
             print('Hello')
             print('Hello there.')
```

第 1 行代码是函数定义语句，用关键词 def 定义函数，函数名为 hello，后面紧跟着一个圆括号和冒号。“def hello():”下一行的所有缩进代码构成了函数体。函数定义结束后，如果不被调用，则 Python 将不会执行定义的函数，即直接运行上面的代码并且不会输出任何内容。

可以在同一个 Python 文件的任何地方调用已经定义好的函数。函数被调用的方式为函数名后面跟着圆括号。函数可以被调用一次或者多次。示例代码如下：

```
In [4]:  hello()  # 对函数的调用
         hello()
```

```
Out[4]:  Hello
         Hello there.
         Hello
         Hello there.
```

在代码执行过程中，如果遇到这些被调用的函数，则会跳转到函数的第一行开始执行。如果执行到函数的末尾，则会回到调用函数所在的那行代码，并继续执行下面的代码。

注意：定义的函数只有在函数被调用时才会被执行，而不是在函数第一次定义时被执行。上面定义的函数 hello()，只有遇到 hello()这一语句时才被执行。另外，函数必须先定义才能被调用，否则程序会报错。

7.1.2 带参数的函数

在调用 print()函数或 len()函数时，允许传入一些值在圆括号中，我们把传递的值称为“参数值”；也可以自定义可以接收参数的函数。

在前面定义的 hello()函数的基础上稍作修改，使其可以接收用户姓名作为抬头。为此，可以在定义的 hello()函数中加入参数 username，此时，函数体就可以接收传递的值并进行处理。示例代码如下：

In [5]:
```
def hello(username):
    print('Hello,{}'.format(username))
    print('Hello there.')
```

参数 username 是一个变量名，当给 hello()函数传递值时，传递的值会赋给参数 username，因此，在函数体内可以使用变量名进行格式化输出，调用方式如下：

In [6]:
```
hello('张三')  # 对函数的调用
print('-'*10)
hello('李四')
```

Out[6]:
```
Hello,张三
Hello there.
----------
Hello,李四
Hello there.
```

在函数被调用时，首先传入“张三”，并将其赋值给参数 username，这时开始执行 hello()函数的函数体，然后将参数 username 的值填充到格式化字符串的占位符中。同理，再传入“李四”，并将其赋值给参数 username，这时再次执行 hello()函数的函数体。

我们也可以定义带有多个参数的函数，所有参数都要放在圆括号中，参数之间用逗号分隔。例如，我们继续在上面定义的 hello()函数的基础上修改，除了传入姓名（username），还传入年龄（age）。示例代码如下：

In [7]:
```
def hello(username,age):
    print('Hello,{}, 我{}岁了'.format(username,age))
    print('Hello there.')
hello('张三',25)  # 对函数的调用
print('-'*10)
hello('李四',18)
```

Out[7]:
```
Hello,张三, 我 25 岁了
Hello there.
----------
Hello,李四, 我 18 岁了
Hello there.
```

在调用该函数时，需要传入两个值，先将其分别赋给参数 username 和参数 age，再利用 print()函数将这两个值进行拼接并输出。

7.2　函数调用

函数定义好后，可以通过外部调用或者在另一个函数中调用来执行定义的函数。函数的调用过程中往往需要传递参数，以及对函数执行结果的返回值进行处理。

7.2.1 形参与实参

形参就是形式上的参数，可以理解为数学上的变量 x，并没有实际的值，只有被赋值后才有意义。形参在函数定义时被指定，不占用内存。例如，在定义的 hello()函数中，username 和 age 就是形参。

实参就是实际意义上的参数，是一个实际存在的值，可以是字符串、数字、列表、元组、字典等。实参是在函数调用时实际传递的值，被放在圆括号内。例如，在调用 hello('张三',25) 函数时，“张三”和 25 都是实参，在程序运行过程中，将实参“张三”赋给形参 username，将实参 25 赋给形参 age。

7.2.2 函数参数传递方式

如果定义的函数包含多个形参，则在函数调用时也需要传递多个实参。向函数传递实参的方式有很多，常见的有以下 4 种方式。

1. 按照位置传递实参

在调用函数时，必须将函数调用时的每个实参都对应关联到函数定义的每个形参，关联方式基于实参的顺序，这种方式被称为位置实参。例如，可以构造一个加法器函数并使用该函数。示例代码如下：

In [8]:
```
def func(a, b):
    print(a+b)
func(1, 2)
```

Out[8]:
```
3
```

本示例中的加法器函数 func()包含两个形参 a 和 b，函数体根据形参 a 和 b 做加法运算，并输出结果。在函数调用时，实参的传递也必须按照形参出现的顺序传递，即先将 1 传递给形参 a，再将 2 传递给形参 b。如果函数调用改成 func(2,1)，虽然计算结果是一样的，但是参数的传递却是不同的，则这时的传递方式是先将 2 传递给形参 a，再将 1 传递给形参 b。

当利用位置实参调用函数时，如果实参的顺序不正确，虽然不会报错，但是可能会发生意外结果。例如，前面定义的 hello()函数，调用时的实参顺序为 hello(25,'张三')。示例代码如下：

In [9]:
```
def hello(username,age):
    print('Hello,{}, 我{}岁了'.format(username,age))
    print('Hello there.')
hello(25,'张三')
```

Out[9]:
```
Hello,25, 我张三岁了
Hello there.
```

在这个函数调用中，先指定年龄为 25，再指定姓名为“张三”，由于年龄 25 在前，Python 会将 25 传递给形参 username。同理，将“张三”传递给形参 age。因此，程序的运行结果就不符合逻辑。

所以，在使用位置实参法传递参数时，需要注意函数中形参的顺序，以避免出现不符合逻辑的结果。

2. 按照关键字传递实参

正如前文所讲，位置实参法在传递参数时需要注意函数中形参的顺序，否则会出现不符合逻辑的结果。对于形参较多的函数，记住形参的顺序是较为困难的。为此，可以采用关键字实参法，即传递给函数的是“参数名称-值”。因为直接在实参中将形参和实参关联起来，所以就不存在顺序问题，向函数传递的实参也不会被混淆。关键字实参法让程序编写过程无须考虑被调用函数的形参顺序，还可以清楚地指出被调用函数中各个值的用途。我们再次以前面定义的 hello()函数为例，说明如何利用关键字实参法调用函数。示例代码如下：

In [10]:
```
def hello(username,age):
    print('Hello,{}, 我{}岁了'.format(username,age))
    print('Hello there.')

hello(age=25,username='张三')
```

Out[10]:
```
Hello,张三, 我 25 岁了
Hello there.
```

本示例中的函数调用语句为 hello(age=25,username='张三')，在向函数传递实参时，直接将 25 传递给形参 age，将“张三”传递给形参 username，此时无须关注传递的实参顺序。

3. 默认值传递

在定义函数时，可以给每个形参设置一个固定值，即默认值。如果在调用函数时给有默认值的形参提供了值，则 Python 将使用指定的实参值；否则 Python 将使用函数定义时所设置的默认值。因此，如果在函数定义时指定默认值，则可以在函数调用时省略相应的实参。例如，继续对前面定义的 hello()函数进行修改，为形参 age 指定默认年龄 18，在调用时形参 age 对应的实参可以不用传递。示例代码如下：

In [11]:
```
def hello(username,age=18):
    print('Hello,{}, 我{}岁了'.format(username,age))
    print('Hello there.')

hello(username='张三')
hello(username='张三',age=25)
```

Out[11]:
```
Hello,张三, 我 18 岁了
Hello there.
Hello,张三, 我 25 岁了
Hello there.
```

当第 5 行代码调用 hello()函数时，第 2 个形参 age 对应的实参并没有传递，此时 Python 会将 age 默认为 18，第 1 个实参可以指定形参的名称，也可以不指定。当第 6 行代码调用 hello()函数时，利用关键字实参法分别传递两个实参，此时形参 age 会被设置为 25。

需要注意的是，当使用默认值定义函数时，被指定默认值的形参必须放在最后，否则程序会报错，同时每个形参都可以指定默认值。例如，我们为形参 username 指定默认值，而不为 age 指定默认值。示例代码如下：

In [12]:
```
def hello(username='张三',age):
    print('Hello,{}, 我{}岁了'.format(username,age))
```

```
    print('Hello there.')
```

Out[12]:

```
Cell In[1], line 1
    def hello(username='张三',age):
                              ^
SyntaxError: non-default argument follows default argument
```

4. 可变参数（不定长参数）

当函数需要处理的参数个数不确定时，可使用多值参数。Python 有两种可变参数定义方法。当使用可变参数定义函数时，带星号的形参一定要放在最后，否则程序会报错。

（1）带一个星号的可变形参。只需要在形参前面加上一个星号“*”，含有一个星号的形参的函数会在函数被调用时将多个位置的实参以元组的形式传入，也就是传入的多个参数值可以在函数内部进行元组遍历。示例代码如下：

In [13]:

```
def fun(name,*args):
    print(name)
    for i in args:
      print(i)

fun('张三',20,'清华大学', '计算机学院')
```

Out[13]:

```
张三
20
清华大学
计算机学院
```

在定义的 fun()函数中，只有两个形参，而该函数被调用时传递了 3 个实参，为什么实参中输入了 3 个参数还是正确的呢？这就是可变参数带来的好处。代码中的实参“张三”传递给了形参 name，而其余两个实参以元组的形式传递给了形参 args，可以说形参 args 相当于一个无限大的容器，可以容纳多个参数。在函数体内，对形参 args 进行遍历就可以取出传递的参数值。

（2）带两个星号的可变形参。只需要在形参前面加上两个星号“**”，含有两个星号的形参的函数会在函数被调用时将关键字参数值以字典的形式传入，在函数内部会把关键字参数值当成字典在函数内部进行遍历。示例代码如下：

In [14]:

```
def countnum(a,**d): #计算参数个数
    print(d)
    for k,v in d.items():
       print(k,v)
    print('参数个数: ',len(d)+1)

countnum(3,x1=9,x2=1,x3=6,x4=89)
```

Out[14]:

```
{'x1': 9, 'x2': 1, 'x3': 6, 'x4': 89}
x1 9
x2 1
x3 6
x4 89
参数个数:  5
```

在定义函数时，只指定了两个形参，但是在最后一个形参前面加了两个星号“**”，表示函数可以接收多个关键字实参。在调用函数时，将第 1 个实参 3 传递给形参 a，后面的 4 个实参 x1=9、x2=1、x3=6、x4=89 会以字典的形式传递给形参 d，此时形参 d 是字典的容器，因此可以通过循环遍历的方法从形参 d 中逐个取出关键字和值。需要注意的是，在调用函数时，关键字可以是任意一个合法的变量。

“*”或“**”都是加在形参前面的，表示不定长参数，分别用来接收不带变量名的多余参数和带有变量名的多余参数，并分别将它们以元组和字典的形式传递到函数。

此外，还可以将“*”或“**”加在实参前面，当在实参的前面加上“*”或“**”时，就意味着“拆包”。“*”表示将元组拆解成一个个单独的实参，而“**”则表示将字典解拆成一个个单独的带变量名的实参。示例代码如下：

```
In [15]: def fun2(x,y,z):
             print(x,y,z)

         tup=(3,5,7)
         fun2(*tup)
```

```
Out[15]: 3 5 7
```

本示例中定义的 fun2()函数包含 3 个形参 x、y 和 z。在调用 fun2()函数时，直接传递了一个实参 tup，由于在前面加了“*”，表示先对元组 tup 进行拆解，再将 3 传递给形参 x，5 传递给形参 y，7 传递给形参 z。

在实参前加上“**”的示代码如下：

```
In [16]: def fun2(x,y,z):
             print(x,y,z)

         dic={'x':1,'y':2,'z':3}
         fun2(**dic)
```

```
Out[16]: 1 2 3
```

在本示例中，在调用 fun2()函数时，字典 dic 先被拆解成 x=1、y=2、z=3，再通过关键字实参法传递给 fun()函数。

7.2.3　参数传递机制

在 Python 中，函数参数由实参传递给形参的过程是通过参数传递机制来控制的。根据实际参数的类型不同，函数参数的传递机制分为值传递和引用传递（又称地址传递）。

1. 值传递

所谓值传递，实际上就是将实际参数值的复制品传入函数，而参数本身不会受到任何的影响。值传递的方式类似于《西游记》里的孙悟空，他复制一个假孙悟空，假孙悟空具有的能力和真孙悟空相同，可除妖或被砍头。但不管这个假孙悟空遇到什么事，真孙悟空都不会受到任何影响。与此类似，传入函数的是实际参数值的复制品，不管在函数中对这个复制品如何操作，实际参数值本身不会受到任何影响。示例代码如下：

```
In [17]: def swap(a, b):
```

```
    a,b = b,a
    print("In swap(): a = ", a, " b = ", b)

a = 6
b = 9
print("Before swap(): a = ", a, " b = ", b)

swap(a, b)

print("After swap(): a = ", a, " b = ", b)
```

Out[17]:
```
Before swap(): a =  6  b =  9
In swap(): a =  9  b =  6
After swap(): a =  6  b =  9
```

本示例定义了函数 swap()，它包含两个形参 a 和 b。在调用 swap()函数前，首先定义两个变量 a 和 b，然后将变量 a 和 b 传递给 swap()函数。我们发现，将变量 a 和 b 传递给 swap()函数后，虽然在函数体内对 a 和 b 的值进行了交换，但是函数体外的变量 a 和 b 的值并没有发生交换。正如前文所讲，swap()函数中的形参 a 和 b 只是主程序中变量 a 和 b 的复制品。

具体来说，定义的两个变量 a 和 b 在内存中有自己的存储空间。当程序执行 swap()函数时，产生了两个变量，并分配两块栈区用于保存它们的局部变量。系统将主程序中的变量 a、b 作为参数值传入 swap()函数，实际上是在 swap()函数栈区中重新产生了两个变量 a 和 b，并将主程序栈区中变量 a、b 的值分别赋值给 swap()函数栈区中的参数 a、b，如图 7-1 所示。此时，系统存在两个变量 a、两个变量 b，只是存在于不同的栈区中。在 swap() 函数中交换 a 和 b 两个变量的值，实际上是对图 7-1 中灰色区域 a、b 两个变量进行交换。交换结束后，输出 swap()函数中形参 a 和 b 的值，可以看到 a 的值为 9，b 的值为 6，但是主程序中的变量 a 和 b 的值并没有改变。

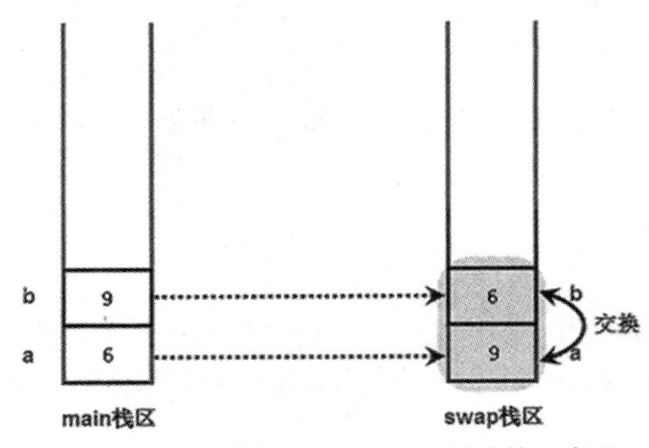

图 7-1　swap()函数中变量 a、b 的交换示意图

2. 引用传递

如果要想让函数修改某些值，则可以采用引用传递的方式，此时要求实参的数据类型必须是可变类型，比如列表、字典等。上面的示例代码可以修改为：

In [18]:
```
def swap(dw):
    dw['a'], dw['b'] = dw['b'], dw['a']
    print("In swap(): a = ", dw['a'], " b = ", dw['b'])
```

```
dw = {'a':6, 'b':9 }
print("Before swap(): a = ", dw['a'], " b = ", dw['b'])

swap(dw)
print("After swap(): a = ", dw['a'], " b = ", dw['b'])
```

Out[18]:
```
Before swap(): a =  6 b =  9
In swap(): a =  9 b =  6
After swap(): a =  9 b =  6
```

本示例定义的 swap()函数只接收一个参数 dw，要求 dw 是一个字典。在函数体内部可以对字典中的元素进行交换。在函数调用时，首先将 a 和 b 的值封装成一个字典，然后将其传递到 swap()函数中，函数对字典进行了修改。

7.2.4　返回值

函数并非总是直接显示输出，它还可以处理一些数据，并将处理结果返回到调用函数的代码行。函数返回的值被称为返回值。在函数中，可以使用 return 语句将返回值返回到调用函数的代码行。如果没有使用 return 语句，则函数会隐式地调用 return None 作为返回值。

在函数设计过程中，一个函数可以存在多条 return 语句，但是函数在任何时候被调用时只能有一条 return 语句执行，如果函数执行了 return 语句，则函数运行结束，return 语句之后的语句不会再执行。返回值可以使程序的大部分繁重工作移到函数内部，从而简化主函数。示例代码如下：

In [19]:
```
def add_numbers(a,b):
    # 将两个数相加并返回结果
    result=a+b
    return result

result=add_numbers(3,5)
print(result)
```

Out[19]:
```
8
```

在这个函数中，我们使用关键字 def 定义了一个 add_numbers()函数，它能接收两个参数 a 和 b。在函数体内，我们将这两个参数相加，结果存储在变量 result 中，并使用 return 语句将其返回。

函数的返回值除了是一个具体的数值，还可以是一个列表或字典。示例代码如下：

In [20]:
```
def get_list():
    # 返回一个预定义的列表
    """
    my_list = [1, 2, 3, 4, 5]
    return my_list

my_list=get_list()
print(my_list)
```

Out[20]:
```
[1, 2, 3, 4, 5]
```

在这个函数中，我们使用关键字 def 定义了一个 get_list()函数，它没有任何参数。在函数体内，我们创建一个包含预定义元素的列表 my_list，并使用 return 语句将其返回。

In [21]:
```
def get_dict():
    # 返回一个预定义的字典
    my_dict = {'name': 'John', 'age': 30, 'city': '北京'}
    return my_dict

my_dic=get_dict()
print(my_dic)
```

Out[21]:
```
{'name': 'John', 'age': 30, 'city': '北京'}
```

在这个函数中，我们使用关键字 def 定义了一个 get_dict()函数，它没有任何参数。在函数体内，我们创建一个包含预定义键-值对的字典 my_dict，并使用 return 语句将其返回。

7.3 匿名函数

除了使用前文介绍的方式定义常规函数，还可以用一种更加快捷的方式定义不带名字的函数，即匿名函数。但是，读者不免会有这样的疑问：如果一个函数没有名字，那么它怎么被调用呢？事实上，匿名函数主流的用法是在定义的同时就被调用。

在 Python 中，可以使用关键字 lambda 创建小巧的匿名函数，lambda 匿名函数可用于任何需要构造函数的地方。lambda 匿名函数的基本语法格式如下：

```
lambda [形参1[,形参2,...,形参n]]:表达式
```

首先写关键字 lambda；然后依次写匿名函数的参数，多个参数中间用逗号分隔，最后一个参数后写冒号，冒号后面写返回的表达式。

在语法上，匿名函数的函数体一般比较简短，定义的函数只能用纯表达式，不能使用赋值、while 和 for 等复杂语句。在语义上，它与嵌套函数定义一样，lambda 匿名函数可以引用包含在作用域中的变量。匿名函数与普通函数的比较如下：

In [22]:
```
def sum_function(a,b,c):
   return a+b+c

sum_lambda=lambda a,b,c: a+b+c

print(sum_function(1,2,3))
print(sum_lambda(1,2,3))
```

Out[22]:
```
6
6
```

在上述示例代码中，普通函数需要定义一个函数名，接收参数进行加法运算；而第 4 行代码定义的匿名函数不需要定义函数名，可以直接将函数计算结果返回给变量 sum_lambda。从这个示例中可以看出，调用匿名函数可以像调用普通函数一样。

在匿名函数中，可以使用表达式分支 if 语句。示例代码如下：

In [23]:
```
lamb_c=lambda x:x if x%2==0 else x+1
```

```
print(lamb_c(3))
```

Out[23]:
```
4
```

代码中的 x 是形参，通过 if 语句判断 x 的值是否为偶数，如果 x%2==0，则返回 x 的值，否则返回 x+1 的值。在这个函数中，使用了表达式 x if x%2==0 else x+1 来实现这个逻辑。利用关键字 lambda 定义的匿名函数还可以赋值给某个变量，这样也就相当于有了函数名，可以在任意位置使用该函数。当调用 lamb_c(3)时，传入的参数为 3，因为 3 是奇数，所以 lambda 匿名函数返回 3+1=4。因此，最终的结果为 4。

匿名函数的用途非常广。例如，在对列表或字典进行排序时可以将匿名函数作为 sorted()函数的参数 key 传入。这个匿名函数还可以接收列表中的每个元素作为参数，并返回用于比较排序的值，以满足特殊的排序需求。例如，假设有一个水果单词构成的列表 fruits=['strawberry','fig','apple','cherry','raspberry','banana']，要求按照每个单词的最后一个字母进行排序，使用匿名函数就会非常方便。示例代码如下：

In [24]:
```
fruits=['strawberry','fig','apple','cherry','raspberry','banana']
print(sorted(fruits))
print(sorted(fruits,key=lambda word:word[::-1]))
```

Out[24]:
```
['apple', 'banana', 'cherry', 'fig', 'raspberry', 'strawberry']
['banana', 'apple', 'fig', 'raspberry', 'strawberry', 'cherry']
```

在本示例中，首先定义一个列表 fruits，列表中的元素为字符串。sorted()函数为 Python 的内置函数，用于对列表、元组和字典等进行排序，排序是按照首字母的 ASCII 码值进行排列的。sorted(fruits)的默认排序结果为['apple', 'banana', 'cherry', 'fig', 'raspberry', 'strawberry']。然后，调用 sorted(fruits, key=lambda word: word[::-1])函数对列表 fruits 进行排序，并指定了一个 lambda 匿名函数作为参数 key。这个 lambda 匿名函数接收列表中的每个元素作为参数 word，先通过反向切片 world[::-1]对字符串中的字符反转，取得反转后的列表，再按照反转后的字符串首字母进行排序。

7.4　全局变量与局部变量

在 Python 中，依据定义变量的所在位置，可以将变量分为全局变量和局部变量。全局变量是在函数外部定义的变量，在程序的任意位置都可以访问和使用全局变量。局部变量是在函数内部定义的变量，只在函数内部使用，在函数外部无法使用。示例代码如下：

In [25]:
```
a=99
def spam():
    eggs=31337
```

变量 a 被定义在 spam()函数外部，因此，变量 a 是全局变量，可以在程序的任意位置使用，包括函数内部；而变量 eggs 被定义在 spam()函数内部，因此该变量是局部变量，只能在 spam()函数内部使用。

7.4.1　变量作用域

变量作用域是指变量能够被访问的有效范围，可分为全局作用域和局部作用域。全局作用域是指定义的全局变量在初始化位置开始，到程序全部运行结束为止，这段可以被访问的有效区域就被称为全局作用域。例如，前面定义的变量 a 是全局变量，a 的全局作用域是从变量赋值语句 a=99 开始，到程序全部运行结束为止的代码区域。局部作用域是指定义的局部变量在函数内部可以被访问的区域，其作用域的范围仅限于局部变量所在的函数内部。例如，前面定义的变量 eggs 只能在 spam()函数内部被访问。一个函数被调用时，就会创建一个局部作用域。在这个函数内的所有变量，都存在于该局部作用域内。当该函数运行结束时，这个局部作用域就被销毁，这些变量被系统回收。当下次再调用这个函数时，局部变量不会存储该函数上次被调用时保存的值，需要重新创建局部作用域。

在访问全局变量和局部变量时需要注意以下几点。

- 局部变量只能在函数内部被访问，全局变量可以在程序的任意位置被访问。示例代码如下：

In [26]:
```
a=99
def spam():
    eggs=31337
    print('函数内部：',a)
spam()
print(eggs)
```

Out[26]:
```
函数内部： 99
---------------------------------------------------------------------------
NameError                                 Traceback (most recent call last)
Cell In[17], line 6
      4     print('函数内部：',a)
      5 spam()
----> 6 print(eggs)

NameError: name 'eggs' is not defined
```

上述示例定义了全局变量 a 和局部变量 eggs，在这个示例中，spam()函数内部可以访问全局变量 a，但是函数外部不能访问局部变量 eggs，否则会抛出 NameError 类型的异常。从输出结果来看，在函数内部能访问全局变量 a，可以将 a 的值输出。但是在函数外部访问局部变量 eggs 时，会提示变量 eggs 未被定义。

- 在一个函数的局部作用域中不能访问另外一个函数定义的局部变量，但是不同作用域内的变量名可以同名。示例代码如下：

In [27]:
```
def bacon():
    ham=101
    eggs=0

def spam():
    eggs=99
    bacon()
    print(ham)

spam()
```

Out[27]:
```
---------------------------------------------------------------------------
```

```
NameError                          Traceback (most recent call last)
Cell In[18], line 10
      7    bacon()
      8    print(ham)
---> 10 spam()

Cell In[18], line 8, in spam()
      6 eggs=99
      7 bacon()
----> 8 print(ham)

NameError: name 'ham' is not defined
```

本示例中定义了两个函数 bacon()和 spam()，bacon()函数中定义了局部变量 ham 和 eggs，spam()函数中定义了局部变量 eggs，两个函数都有名为 eggs 的局部变量。当在 spam()函数中访问 bacon()函数中的局部变量 ham 时，程序会报错，抛出 NameError 类型的异常，即变量 ham 未被定义。

虽然在 spam()函数中调用了 bacon()函数，但是局部作用域只有在函数被调用时才会分配，一旦执行完函数后，返回函数调用行时，局部作用域就被销毁，局部变量就不存在了。因此，bacon()函数中的局部变量在 spam()函数中不发挥作用。

- 全局变量可以在局部作用域内被访问。示例代码如下：

In [28]:
```
eggs=42
def spam():
    print(eggs)
spam()
```

Out[28]:
```
42
```

本示例中定义了全局变量 eggs 与 spam()函数，并在函数体内部访问全局变量 eggs。在函数调用时，函数体内部的局部作用域是可以访问全局变量的。因此，程序运行结果为 42。

- 全局变量和局部变量可以同名，此时局部作用域中的变量优先级要高于全局作用域中的变量优先级。示例代码如下：

In [29]:
```
age=20
def spam():
    age=40
    print("局部作用域中的变量 age:",age)
print("全局作用域中的变量 age:",age)
spam()
```

Out[29]:
```
全局作用域中的变量 age: 20
局部作用域中的变量 age: 40
```

本示例在函数外部定义了全局变量 age，并为其赋值为 20，此时 age 可以在当前程序的任意位置被访问。在函数内部又定义了一个同名的局部变量 age，并为其赋值为 40，此时函数内部的局部变量 age 只能在函数内部被访问，因此优先级更高。

7.4.2 global 语句

上文提到，如果在函数内部对全局变量重新赋值，则相当于在函数内部新建了一个变量。但是有时只想在函数内部对全局变量进行修改，以供外部的其他函数使用，这时可以使用global 关键字声明。示例代码如下：

In [30]:
```
gcount = 0
def global_test():
    global  gcount
    gcount+=1
    print ('函数内部:',gcount)
global_test()
print('函数外部:',gcount)
```

Out[30]:
```
函数内部: 1
函数外部: 1
```

在本示例中，定义了全局变量 gcount，初始值为 0。要在 global_test()函数内部对全局变量 gcount 进行修改，需要先使用关键字 global 声明，再修改，此时全局变量 gcount 的值变为 1。

我们还可以将函数内部局部作用域的变量转换为全局变量，使其可以在当前程序的任意位置被访问。示例代码如下：

In [31]:
```
def global_test():
    global  gcount
    gcount=1
print(gcount)
```

Out[31]:
```
函数内部: 1
```

先利用关键字 global 声明变量 gcount 为全局变量，再为其赋值为 1。在函数外部访问并输出该变量时，程序运行结果为 1。

在实际应用过程中，有 4 条法则用来区分一个变量是局部变量还是全局变量。

- 如果变量在全局作用域中使用（即在所有函数之外），它就是全局变量。
- 如果在一个函数中，有针对该变量的 global 语句，它就是全局变量。
- 如果该变量用于函数中的赋值语句，它就是局部变量。
- 如果该变量没有用在赋值语句中，它就是全局变量。

7.5 函数递归

7.5.1 函数嵌套调用

7.2 节介绍了函数的调用方式，也知道了被调用函数的函数体中也可以有函数调用的语句，用于调用其他函数。在 Python 中，如果在一个函数中调用另外一个函数，则称为函数的嵌套调用。我们以一个具体的示例说明函数的嵌套调用。示例代码如下：

In [32]:
```
def calculate_square(n):
    # 计算一个数字的平方
```

```
    return n ** 2

def calculate_sum_of_squares(numbers):
    # 计算一组数字的平方和
    result = 0
    for num in numbers:
        result += calculate_square(num)
    return result

# 调用 calculate_sum_of_squares()函数，传入一组数字并计算它们的平方和
numbers = [1, 2, 3, 4, 5]
result = calculate_sum_of_squares(numbers)

# 输出计算结果
print(result))
```

```
Out[32]:  55
```

在这个示例中，定义了两个函数 calculate_square()和 calculate_sum_of_squares()。其中，calculate_square()函数用来计算一个数的平方，calculate_sum_of_squares()函数用来接收一个包含数字的列表作为参数，计算这些数字的平方和，并返回结果。在 calculate_sum_of_squares()函数中，使用了 for 循环来遍历传入的数字列表，并在循环体内调用了 calculate_square()函数，计算每个数字的平方。将每个平方值累加到变量 result 中，并在循环结束后返回这个变量。最后，调用 calculate_sum_of_squares()函数，并将一个包含数字的列表作为参数传入。利用该函数计算这些数字的平方和，并将结果存储在变量 result 中。输出的结果将是数字 1～5 的平方和，即 1 + 4 + 9 + 16 + 25 = 55。

7.5.2 递归的定义

函数作为一种代码封装，可以被其他代码调用，当然也可以被函数自身调用。所谓递归调用就是在函数的内部调用自身的过程。

数学上经典的递归例子就是阶乘，n 的阶乘可以表示为 $n!=n\times(n-1)\times(n-2)\times\cdots\times1$，$n$-1 的阶乘可以表示为 $(n-1)!=(n-1)\times(n-2)\times\cdots\times1$。因此，可以用另外一种方式表示 n 的阶乘：

$$n!=\begin{cases}1 & (n=0,1)\\ n\times(n-1)!(n>1)\end{cases}$$

如果 n 为 0 或 1，则 n 的阶乘为 1；如果 n 大于 1，则 n 的阶乘等于 n 乘以 n-1 的阶乘。

递归作为一种算法在程序设计过程中被广泛应用。它通常是把一个复杂问题逐步转换为一个与原问题相似，并且规模相对小的问题来求解。例如，求 4！的问题，4！等于 4×3!，只要求出 3！就可以求出 4!。而 3！等于 3×2!，问题被进一步简化，当问题转换为求 1！时，就可以直接得到答案 1。根据 1！求 2!，2！求 3!，以此类推。计算过程如图 7-2 所示。

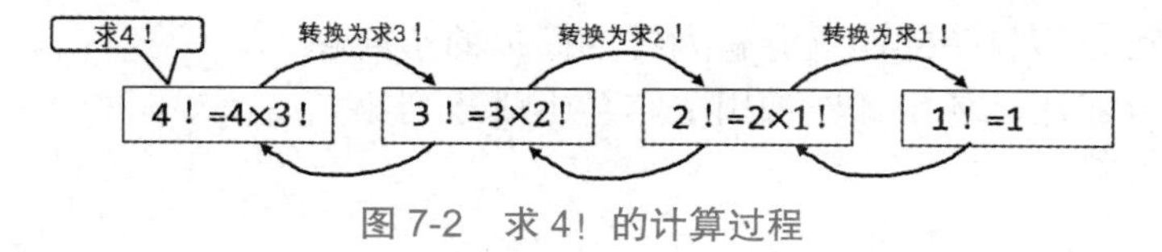

图 7-2　求 4！的计算过程

由此可见，想要使用递归来解决问题，必须满足 3 个基本条件。

（1）问题的求解可以使用自身的结构来描述本身，从而实现问题的递归过程。

（2）递归过程具有结束的条件，以及递归结束时的结果。

（3）问题的递归向着递归结束的条件发展。

7.5.3　函数的递归调用

在设计递归函数时，只需要少量的代码就可以描述出解题过程所需要的多次重复运算，极大减少程序的代码量。由于递归需要结束条件，所以递归函数的设计一般都需要一个选择结构来完成。编写一个程序实现上一节提到的阶乘计算，示例代码如下：

In [33]:
```
def calc_factorial(x):
    # 这是一个求整数阶乘的递归函数
    if x == 1:
        return 1
    else:
        return (x * calc_factorial(x-1))
num = 4
res=calc_factorial(num)
print("{}!={}".format(num,res))
```

Out[33]:
```
4!=24
```

本示例中的 calc_factorial()函数是一个递归函数，它调用了自己。当调用此函数时，递归调用过程如图 7-3 所示。

```
calc_factorial(4)                   # 1st call with 4
4 * calc_factorial(3)               # 2nd call with 3
4 * 3 * calc_factorial(2)           # 3rd call with 2
4 * 3 * 2 * calc_factorial(1)       # 4th call with 1
4 * 3 * 2 * 1                       # return from 4th call as number=1
4 * 3 * 2                           # return from 3rd call
4 * 6                               # return from 2nd call
24                                  # return from 1st call
```

图 7-3　求 4！的递归调用过程

函数在其定义的内部调用了自己，它类似于函数嵌套调用的方法，函数内部调用函数，每次调用都会有新的函数要开始执行，表示它们都有各自的形参和本地的局部变量。在递归过程中，函数的调用将逐层展开，当递归遇到结束条件时，开始进入逐层的回归过程。每次结束当前函数的调用，将会返回上一层函数，并把结果返回。在递归过程中，各个函数运算的都是各自的参数和局部变量，虽然它们同名，但是相互没有影响。需要注意的是，每个递归函数必须具有停止递归的条件，否则该函数将无限调用自身。

从上面的示例可以看出，递归调用的优点有很多，包括如下几点。

- 递归调用使得代码看起来干净、整洁。
- 使用递归可以将复杂的问题分解为更为简单的子问题。
- 与使用嵌套相比，使用递归调用更容易生成序列。

【例 7-1】 编写一个递归函数，输出一个字符串 n 次。示例代码如下：

In [34]:
```
def print_n(s,n):
    if n<=0:
        return
    print(s)
    print_n(s,n-1)
print_n(1,5)
```

Out[34]:
```
1
1
1
1
1
```

如果 n≤0，则执行 return 语句退出递归函数，返回给调用者，递归函数的其余代码行不会运行；否则继续执行下面的代码，输出字符串 s，并将 s 和 n−1 传递给函数 print_n()。不断重复调用自己，最终输出 n 行。

【例 7-2】 求斐波那契数列的第 n 项。示例代码如下：

In [35]:
```
def fib(n):
    if n==1 or n==2:
        return 1
    else:
        return fib(n-1)+fib(n-2)
fib(10)
```

Out[35]:
```
55
```

上述示例代码不断地调用 fib()函数，获得第 n 项的值，其值为 55。

7.6　常用的模块

Python 中的模块是一个 Python 文件，以.py 结尾，该文件中定义了函数和变量等。通过模块可以更有逻辑地组织 Python 代码段，把相关的代码分配到一个模块中，能够让代码更好用、更易懂。在使用这些模块中的函数和变量时，需要先用 import 语句导入模块。在 Python 解释器中内置了大量模块，如用于数学计算的 math 模块、用于时间处理的 time 模块等，这些模块可以直接通过 import 语句导入。Python 中内置的模块共有 100 多个，可以在官方文档中查看所有的模块，以及每个模块的源代码和使用文档。

另外，由于 Python 是开源语言，全世界的 Python 开发人员、研究人员和爱好者还开发了大量第三方模块，这些模块在使用之前都需要在开发环境中安装。Python 也支持自定义模块，开发人员可以定义.py 文件，开发自己的模块。

7.6.1　使用模块

Python 默认仅安装基本的核心模块，启动时只加载基本模块。要使用这些模块，Python 需要使用 import 语句导入模块或模块的对象，导入模块的方法包括以下 4 种。

- 导入整个模块。其语法格式如下：

```
import 模块名 [as 别名]
```

当调用模块中的函数时，需要使用“模块名.对象名”的方式，也可以使用关键字 as 为导入的模块指定一个别名。示例代码如下：

In [36]:
```
import math
import math as m
print(math.sqrt(4))
print(m.sqrt(4))
```

Out[36]:
```
2.0
2.0
```

本示例第 1 行代码直接导入 math 模块，这时可以使用 math 模块下的任意函数。例如，sqrt()函数用于计算数字的平方根，exp()函数用于计算以 *e* 为底的指数。如果使用别名，则需要使用“别名.对象”的方式调用如本示例中的 m.sqrt()函数。

- 从模块中导入单个对象。语法格式如下：

```
from 模块名 import 对象名 [as 别名]
```

仅适用于使用模块中的某个对象，在整个开发环境下不再使用该模块的其他对象。示例代码如下：

In [37]:
```
from math import sqrt
from math import sqrt as s
print(sqrt(4))
print(s(4))
```

Out[37]:
```
2.0
2.0
```

本示例是从 math 模块中引入 sqrt 对象，所以使用时就无须再使用模块名了，直接使用 sqrt()函数即可。第 2 行代码是为导入的 sqrt 对象指定别名。

- 从模块中导入多个对象。语法格式如下：

```
from 模块名 import 对象1,对象2,...
```

适用于使用模块中的某几个对象，不再使用该模块下的其余对象。示例代码如下：

In [38]:
```
from math import sqrt, exp
print(sqrt(4))
print(exp(2))
```

Out[38]:
```
2.0
7.389 05609893065
```

- 从模块中导入全部对象。语法格式如下：

```
from 模块名 import *
```

适用于一次性将该模块下的所有对象全部导入当前开发环境中。示例代码如下：

In [39]:
```
from math import *
print(sqrt(4))
```

Out[39]:
```
2.0
```

如果从 math 模块中引入全部的对象，则在使用时不需要指定模块名。

如果要导入的模块在某个包下，则在导入时还需要指定包名和子包名。例如，假设 A 是最顶层的包名，B 是子包，该子包下有模块 x。如果要导入模块 x，则需要使用如下的 import

语句格式：

```
import 包名.子包名.模块
```

注意：Python 的模块在同一个 jupyter 文件中只需要导入一次即可。

7.6.2　math 模块

Python 中的 math 模块提供了大量内置数学类函数，math 模块不支持复数型运算，仅支持整型和浮点型运算。math 模块一共提供了 4 个数字常数和 44 个函数。44 个函数共分为 4 类，包括 16 个数值表示函数，8 个幂对数函数，16 个三角对数函数和 4 个高等特殊函数。具体用法可以参考官方文档。math 模块常用的运算函数如表 7-1 所示。

表 7-1　math 模块常用的运算函数

函　数	说　明	示　例
math.pi	圆周率，值为 3.141592653589793	math.pi
math.e	自然对数，值为 2.718281828459045	math.e
math.inf	正无穷大，负无穷大为-math.inf	math.inf
math.nan	非浮点数标记，NaN（Not a Number）	math.nan
math.log10(x)	返回 x 以 10 为底的对数值	math.log10(2)
math.pow(x,y)	返回 x 的 y 次方	math.pow(2,3)
math.sqrt(x)	返回 x 的平方根	math.sqrt(4)
math.ceil(x)	向上取整，返回不小于 x 的最小整数	math.ceil(2.1)
math.floor(x)	向下取整，返回不大于 x 的最大整数	math.floor(4.5)
math.fabs(x)	返回 x 的绝对值	math.fabs(-4.4)
math.sin(x)	返回 x 的正弦值	math.sin(30)
math.cos(x)	返回 x 的余弦值	math.cos(30)
math.tan(x)	返回 x 的正切值	math.tan(30)

7.6.3　random 模块

在一些特殊场合中，用户有可能需要生成一些随机数而不是有序数列，在这种情况下，可以使用 random 模块来自动生成随机数。

在 Python 中，因为 random 是标准模块，所以在使用前需要先利用关键字 import 导入 random 模块，再通过调用 random 模块中的相关函数生成随机数。random 模块下有很多的内容和函数，我们可以通过使用 dir(random)函数来查看。示例代码如下：

In [40]:
```
import random
dir(random)
```

Out[40]:
```
['BPF',     'LOG4',     'NV_MAGICCONST',     'RECIP_BPF',     'Random',
'SG_MAGICCONST',   'SystemRandom',   'TWOPI',   '_Sequence',   '_Set',
'__all__',  '__builtins__',  '__cached__',  '__doc__',  '__file__',
'__loader__', '__name__', '__package__', '__spec__', '_accumulate',
```

```
'_acos', '_bisect', '_ceil', '_cos', '_e', '_exp', '_inst', '_log',
'_os', '_pi', '_random', '_repeat', '_sha512', '_sin', '_sqrt',
'_test', '_test_generator', '_urandom', '_warn', 'betavariate',
'choice', 'choices', 'expovariate', 'gammavariate', 'gauss',
'getrandbits', 'getstate', 'lognormvariate', 'normalvariate',
'paretovariate', 'randint', 'random', 'randrange', 'sample', 'seed',
'setstate', 'shuffle', 'triangular', 'uniform', 'vonmisesvariate',
'weibullvariate']
```

从输出的内容来看，我们发现 random 模块里包含很多的函数，其中比较常用的函数包括 random()、uniform()、randint()、randrange()、choice()、sample()、shuffle()和 seed()，如表 7-2 所示。

表 7-2 random 模块中的常用函数的具体说明

函 数	说 明
random()	生成一个范围为[0.0,1.0)的随机浮点数
uniform(a,b)	返回 a、b 之间的随机浮点数
randint(a,b)	返回 a、b 之间的整数，范围为[a,b]，需要注意的是，传入的参数必须是整数，且 a≤b
randrange([start],stop[,step])	类似于 range()函数，随机返回区间内的一个整数
choice(seq)	从序列 seq 中随机选取一个元素
sample(seq,k)	从序列 seq 中随机选取 k 个元素，生成列表并返回，k 默认为 1
shuffle(x)	将列表中的元素打乱，俗称“洗牌”。该函数会修改原有列表中的序列
seed(x)	改变随机数生成器的种子，可以在调用其他随机模块函数之前调用此函数，x 可以是任意数值

- random()函数，用于生成一个范围为$[0.0,1.0)$的随机浮点数。示例代码如下：

```
In [41]:  import random
          random.random()

Out[41]:  0.673646449788996
```

- uniform(a,b)函数，用于生成一个指定范围内的随机浮点数，两个参数中有一个是上界，另一个是下界。如果 a>b，则生成的随机数 *n* 满足 b≤*n*≤a；如果 a<b，则生成的随机数 *n* 满足 a≤*n*≤b。示例代码如下：

```
In [42]:  print(random.uniform(2,10))
          print(random.uniform(10,2))

Out[42]:  4.76497207565301
          8.897  44794561118
```

- randint(a,b)函数，用于生成一个在[a, b]范围内的整数。其中参数 a 为下界，参数 b 为上界，生成的随机数 *n* 满足 a≤*n*≤b。示例代码如下：

```
In [43]:  random.randint(2,10)

Out[43]:  8
```

- randrange([start], stop[,step])函数，在指定范围内，从按指定基数递增的集合中获取一个随机数。示例代码如下：

```
In [44]:  random.randrange(10, 30, 2)

Out[44]:  16
```

相当于从[10, 12, 14, 16, ..., 26, 28]序列中获取一个随机数。

- choice(seq)函数，从给定的序列中随机获取一个元素。参数 seq 表示一个有序类型，可以是列表、元组或字符串。示例代码如下：

In [45]:
```
str1 = 'I love python'
print(random.choice(str1))
```

Out[45]:
```
v
```

表示从字符串中随机地选择一个字符，本示例的运行结果为 v。

- sample(seq, k)函数，从给定的序列（列表、元组或字符串）中随机选取 k 个元素，并随机排列，返回一个列表。例如，我们将上述示例中的 choice()函数换成 sample()函数。示例代码如下：

In [46]:
```
str1 = 'I love python'
print(random.sample(str1,4))
```

Out[46]:
```
[' ', 't', 'h', 'v']
```

表示从字符串 str1 中随机地选择 4 个字符。需要注意的是，sample()函数并不会改变字符串 str1 中的值。

注意：random 模块中的随机函数每次运行结果可能都不一样。

7.6.4　time 模块

Python 中包含了若干能够处理时间的模块，而 time 模块是最基本的一个，是 Python 中处理时间的标准模块。time 模块能够表达计算机时间，提供获取系统时间并格式化输出的函数，提供系统级精确计时功能（可以用于程序性能分析）。time 模块中的函数包含 3 类：时间获取、时间格式化和程序计时。

1. 时间获取函数

常用的时间获取函数包括 time()、ctime()和 gmtime()。time()函数用于获得当前时间戳，时间戳是从 1970 年 1 月 1 日 0:00 开始，到当前时间未知的一个以秒为单位的数值结束。ctime()函数是将当前时间转换为字符串形式，并返回字符串。默认情况下，它将使用本地时间，但也可以将秒数作为参数传入，以将其转换为相应的时间字符串。gmtime()函数是以计算机可以处理的方式获取当前时间的，将时间戳转换为 UTC 时区的 struct_time。示例代码如下：

In [47]:
```
import time
print('time.time():',time.time())
print('time.ctime(): ',time.ctime())
print('time.gmtime(): ',time.gmtime())
```

Out[47]:
```
time.time(): 1630919468.987987
time.ctime():  Mon Sep  6 17:11:08 2021
time.gmtime():  time.struct_time(tm_year=2021, tm_mon=9, tm_mday=6,
tm_hour=9, tm_min=11, tm_sec=8, tm_wday=0, tm_yday=249, tm_isdst=0)
```

这段代码使用了 Python 标准模块中的 time 模块，输出了 3 个与时间相关的函数的结果。

需要注意的是，这些函数的返回值会随着时间的变化而变化，因此在运行代码时看到的具体输出结果可能与这里的结果不完全相同。

2. 时间格式化

时间格式化是将时间以合适方式展出的方法，类似于字符串的格式化，显示模板由特定格式化控制符组成。常用的时间格式化函数主要有 asctime()函数和 strftime()函数。

- asctime()函数。将时间戳转化为可读的时间模式。示例代码如下：

```
In [48]:  import time
          time.asctime(time.localtime(time.time()))

Out[48]:  'Mon Sep  6 17:25:08 2021'
```

time 模块中的 time()函数用于获得当前时间的时间戳，time 模块中的 localtime()函数用于将时间戳转换为 time.struct_time 结构的元组，转换后形式为：time.struct_time(tm_year=2021, tm_mon=9, tm_mday=6, tm_hour=17, tm_min=25, tm_sec=21, tm_wday=0, tm_yday=249, tm_isdst=0)。time 模块中的 asctime 函数是将 struct_time 结构转换为可阅读的时间模式。

- strftime()函数。将时间按照指定的格式转化。示例代码如下：

```
In [49]:  import time
          time.strftime("%Y-%m-%d %H:%M:%S", time.localtime())

Out[49]:  '2021-09-06 17:29:58'
```

strftime()函数中的第一个参数是时间格式，以字符串形式提供，这里的“%Y”“%m”等为占位符；第二个参数为 struct_time 结构的时间对象。

3. 程序计时

程序计时是指测量起止动作所经历时间的过程，主要包括测量时间和产生时间两部分。time 模块提供了一个非常精准的测量时间函数 perf_counter()，该函数可以获取 CPU 及其频率运行的时钟，这个时间往往是以纳秒为单位来计算的，所以这样获取的时间非常精准。示例代码如下：

```
In [50]:  import time
          start=time.perf_counter()
          end=time.perf_counter()
          print(end-start)

Out[50]:  2.3188999875856098e-05
```

另外一个程序计时函数 sleep()，它可以让程序休眠或暂停一段时间。示例代码如下：

```
In [51]:  import time
          # 循环输出休眠 1 秒
          i = 1
          while i <= 3:
              print(i) # 输出 i
              i += 1
              time.sleep(1) # 休眠 1 秒
```

上述程序设置了 time 模块中的 sleep()函数，每次循环休眠 1 秒钟，程序会先暂停 1 秒钟再进入下一次循环。

7.6.5 sys 模块

Python 的 sys 模块提供了一些接口，用于访问 Python 解释器自身使用和维护的变量，同时模块中还提供了一些函数，可以与解释器进行比较深度的交互。常用的函数主要包括以下 4 种。

（1）sys.argv()函数。实现从程序外部向程序内部传递参数。传递给 Python 的是命令行参数列表，其中，argv[0]表示 Python 文件名。示例代码如下：

```
In [52]:  import sys
          print(sys.argv[0])
          print(sys.argv[1])
```

假设将该程序保存成文件名为 sys.py 的文件，在“命令提示符”窗口运行该程序文件，输入“python sys.py argv1”。此时 argv[0]的值为 sys.py，argv[1]的值为 argv1。

（2）sys.exit()函数。Python 程序执行到主程序末尾后解释器会自动退出，但是如果需要中途退出程序，则可以调用 sys.exit()函数，它带有一个可选的整数参数返回给调用它的程序，表示可以在主程序中捕获 sys.exit()函数的调用。0 是正常退出，其他为异常。

（3）sys.path()函数。获取指定模块搜索路径的字符串集合，可以将写好的模块放在得到的某个路径下，就可以在程序中执行 import 语句时正确找到。示例代码如下：

```
In [53]:  import sys
          sys.path
```

（4）sys.getdefaultencoding()函数。返回当前默认字符串编码的名称。示例代码如下：

```
In [54]:  sys.getdefaultencoding()

Out[54]:  'utf-8'
```

程序运行结果返回的是“'utf-8'”。当然，也可以通过 sys.setdefaultencoding(参数)重新设置编码方式。

7.7　案例分析

1．编写一个生成斐波那契数列的函数。斐波那契数列又被称为黄金分割数列，这个数列从第 3 项开始，每一项都等于前两项之和，如[0,1,1,2,3,5,8,13,21]。

（1）返回单个值。示例代码如下：

```
In [55]:  def fibonacci(n):
              f_series = [0, 1]
              i = 2
              while i <= n:
                  f_series.append(f_series[i-2] + f_series[i-1])
                  i += 1
              return f_series[n]
          print(fibonacci(10))

Out[55]:  55
```

本示例代码构造的 fibonacci(n)函数设置了形参，用于生成长度为 n 的斐波那契数列，并将第 n 项的值返回。函数体中首先定义一个列表 f_series=[0,1]，然后通过 while 循环不断地计算前两个数的和，并将其动态添加到列表 f_series 中，直到列表索引等于列表长度参数 n 为止。最后将列表最后一个位置的元素 f_series[n]返回。在函数调用时，将参数 10 传递给形参 n，函数执行完后将计算结果返回调用代码行，并执行 print()函数。程序运行结果为 55。

（2）返回整个列表。示例代码如下：

```
In [56]:  def fibonacci(n):
              f_series = [0, 1]
              i = 2
```

```
    while i <= n:
        f_series.append(f_series[i-2] + f_series[i-1])
        i += 1
    return f_series[n]
print(fibonacci(10))
```

Out[56]:
```
[0, 1, 1, 2, 3, 5, 8, 13, 21, 34, 55]
```

本示例代码中定义了 fibonacci(n)函数，函数体代码与（1）相同，不同点在于 return 语句返回的是整个列表 f_series。

2．构造函数 person()，使其可以返回用户姓名、国籍和年龄的字典。示例代码如下：

In [57]:
```
def person(name, nation, age):
    person = { 'name': name, 'nation': nation, 'age': age }
    return person
p1 = build_person('Zhang Lao San', 'China', 25)
print(p1)
```

Out[57]:
```
{'name': 'Zhang Lao San', 'nation': 'China', 'age': 25}
```

本示例代码中定义的 person()函数存在 3 个形参，name、nation、age，并在函数体内构造了一个 person 字典，并通过 return 语句返回该字典。

3．编写一个用辗转相除法求两个数的最大公约数的 gys(m,n)函数。输入任意两个整数，调用 gys(m,n)函数，输入它们的最大公约数。

辗转相除法：用两个数中的较大数除以较小数，当余数不为零时，以除数作为被除数，余数作为除数，求得余数，如此反复，直到最后余数是零为止。这时的除数即为最大公约数。示例代码如下：

In [58]:
```
#函数定义
def gys(m,n):
    if m<n:
        m,n=n,m
    r=m%n
    while r!=0:
        m=n
        n=r
        r=m%n
return n
#输入数据，并调用函数求公约数
x,y=eval(input('请输入 x,y 的值，以逗号相分隔：'))
num=gys(x,y)
print('{}和{}的最大公约数是：{}'.format(x,y,num))
```

Out[58]:
```
请输入 x,y 的值，以逗号相分隔：12,28
12 和 28 的最大公约数是：4
```

函数接收两个参数 m 和 n，其中 m 和 n 是要求最大公约数的两个数。函数使用欧几里得算法来计算最大公约数。在主程序中，使用 eval()函数从用户输入中获取 x 和 y 的值，并调用 gys()函数来计算 x 和 y 的最大公约数。eval()函数是 Python 内置函数之一，它将字符串作为参数，将其解析为 Python 表达式并计算其值。在本示例中，eval()函数将用户输入的两个值 x 和 y 解析成两个数字返回。最后，程序使用 print()函数来输出结果。

4．编写一个小学口算题生成程序，用户指定题数，随机产生 100 以内的加减法口算题，并根据用户的选择决定是否给出参考答案。

编程分析：设计一个 cal()函数产生一道口算题，并返回该题的参考答案。通过另外一个 exam()函数根据用户输入的题数，调用 cal()函数来生成指定题数的口算题，并将这些题的所有参考答案返回。主程序主要接收用户输入和调用 exam()函数，并根据情况输出参考答案。示例代码如下：

In [59]:
```
import random
def cal():
    a=random.randint(0,99)
    b=random.randint(0,99)
    if a<b:
        a,b=b,a
    r=a-b
    c=random.randint(0,1)
    if c==0:
        a,r=r,a
        print('{}+{}='.format(a,b))
    else:
        print('{}-{}='.format(a,b))
    return r

def exam(n):
    ans=[]
    for i in range(n):
        x=cal()
        ans.append(x)
    return ans

n=int(input('请输入题数：'))
s=exam(n)
a=input('是否需要参考答案（是或否）？')
if a=='是':
    print(s)
```

Out[59]:
```
请输入题数： 3
29-22=
41+23=
23+57=
是否需要参考答案（是或否）？ 是
[7, 64, 80]
```

在本示例中设计了两个函数 cal()函数和 exam()函数。如果用户输入 1，则程序执行且只调用一次 cal()函数。如果用户输入的数大于 1，则调用相应次数 cal()函数。

7.8　本章小结

本章介绍了函数定义、函数调用、匿名函数、全局变量与局部变量、函数递归及常用的模块。

- 函数是一段可被重复使用的代码，可以接收参数并返回值。在 Python 中，函数使用关键字 def 定义。函数调用是指在程序中使用函数并传递参数的过程。此外，Python 还支持匿名函数，也被称为 lambda 函数，用于简化代码。
- 全局变量与局部变量是 Python 中的两种变量类型。全局变量可以在整个程序中被访问，而局部变量只能在定义它们的函数内部被访问。Python 函数允许在函数内部定义新的局部变量并对其进行操作。
- 函数递归是指在函数定义中调用自身的过程。递归函数是解决许多数学和计算问题的有力工具，但需要注意避免无限递归和其他问题。
- Python 还包括许多内置的模块，如 math 模块、random 模块、time 模块等。这些模块提供了许多有用的函数和工具，可用于处理数字、随机数、日期、时间等问题。在实际编程中，使用这些常用的模块可以大大提高编程效率和代码质量。

动手编程

1．定义一个函数，其功能是求正整数的阶乘，利用该函数求解 6、16、26 的阶乘。

2．设计一个 sayHello()函数，使之能输出多行字符串。调用并输出 3 行“Hello！”。

3．编写一个函数，有 3 个形参，其中两个形参分别作为开始字符和结束字符，输出两个字符之间的所有字符，每行输出的字符个数由第 3 个形参指定。

4．编写一个函数，接收任意个数的参数并输出。

5．编写一个函数，接收任意个数的数字参数并求和。

6．编写一个程序实现斐波那契数列，输出该数列的前 n 个元素，n 为用户的输入。

7．定义一个 getMax()函数，返回 3 个数（从键盘输入的整数）中的最大值。

8．编写一个函数，反转字典的 key 和 value。例如，invert({ "z": "q", "w": "f" })→ { "q": "z", "f": "w" } 。

9．编写一个 Prime(n)函数，对于已知正整数 n，判断该数是否为素数，如果是素数，则返回 True，否则返回 False。

第 8 章 面向对象

面向对象编程（Object-Oriented Programming，OOP）是一种十分有效的软件编写方法，它将程序中的数据和行为封装在一起，形成一个独立的实体，我们称之为对象。面向对象模拟的是现实世界中事物与事物之间的关联。在面向对象的编程中，只需要编写表示现实世界中的事物和情境的类，并基于这些类来创建对象。

在编写类时，可以首先定义一大类对象都有的通用行为，基于这些类创建对象时，每个对象都自动具备这种通用行为，然后可以根据需要，赋予每个对象独特的个性。因此，面向对象是一种对现实世界理解和抽象的方法，是计算机编程技术发展到一定阶段后的产物。本章简要介绍面向对象简介、创建与使用类、类的继承、类中的__name__属性、使用外部类。

8.1 面向对象简介

8.1.1 面向对象编程

面向对象编程是一种程序设计范式，它通过模拟现实世界事物与事物之间的关联来实现程序的设计。相较于传统程序设计中简单分类变量的方式，面向对象编程更加注重描述事物的属性和行为，通过将属性和行为组装在一起来完整地描述特定事物。例如，当要描述一个人时，除了要说明这个人的基本属性（姓名、性别、年龄），还需要说明这个人能够完成的操作（跑、跳、说话等）。通过将属性和行为组装在一起，可以更加完整地描述一个人。这种将属性和行为组装在一起的程序设计思想就是面向对象的程序设计。

面向对象编程有很多优点，如可重用性、维护性、扩展性、抽象性等。它已经成为现代软件开发中的主流编程方法，被广泛应用于各种领域，如 Web 应用程序、游戏开发、数据分析等。

面向对象编程有两个非常重要的概念：类和对象。

- 类（Class）是面向对象编程中的一个核心概念，它是用来描述具有相同属性和方法的集合，是一个抽象的概念。类定义了对象的基本属性和行为，并可以被用来创建多个具有相同属性和行为的对象。类中包含了对象的属性和方法的定义，以及对象之间的关系和交互方式。
- 对象（Object）是类的实例化，是通过类定义的数据结构实例化的，指代具体的对象。也就是说，对象是类的实例，包含类所定义的属性和方法。每个对象都有自己的属性和行为，可以执行类中定义的操作。

类相当于房子的施工图纸，是设计师大脑里抽象出来的东西。类定义了房子的基本属性和行为，包括房子的层数、厨房的位置、卧室的位置、屋顶的形状、外墙的颜色等。对象则相当于已经建好的房子，是根据施工图纸建造出来的实例。虽然每个房子的某些属性可能不同，比如层数、墙的颜色等，但是它们都具有相同的户型和功能，这些特点都是由施工图纸定义的。

通过类和对象的组合，我们可以实现对房子的建造和管理。类定义了房子的基本属性和行为，可以被用来创建多个具有相同属性和行为的房子对象。对象则包含类所定义的属性和方法，可以执行类中定义的操作，完成具体的功能。

Python 是一种面向对象的编程语言，完全采用了面向对象的程序设计思想。在 Python 中，几乎所有的东西都是对象，都拥有属性和方法。例如，变量赋值语句是 Python 中最常用的语句。当我们在 Python 交互环境下先输入“a=2”，再按 Enter 键，此时，Python 中有一个叫“integer class”的类被“唤醒”，这个“integer class”会根据要求在执行区“创建”一个对象，这个对象是根据“integer class”的施工图纸创造的，包含 ID、类型（TYPE）和值（VALUE）3 个基本属性。变量 a 作为一个标签，跟这个对象“挂钩”，相当于房子建好了，可以通过钥匙 a 进入房间，如图 8-1 所示。

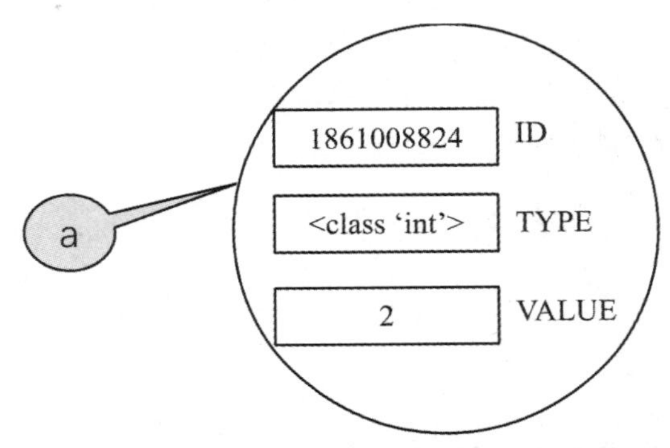

图 8-1　变量 a 与对象“挂钩”

从这个例子中可以看出类和对象的区别：类是对客观世界中事物的抽象，而对象则是类实例化后的实体。

8.1.2　面向对象的主要特征

面向对象具有封装、继承和多态 3 种主要特征。

- 封装：是面向对象编程中的一个重要特征，它指的是把客观事物封装成抽象的类，并且只让可信的类或对象操作自己的数据和方法，对不可信的类进行信息隐藏。简单地说，一个类就是一个封装了数据及操作这些数据的代码的逻辑实体。在一个对象内部，某些代码或某些数据可以是私有的，不能被外界访问。通过封装，对象对内部数据提供了不同级别的保护，以防止程序中无关的部分意外改变或错误地使用了对象的私有部分。
- 继承：是面向对象编程中的另一个重要特征，它允许使用现有类的所有功能，并在无须重新编写原来的类的情况下，对这些功能进行扩展。通过继承，可以创建新的类，并称其为“子类”“派生类”，并从原有的“基类”“父类”“超类”继承属性和方法。继承的过程就是从一般到特殊的过程，子类可以继承父类的所有属性和方法，并且可以添加自己的属性和方法。
- 多态：是面向对象编程的第 3 个主要特征，它指的是一个类实例的相同方法在不同情形下有不同的表现形式。多态机制使具有不同内部结构的对象可以共享相同的外部接口，这意味着虽然针对不同对象的具体操作不同，但可以通过一个公共的类，以相同的方式予以调用。最常见的多态就是将子类传入父类参数中，运行时调用父类方法，通过传入的子类决定具体的内部结构或行为。

这 3 种主要特征是面向对象编程的基础，可以帮助我们实现代码的复用、维护、扩展等目的，提高程序的可读性和可理解性。同时，它们的使用也需要合理把握，充分考虑程序的需求和设计，才能发挥其最大的优势。

8.2　创建与使用类

8.2.1　创建类

Python 中定义类和定义函数类似，使用关键字 class 引导。语法格式如下：

```
class 类名:
    类体
```

在 Python 3 中，所有类的顶层父类都是 Object 类。因此，如果在定义类时没有写出父类名字，则 Object 类就是其直接的父类。类名的定义规则要遵循变量定义规则，建议采用驼峰格式，即所有单词首字母大写，其余小写，如 MyClass。在类名的后面有一个冒号“:”，表示从下一行开始的代码为类体。在类体中，可以像定义函数一样定义属性和方法，也可以什么也不操作，待设计好类体后再补充。例如，创建一个最简单的类。示例代码如下：

```
In [1]: class Student:
            pass
```

在本示例中创建的类没有进行任何操作，所以用 pass 语句表示空操作。一旦定义好类，就可以通过函数调用的方式实例化一个对象。示例代码如下：

```
In [2]: st1=Student()
```

下面创建一个 Student 类，包含姓名和年龄两个属性，以及输出学生信息的函数。

```
In [3]: class Student
            name="小王"          #name 为属性
            age=18               #age 为属性
            def print_message(self):  #print_message()为类函数
                print("我是小王，我今年 18 岁")
```

本示例的类体中定义了两个属性 name 和 age，定义了一个函数 print_message()，函数中的关键字 self 表示类本身，是类中定义函数时的第一个参数，是必不可少的，函数内部可以通过关键字 self 访问类中定义的属性和方法。本示例的函数内部仅仅通过 print()函数输出字符串。定义好类后，就可以通过函数调用的方式实例化一个对象，类的属性和方法就成了对象的属性和方法。除了将类的参数放在函数体，还可以将其放在类的特殊函数__init__()中，该函数会在类实例化时自动执行。在__init__()函数中，开头和结尾各有一个下画线，这是一种约定，为了避免 Python 默认函数与普通函数发生冲突。例如，我们知道大多数的宠物狗都有名字和年龄，并且会坐下和打滚。创建一个包含这些信息的宠物狗 Dog 类。示例代码如下：

```
In [4]: class Dog:
            # 特殊方法，在构造实例时 Python 自动调用。
```

```
    def __init__(self, name, age):
        # 初始化属性。
        self.name = name
        self.age = age
    def sit(self):
        # 模拟小狗坐下。
        print(self.name.title() + ' is now sitting.')
    def roll_over(self):
        # 模拟小狗打滚。
        print(self.name.title() + ' rolled over.')
```

定义的 Dog 类中包含了 3 个函数。__init__()函数是类的特殊的函数，类的所有初始化参数都放在该函数中，每当根据 Dog 类创建新实例时，Python 就会自动调用该函数。__init__()函数中的形参 self 是必不可少的，而且必须位于其他形参的前面，表示实例本身，让实例能够访问类中的属性和方法。__init__()函数包含两个形参 name 和 age。因此，每当根据 Dog 类创建实例时，都只需要给最后两个形参（name 和 age）提供值即可。

注意：__init__()函数体中的两个变量也是以 self.的形式定义的。以 self.为前缀的变量都可以供类中的所有函数使用，可以通过类的任何实例来访问这些变量。语句 self.name = name 表示首先获取存储在形参 name 中的值，并将其存储到变量 self.name 中，然后该变量被关联到当前创建的实例上。像这种可以通过实例访问的变量也被称为属性。

Dog 类中还定义了另外两种函数 sit()和 roll_over()，这些函数执行时不需要额外信息，因此它们只有一个形参 self。在创建实例后，就可以访问这些函数。

8.2.2 创建实例

类是对客观世界中事物的抽象，对象是类实例化后的实体。所以当定义好了一个类后，需要把它实例化才是我们所熟知的对象。接下来将上面创建的 Dog 类进行实例化。示例代码如下：

```
In [5]:  my_dog = Dog('willie', 6)
         print("My dog's name is " + my_dog.name.title() + ".")
         print("My dog is " + str(my_dog.age) + " years old.")
```

```
Out[5]:  My dog's name is Willie.
         My dog is 6 years old.
```

第 1 行代码创建了名为 Willie、年龄为 6 岁的宠物狗。当 Python 执行该行代码时，调用__init__()函数，并传递实参 willie 和实参 6，分别赋给 self.name 和 self.age，从而完成一个宠物狗的实例化。需要注意的是，__init__()中的 self 参数不需要传递。定义好实例后，Python 返回一条表示这条宠物狗的实例，将这个实例赋给变量 my_dog。创建好实例后，接下来就可以使用句点表示法访问实例的属性。第 2 行和第 3 行代码分别使用 my_dog.name 和 my_dog.age 访问实例的属性 name 和 age。与访问对象的属性一样，可以使用句点表示法调用 Dog 类中定义的任何函数。例如，在上述示例的基础上增加如下示例代码：

```
In [6]:  my_dog.sit()
         my_dog.roll_over()
```

```
Out[6]:  Willie is now sitting.
```

```
Willie rolled over.
```

当执行到代码 my_dog.sit()时，Python 在 Dog 类中查找 sit()函数并运行其代码。Python 以同样的方式解读代码 my_dog.roll_over()。

当然，我们也可以创建任意数量的实例，并访问每个实例的属性和方法。示例代码如下：

In [7]:
```
my_dog = Dog('willie', 6)
your_dog = Dog('Lucy', 3)

print("My dog's name is " + my_dog.name.title() + ".")
print("My dog is " + str(my_dog.age) + " years old.")
my_dog.sit()

print("Your dog's name is " + your_dog.name.title() + ".")
print("Your dog is " + str(your_dog.age) + " years old.")
your_dog.sit()
```

Out[7]:
```
My dog's name is Willie.
My dog is 6 years old.
Willie is now sitting.
Your dog's name is Lucy.
Your dog is 3 years old.
Lucy is now sitting.
```

创建了两条宠物狗，名字分别为 Willie 和 Lucy。每条宠物狗都是一个独立的实例，都有自己的一组属性，能够执行相同的操作。

8.2.3　修改实例属性的值

在实际使用过程中，可以根据实际情况修改实例属性的值。可以直接修改实例属性的值，也可以编写方法以特定的方式进行修改。我们以汽车为例说明如何修改实例属性的值。首先，编写一个表示汽车的类，用于存储有关汽车的信息，还有一些汇总这些信息的方法。示例代码如下：

In [8]:
```
class Car:
    def __init__(self, make, model, year):
        self.make = make
        self.model = model
        self.year = year
        self.odometer_reading=0

    def get_descriptive_name(self):
        long_name = str(self.year) + ' ' + self.make + ' ' + self.model
        return long_name.title()
    def read_odometer(self):
        print('This car has ' + str(self.odometer_reading) + ' miles.')
my_car = Car('audi', 'a4', 2016)
print(my_car.get_descriptive_name())
my_car.read_odometer()
```

```
Out[8]:  2016 audi a4
         This car has 0 miles
```

与前面的 Dog 类一样，Car 类中定义了__init__()函数，第 1 个形参为 self，还包括另外 3 个形参：make、model 和 year。__init__()函数接收这些形参的值，并将它们赋给根据这个类创建的实例属性。因此，在创建 Car 实例时，需要指定这 3 个参数。__init__()函数还添加了一个名为 odometer_reading 的属性，表示行驶里程数，这里采用默认值赋值法，该属性的初始值总为 0。Car 类中还定义了一个 get_descriptive_name()函数，只有一个参数 self，不需要外部传递参数。该函数使用属性 year、make 和 model 创建关于汽车描述的字符串，在类内部使用属性时要用句点表示法，如 self.make、self.model 和 self.make。Car 类中还定义了一个 read_odometer()函数，用于读取汽车的里程表。创建好类后，跟创建 Dog 实例一样，创建 Car 实例，并将其赋给变量 my_car，接下来就可以通过句点表示法调用 get_descriptive_name()函数。

汽车的行驶里程不会总是 0，因此需要对该属性的值进行修改。有 3 种方法可以修改属性的值，分别为直接通过实例进行修改、通过编写方法进行修改及通过对属性的值进行递增修改。

（1）直接通过实例进行修改。要修改属性的值，最简单的方法是通过实例直接访问它。示例代码如下：

```
In [9]:  my_car.odometer_reading=23
         my_car.read_odometer()
```

```
Out[9]:  2016 audi a4
         This car has 23 miles
```

第 1 行代码使用句点表示法直接访问并设置汽车的属性 odometer_reading，这行代码让 Python 在实例 my_car 中找到属性 odometer_reading，并将其值设置为 23。

（2）通过编写方法进行修改。可以在定义类时编写一个方法更新属性的值，在需要更新值时，只需要将值传递给方法，由类的方法在内部进行更新。例如，将以下示例代码增加到 Car 类中。

```
def update_odometer(self,mileage):
       self.odometer_reading=mileage
```

接下来就可以使用句点表示法访问该方法，并传递参数值 mileage。示例代码如下：

```
In [10]:  my_car.odometer_reading=23
          my_car.read_odometer()
```

```
Out[10]:  2016 audi a4
          This car has 23 miles
```

（3）通过对属性的值进行递增修改。有时需要将属性的值递增特定的量，而不是将其设置为全新的值。例如，将以下示例代码添加到在 Car 类中。

```
def increment_odometer(self,mileage):
    self.odometer_reading+=mileage
```

该方法接受行驶里程数，并将其加入 self.odometer_reading 中。接下来就可以使用句点表示法访问该函数，并传递参数值 mileage。示例代码如下：

```
In [11]:  my_car.increment_odometer(23)
```

```
my_car.read_odometer()
```

Out[11]:
```
2016 audi a4
This car has 23 miles
```

8.3　类的继承

在编写类时，并非总是从空白开始的。面向对象编程带来的主要好处之一是代码的复用，实现这种复用的方法之一便是继承机制。如果要编写的类是另一个现成类的特殊版本，则可使用继承。通过继承创建的新类被称为子类或派生类，被继承的类称为基类、父类或超类。

继承是类与类的一种关系，是子类与父类的关系。比如猫类继承于动物类，拥有动物类的基本属性，而动物类也是所有其他动物类的基类；猫类是动物类的子类，也是动物类的派生类。

当一个类继承另一个类时，将自动获得另一个类的所有属性和方法。原有的类成为父类，而新类成为子类，子类继承父类的所有属性和方法，同时还可以定义自己的属性和方法。

什么时候使用继承呢？假如需要定义几个类，而类与类之间有一些公共的属性和方法，这时就可以把相同的属性和方法作为基类的成员，而特殊的方法及属性则可以在当前类中定义。这样，子类只需要继承了基类（父类），子类就可以访问基类（父类）的属性和方法，极大提高了代码的可扩展性和复用性。

8.3.1　定义子类

定义子类的语法格式与定义类的语法格式类似，不同点在于需要在子类的类名后面用圆括号指定要继承的父类。语法格式如下：

```
class 子类名(父类名):
    类体
```

例如，先定义一个父类，再根据父类定义子类，并调用父类的方法。示例代码如下：

In [12]:
```
class Person:
    def talk(self):
        print("这是 Person 类的 talk 方法！")
    def walk(self):
        print("这是 Person 类的 walk 方法！")

class Student(Person):
    print("这是 Student 类的 study 方法")

st=Student()
st.talk()
```

Out[12]:
```
这是 Student 类的 study 方法
这是 Person 类的 talk 方法！
```

代码定义了父类 Person，包含两个函数 talk()和 walk()。根据父类，进一步定义了子类 Student，在子类中仅仅输出一个字符串，此时子类 Student 将继承父类 Person 的全部方法。

创建一个子类 Student 的实例，并赋给变量 st，此时就可以通过实例访问父类的 talk()函数和 walk()函数。

8.3.2 子类函数__init__()

在既有类的基础上编写新类时，如果父类有特殊函数__init__()，则可以直接在子类中调用父类的__init__()函数，用于初始化在父类中定义的所有属性，从而让子类包含这些属性。例如，定义父类 A，并定义父类 A 的子类 B。示例代码如下：

In [13]:
```
class A(object):
    def __init__(self,name):
        self.name=name
    def getNameA(self):
        return 'A '+self.name
class B(A):
    def getNameB(self):
        return 'B '+self.name
b=B('hello')
print(b.getNameB())
```

Out[13]:
```
B hello
```

在创建子类时，父类必须包含在当前的文件中，且位于子类前面。如果是利用 Jupyter 编写，则父类要写在子类的前面。当然，也可以通过引入外部类的方法，将要继承的类引入当前文件中。在定义子类时，必须在圆括号内指定父类名。在父类 A 中定义了特殊函数__init__()，初始化变量 name，定义了函数 getNameA()用于获取 name 的属性值。定义的子类 B 完全继承了父类 A 中的特殊函数__init__()，因此可以不用在子类中再写__init__()函数。此外子类中可以定义新的函数，本示例在子类 B 中定义了函数 getNameB()，用于获取子类 B 中的 name 属性值。创建子类 B 的实例，并调用子类 B 中的函数。

8.3.3 重写父类方法

对于父类的方法，只要它不符合子类的需要，都可以进行重写。为此，可以在子类中定义一个与要重写的父类方法同名的方法即可，这样的话，Python 将不会考虑这个父类方法，而只关心在子类中定义的同名方法。例如，定义父类 A 和子类 B，在子类 B 中重写父类 A 的方法。示例代码如下：

In [14]:
```
class A(object):
    def __init__(self,name):
        self.name=name
    def getName(self):
        return 'A '+self.name

class B(A):
    def __init__(self,name):
        print("hi")
        self.name = name
    def getName(self):
```

```
        return 'B '+self.name
b=B('hello')
print(b.getName())
```

Out[14]:

```
hi
B hello
```

在子类 B 中完全重写了父类 A 中的特殊函数__init__()和 getName()函数，当根据子类 B 创建实例时，Python 将忽略父类 A 中定义的__init__()函数和 getName()函数，转而执行子类 B 中的两个函数。

8.4　类中的__name__属性

Python 程序通常有两种执行方式：作为脚本直接执行，以及通过 import 语句将其导入其他的 Python 文件中被调用执行。为了控制当前 Python 程序的执行方式，需要用到__name__属性。语法格式如下：

```
if __name__ == '__main__':
    语句块 1
else:
    语句块 2
```

if 语句用于判断当前执行的文件是否等于__main__，即判断程序执行入口是直接执行，还是被导入其他文件中执行。当判断结果为 True 时，执行语句块 1，否则执行语句块 2。示例代码如下：

```
if __name__=='__main__':
    print('程序自身在运行')
else:
    print('我来自另一模块')
```

当直接执行或将其保存为.py 的文件并在控制台执行时，将输出“程序自身在运行”，如果将该程序导入其他模块中执行，则会执行 else 语句，将输出“我来自另一模块”。感兴趣的读者可以试一试。

8.5　使用外部类

随着不断给类添加功能，文件可能变得很长。为了让 Python 文件尽可能简洁，Python 允许将多个类存储为一个模块，并在主程序中导入模块中所需要的类。

下面创建一个只包含 Car 类的模块，并将其保存在 car.py 文件，此时 car 也是模块的名字。接下来创建另外一个 Python 文件 my_car.py，在其中导入 Car 类并创建其实例。

car.py 文件的示例代码如下：

```
class Car:
    def __init__(self, make, model, year):
        self.make = make
        self.model = model
        self.year = year
```

```
self.odometer_reading=0
    def get_descriptive_name(self):
        long_name = str(self.year) + ' ' + self.make + ' ' + self.model
        return long_name.title()
    def read_odometer(self):
        print('This car has ' + str(self.odometer_reading) + ' miles.')

class ElectricCar(Car):
    def __init__(self,make,model,year,price):
        super().__init__(make,model,year)
self.price=price
    def get_price(self):
        print('这辆车的价格是 ' + str(self.price) + ' 万.')
my_tesla=ElectricCar('tesla','model Y',2020)
print(my_tesla.get_descriptive_name())
my_tesla. get_price()
```

my_car.py 文件的示例代码如下：

```
from car import Car
my_new_car= Car('tesla','model Y',2020)
print(my_new_car.get_descriptive_name())
my_new_car.odometer_reading=23
my_new_car.read_odometer()
```

在 my_car.py 文件中，利用 import 语句从 car 模块中导入其中的 Car 类，这样我们就可以使用 Car 类，就像它在这个文件中定义的一样，程序输出结果为：

```
2020 Tesla Model Y
This car has 23 miles.
```

当模块中包含多个类时，可以将其一次性导入。例如，前面定义的 Car 类和子类 ElectricCar 都在模块 car 中，使用语句 from car import Car,ElectricCar 即可将这两个类导入当前文件中，也可以利用语句 from car import *导入该模块下的所有类。

当导入类时，还可以为其指定别名，这样也便于类的使用。例如，要在程序中创建大量的电动汽车实例，需要反复输入 ElectricCar，这非常烦琐。为了避免这种烦恼，可以利用关键字 as 在 import 语句中给导入的 ElectricCar 指定一个别名。示例代码如下：

```
from car import ElectricCar as EC
```

此时，在需要创建电动汽车实例时，都可以使用这个别名，极大地简化了程序。示例代码如下：

```
my_tesla=EC('tesla','model Y',2020)
```

8.6 案例分析

1．定义一个 Person 类，并创建方法返回姓名和年龄。

```
In [15]:  class Person:
              def __init__(self, name, age):
                  # 初始化属性
```

```
        self.name = name
        self.age = age
    def get_name(self):
        return self.name
    def get_age(self):
        return self.age

alice = Person('alice', 20)
print(alice.name)
print(alice.age)
print(alice.get_name())
print(alice.get_age())
```

Out[15]:

```
alice
20
alice
20
```

2．在定义的 Car 类基础上，创建子类 ElectricCar，它具备父类 Car 的所有属性和功能。示例代码如下：

In [16]:

```
class Car:
    def __init__(self, make, model, year):
        self.make = make
        self.model = model
        self.year = year
self.odometer_reading=0
    def get_descriptive_name(self):
        long_name = str(self.year) + ' ' + self.make + ' ' + self.model
        return long_name.title()
    def read_odometer(self):
        print('This car has ' + str(self.odometer_reading) + ' miles.')

class ElectricCar(Car):
    def __init__(self,make,model,year,price):
        super().__init__(make,model,year)
self.price=price
    def get_price(self):
        print('这辆车的价格是 ' + str(self.price) + ' 万.')
my_tesla=ElectricCar('tesla','model Y',2020)
print(my_tesla.get_descriptive_name())
my_tesla. get_price()
```

Out[16]:

```
2020 Tesla Model Y
这辆车的价格是 20 万
```

本示例中在子类的__init__()函数用于接收创建 Car 实例所需要的信息，在__init__()函数内部使用特殊函数 super()调用父类的__init__()函数，让 ElectricCar 实例包含这个函数中定义的所有属性。此外，还可以在子类的__init__()函数中定义新的属性，本示例中定义了 price 属性。

创建好子类后，就可以创建一个实例，并将其赋给变量 my_tesla。这行代码会先调用

ElectricCar 类中定义的__init__()函数，再调用父类 Car 中定义的__init__()函数。

3．在上个示例的基础上重写函数 get_descriptive_name()。示例代码如下：

In [17]:
```
class Car:
    def __init__(self, make, model, year):
        self.make = make
        self.model = model
        self.year = year
self.odometer_reading=0
    def get_descriptive_name(self):
        long_name = str(self.year) + ' ' + self.make + ' ' + self.model
        return long_name.title()
    def read_odometer(self):
        print('This car has ' + str(self.odometer_reading) + ' miles.')

class ElectricCar(Car):
    def __init__(self,make,model,year,price):
        super().__init__(make,model,year)
self.price=price
    def get_descriptive_name (self):
        long_name = str(self.year) + ' ' + self.make + ' ' + self.model+
' '+self.price
        return long_name.title()
my_tesla=ElectricCar('tesla','model Y',2020)
print(my_tesla.get_descriptive_name())
```

Out[17]:
```
2020 Tesla Model Y 20
```

由于在子类 ElectricCar 中增加了 price 属性，因此当重写父类 get_descriptive_name()函数时，在车的描述字符串中增加价格描述。

4．定义一个类，用于描述平面上的点，并提供计算任意两个点之间距离的方法。

In [18]:
```
from math import sqrt
class Point:
    def __init__(self,x,y):
        self.x=x
        self.y=y
    def move_to(self,x_t,y_t):
        self.x=x_t
        self.y=y_t
    def get_point(self):
        print((self.x,self.y))
    def distance(self,other):
        dx=self.x-other.x
        dy=self.y-other.y
        return sqrt(dx**2+dy**2)

p1=Point(3,5)
p1.get_point()
p1.move_to(7,8)
```

```
p1.get_point()

p2=Point(14,15)
dis=p1.distance(p2)
print(dis)
```

```
Out[18]: (3, 5)
         (7, 8)
         9.899494936611665
```

程序中使用了类的函数__init__()、move_to()、get_point()和 distance()，分别对 Point 对象进行初始化、移动、获取坐标和计算两个点之间的距离等操作。程序的主体部分实例化了两个 Point 对象 p1 和 p2，并对它们进行了移动和距离计算等操作。其中，p1 表示点(3,5)，p2 表示点(14,15)。程序计算了 p1 和 p2 之间的距离，并将结果输出。

8.7　本章小结

本章介绍了 Python 中面向对象编程和类的相关概念。面向对象编程是一种以对象为中心的编程方法，它将数据和操作数据的方法打包在一起，形成一个对象。而类则是面向对象编程中最重要的概念之一，它是一种抽象的数据类型，用于描述对象的属性和方法。在 Python 中，类是通过关键字 class 定义的。类中包含__init__()函数和其他函数，用于初始化对象、设置对象属性和实现对象方法。通过实例化类，可以创建类的对象，并使用它们执行各种操作。

本章还介绍了 Python 中的继承和方法重写。继承是指从一个类派生出另一个类的过程，派生类继承了基类的属性和方法。重写父类方法是指在子类中编写与父类同名且参数也完全一致的方法。

Python 中的面向对象编程提供了一种更为灵活、可维护和可扩展的编程方法，它可以使程序更加模块化和易于理解。在实际编程中，使用面向对象编程可以提高程序的效率和可读性，并使代码更易于被维护和复用。

动手编程

1．创建一个名为 Restaurant 的类，设置两个属性分别为餐厅名称和菜肴类型。

2．在 Restaurant 类中创建一个名为 describe_restaurant()的函数和一个名为 open_restaurant()的函数，其中前者输出上述题目中的两个属性信息，而后者输出一条消息，指出餐馆正在营业。根据这个类创建一个名为 Restaurant 的实例，分别输出其两个属性，再调用上述两个函数。

3．在一个程序中完成以下内容。

- 创建 Person 类，属性有姓名、年龄、性别，创建 personInfo()函数，输出个人的信息。
- 创建 Teacher 类，继承 Person 类，属性有学院、专业，重写父类 personInfo()函数，调用父类方法输出个人信息外，也将输出老师的学院、专业信息。创建 teachObj()函数，返回信息为“今天讲了如何用面向对象设计程序”。
- 创建 Student 类，继承 Person 类，属性有学院、班级，重写父类 personInfo()函数，除了具有父类方法的功能，还可以输出学生所在的学院、班级信息；创建 study()函数，传递的参数为 Teacher 对象，使用 Teacher 对象的 teachObj()函数，接收老师教授的知识点，输出“老师，xxx，我终于学会了！”。xxx 为老师的 teach()函数返回的信息。

- 创建 3 个学生对象，分别输出其详细信息。
- 创建一个老师对象，输出其详细信息。
- 学生对象调用 learn()函数。
- 将 3 个学生添加至列表中，通过循环输出列表中的对象。

4．掷骰子小游戏：请创建一个 Die 类，它包含一个名为 sides 的属性，该属性的默认值为 6。编写一个名为 roll_die()的函数，并使用 randint()函数，它输出 1 到骰子面数之间的随机数。创建一个 6 面的骰子，并掷 10 次。创建一个 10 面的骰子和一个 20 面的骰子，并将它们都掷 10 次。

5．创建一个正方形类，含有边长属性（默认为 5），以及求周长和面积的方法，并创建对象进行测试。

6．创建一个名叫 CoffeeShop 的类，包含 name、menu、orders 三个属性，以及若干方法。例如，添加订单、订单输出、返回 coffee 店的饮品和食物单等。创建实例，并使用该类。

7．定义一个至少具有两个函数的类，getString()函数用于获取从控制台输入的字符串；printString()函数用于以大写字母输出字符串，并对创建的类进行测试。

8．定义一个学生 Student 类，该类包含以下属性。

- 姓名 name。
- 年龄 age。
- 成绩 score（语文、数学、英语 3 门成绩的数据类型为整型）。

类函数：

- get_name()函数用于获取学生的姓名，返回 str 类型。
- get_age()函数用于获取学生的年龄，返回 int 类型。
- get_course()函数用于返回 3 门成绩中最高的分数，返回 int 类型。

设计好类以后，可以定义一名学生实例进行测试：

```
zm = Student('zhangming',20,[69,88,100])
```

返回结果应该为：

```
zhangming
20
100
```

第 9 章　文件与异常

文件是我们日常生活中最为常用的数据存储方式，通过文件可以存储天气数据、交通数据、社会经济数据、账单数据、文学作品数据等。当需要分析或修改存储在文件中的数据时，就需要对其进行读写操作，这种操作对于数据分析应用程序来说也尤为重要。例如，统计文件中出现频率最高的词语有哪些。

要使用文件中的信息，就需要先将其读取到内存中，然后才能进行读写操作或数据分析处理。本章主要介绍文件与文件路径、文件的打开与关闭、读文件、写文件、读写 CSV 文件和读写 JSON 文件，以及异常处理。

9.1　文件与文件路径

文件有两个关键属性：文件名和路径。路径指明了文件在计算机上的存储位置。例如，操作系统为 Windows 的电脑上有一个名为 a.docx 的文件，它的路径为 C:\Users\Python\Documents。文件名的最后一个句点之后的部分被称为文件的“扩展名”，它指出了文件的类型。例如，文件名 a.docx 表示一个 Word 文档；Users、Python 和 Documents 都表示文件夹，也称其为目录。文件夹中还可以包含文件和其他文件夹。例如，a.docx 在 Documents 文件夹中，该文件夹又在 Python 文件夹中，Python 文件夹又在 Users 文件夹中。图 9-1 所示为文件夹的组织结构。

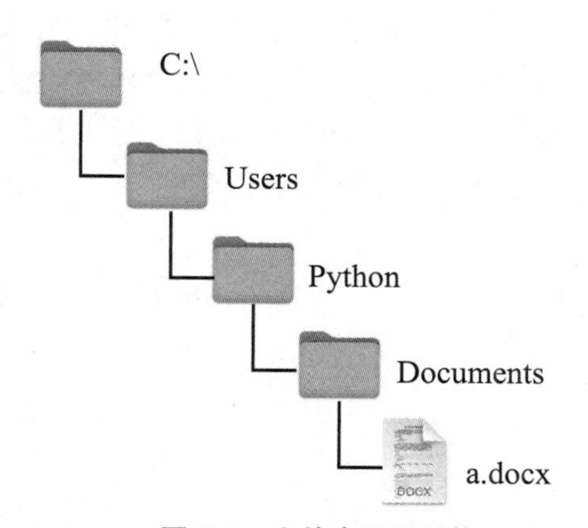

图 9-1　文件夹组织结构

路径中的 C:\是根文件夹，它包含了所有其他文件夹。在 Windows 中，根文件夹名为 C:\，也称为 C 盘。在 macOS 和 Linux 系统中，根文件夹是“/”。文件夹名称和文件名称在 Windows 中是不区分大小写的。

在 Python 中，可以使用两种方法指定一个文件的路径：绝对路径和相对路径。绝对路径总是从根文件夹开始的，相对路径是相对于程序的当前工作目录的。图 9-2 所示为一些文件夹和文件的示例。如果当前工作目录设置为 C:\bacon，那么这些文件夹和文件的相对路径与绝对路径如图 9-2 所示。

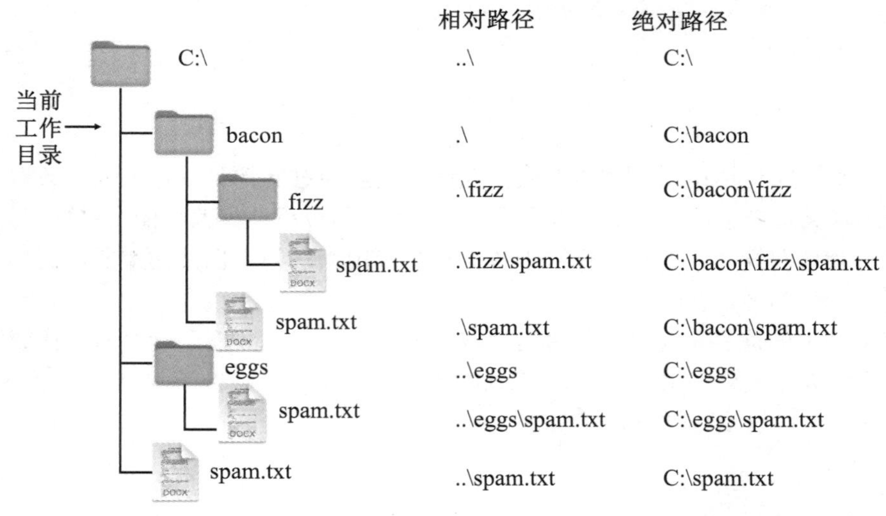

图 9-2　相对路径与绝对路径

图中的“.”和“..”并不是真正的文件夹，而是可以在路径中使用的特殊名称。当单个句点用作文件夹名称时，表示“此目录”的缩写；两个句点表示父文件夹。

注意：相对路径开始处的“.\”是可选的，如.\spam.txt 和 spam.txt 指的是同一个文件夹下的文件。

9.2　文件的打开与关闭

根据文件所在的位置，可以确定文件的相对路径和绝对路径，从而进行文件的读写操作。在 Windows 下，要查看或编辑文件就需要先打开文件，文件操作完成后再利用鼠标单击“关闭”按钮关闭文件。在 Python 中要读取或编辑文件内容之前也是需要打开文件的，操作完成后关闭文件。可以先通过 open()函数打开一个文件，再进行读写，并通过 close()函数关闭该文件。

9.2.1　使用 open()函数打开文件

要使用 open()函数打开一个文件，就需要向它传递一个字符串路径，表明希望打开的文件。open()函数的语法格式如下：

```
open(filepath,mode)
```

filepath 表示需要打开的文件的所在位置，即路径。它是一个字符串，既可以是绝对路径也可以是相对路径。mode 用于指定文件的打开模式，默认值是只读模式“r”，除了只读模式，还有只写模式、追加模式等，如表 9-1 所示。

表 9-1　open()函数中 mode 的打开模式

模　式	作　用
r	以只读模式打开一个文件，若文件不存在，则抛出 FileNotFoundError 类型的异常
w	以只写模式打开一个文件，若文件已存在，则先清空原有内容
a	以向文件末尾追加数据的方式打开一个文件，不覆盖文件的原有内容
x	以写模式新建一个文件，若文件已存在，则抛出异常
b	打开一个二进制文件，可与其他模式组合使用
t	打开一个文本文件，可与其他模式组合使用
+	以读写模式打开一个文件，可与其他模式组合使用

调用 open()函数后，返回值是一个 File 对象，File 对象表示计算机中的一个文件，它只是 Python 中另一种类型的值，如同字典和列表一样。可以将 File 对象保存在变量中，当需要读取或写入文件时可以调用该变量中 File 对象的函数。

例如，首先创建一个文本文件，文件名为 hello.txt，并输入两行“Hello，World!”作为该文本文件的内容，将它保存在用户文件夹中。然后在 Jupyter 窗口中输入以下示例代码：

```
In [1]: fr = open("hello.txt", "r")
```

这里的文件与当前程序的执行文件在同一个目录下，所以可以不用指定路径。“"r"”表示以只读模式打开文件 hello.txt。

如果把该文件放在其他文件夹下，如放在 C 盘下的 Users 目录下，则示例代码改为：

```
In [2]: fr = open("c:/Users/hello.txt", "r")
```

当以只读模式打开文件时，Python 只允许从文件中读取数据，不能以任何方式写入或修改数据。由于 open()函数中默认模式是只读模式，因此 mode 参数也可以不指定，即 open("c:/Users/hello.txt") 和 open("c:/Users/hello.txt", "r")的作用是一样的。

9.2.2　使用 close()函数关闭文件

打开文件并完成读写操作后，需要及时关闭文件，以避免在后续操作中对文件造成破坏，同时也能避免内存资源的浪费。关闭文件可以使用 close()函数实现。语法格式如下：

```
file.close()
```

file 为文件通过 open()函数打开时返回的文件对象。

【例 9-1】假设 C 盘下 Users 文件夹下有一个文件 hello.txt，尝试打开文件并关闭。示例代码如下：

```
In [3]: fr = open("C:/Users/hello.txt ", "r")
        fr.close()
```

本示例首先使用 open()函数以只读模式打开文件，返回 File 对象，然后将其赋给变量 fr。最后调用 File 对象的 close()函数关闭文件。

9.2.3　使用 with 语句打开文件

文件在打开并操作完成后一定要关闭，否则会给程序的正常运行造成意想不到的隐患。

但是，有时即使使用 close()函数做好了关闭文件的操作，如果在操作文件和关闭文件之前就发生错误，则会导致程序崩溃，无法正常关闭文件。

为了避免这个问题，可以在打开文件时使用关键字 with。关键字 with 可以自动管理文件资源，不论是什么原因跳出 with 语句，总能保证正确地关闭文件。关键字 with 的语法格式如下：

```
with open(filepath, mode) as fp:
    语句块
```

使用关键字 with 后，不论关键字 with 中的代码出现什么错误，都会对当前对象进行清理。关键字 as 用于对打开的文件对象进行重命名。我们使用 with 语句重新实现例 9-1。示例代码如下：

```
In [4]:  with open("C:/Users/hello.txt", "r") as fr:
             print("使用 with 语句打开文件")
```

```
Out[4]:  使用 with 语句打开文件
```

9.3 读文件

打开文件后，就可以对其进行读写操作。根据读文件的要求不同，可以分为读取指定字符数、读取整行和读取全部行。

9.3.1 使用 read()函数读取指定字符数

使用 read()函数可以从文件中读取指定个数的字符。语法格式如下：

```
file.read(n)
```

file 为使用 open()函数打开的文件对象；n 为可选参数，指定需要从文件中读取的字符的个数，如果缺省，则表示读取全部内容。在使用 read()函数时，文件的打开模式必须为只读模式“r”或读写模式“r+”，否则会出现异常。

使用 read()函数读取数据时，是从文件的第一个字符开始读取的。例如，使用 read()函数读取例 9-1 文件中的前 12 个字符。示例代码如下：

```
In [5]:  fr = open("C:/Users/hello.txt", "r")
         files=fr.read(12)
         print(files)
         fr.close()
```

```
Out[5]:  Hello, World!
```

我们发现程序只读取了前 12 个字符，而剩余的字符没有读取。

9.3.2 使用 readline()函数读取整行

Python 提供 readline()函数用于一次读取整行数据，该函数要求文件的打开模式为只读模式“r”或读写模式“r+”。语法格式如下：

```
file.readline()
```

其中 file 为打开的文件对象。

【例 9-2】用 readline()函数逐行读取 hello.txt 文件中的内容。示例代码如下：

In [6]:
```
fr = open("hello.txt", "r")
while True:
    tmp=fr.readline()
    if tmp=='':
        break
    print(tmp)
fr.close()
```

Out[6]:
```
Hello, World!

Hello, World!

Hello, World!

Hello, World!
```

上述示例代码使用内置函数 open()打开了一个名为 hello.txt 的文件，并将文件对象赋值给变量 fr。使用“r”模式打开文件，表示以只读模式打开文件。接着，进入一个无限循环，在每次循环中使用文件对象的 readline()函数读取一行内容，并将其存储在变量 tmp 中。如果读取到的行是空行（即文件末尾），则退出循环。随后，使用内置函数 print() 输出变量 tmp 中存储的行内容。

注意：readline()函数会读取包括行末换行符在内的整行内容，因此输出时可能会出现多余的空行。此外，调用 print()函数也会加上一个换行符，因此在每行末尾都有两个换行符，一个来自文件，另一个来自调用的 print()函数。要消除这些多余的空白行，可在调用 print()函数时使用 rstrip()函数对字符串进行处理，即第 6 行代码改为 print(tmp.rstrip())。最后，一定要使用文件对象的 close()函数关闭文件，释放文件对象占用的资源。

9.3.3　使用 readlines()函数读取全部行

在读取文件时，常常需要对每行数据进行单独处理，这时就可以使用 readlines()函数从文件中逐行读取数据，该函数返回一个字符串列表，列表中的每个字符串对应文件的一行。readlines()函数通常与 for 循环或 while 循环一起使用，便于对读取的每行数据进行处理。

例如，使用 readlines()函数逐行读取 hello.txt 文件中的内容。示例代码如下：

In [7]:
```
fr = open("hello.txt", "r")
for line in fr.readlines():
print(line)
fr.close()
```

Out[7]:
```
Hello, World!
Hello, World!
```

通过 readlines()函数依次读取每一行数据，返回的是一个列表。 for 循环遍历这个列表，获取每个元素，并执行 print()函数。

9.4 写文件

9.4.1 写入单行

Python 提供了 write()函数用于向文件中写入一个字符串。语法格式如下：

```
file.write(string)
```

在写入文件前，需要使用 open()函数打开文件，这时的文件打开模式必须为只写模式“w”。示例代码如下：

```
In [8]:  with open('text.txt','w') as fr:
             fr.write('hello!')
```

使用 open()函数，以只写模式打开文件，此时返回一个文件对象，调用文件对象的 write()函数向文件中写入字符串“'hello!'”，在程序运行时就会把字符串写入文件中。如果指定的文件不存在，则 open()函数将自动创建一个文件。然而，以只写模式打开文件时要注意，因为如果指定的文件已经存在，则 Python 将在返回文件对象前清空该文件的内容。这个程序运行结束后没有终端输出，但是如果打开文件 text.txt，则会看到其中包含一行内容“hello!”。

相比于计算机中的其他文件，这个文件没有什么不同。读者可以打开它，在其中输入新文本、复制其内容、将内容粘贴到其中等。

注意：Python 只能将字符串写入文本文件中。要将数值数据存储在文本文件中，必须先使用 str()函数将其转换成字符串格式。

9.4.2 写入多行

write()函数不会在写入的文本末尾添加换行符。因此，如果要写入多行内容时没有指定换行符，则写入的内容都会在一行上。示例代码如下：

```
In [9]:  with open('text.txt','w') as fr:
             fr.write('hello!')
             fr.write('I love programming.')
```

程序运行后会向 text.txt 文件写入两个内容。当打开文件后会发现这两个内容被写在一行上：“hello! I love programming.”。

如果要让每个内容都单独占一行，则需要在调用 write()函数时，在写入内容的末尾加上换行符“\n”。示例代码如下：

```
In [10]: with open('text.txt','w') as fr:
             fr.write('hello!\n')
             fr.write('I love programming.\n')
```

此时，再打开文件会发现这两个内容在两行上了。我们还可以使用空格、制表符和空行来设置这些输出的格式。

9.4.3 追加内容

如果要给文件添加内容，而不是覆盖原有的内容，则可以以追加模式“a”打开文件。以追加模式打开文件时，Python 不会在返回文件对象前清空文件的内容，而是将写入文件的内容添加到文件末尾。如果指定的文件不存在，则 Python 将会自动创建一个空文件。例如，在 9.4.2 节示例代码的基础上添加新的内容。示例代码如下：

```
In [11]:
with open('text.txt','a') as fr:
    fr.write('I also live finding meaning in large datasets.\n')
    fr.write('I love creating apps that can run in a browser.\n')
```

第 1 行代码将文件的打开模式修改为“'a'”，以便将内容添加到文件末尾，而不会覆盖文件原来的内容。随后，向文件中写入了两行内容，它们被添加到文件 text.txt 的末尾。打开文件后发现，文件原来的内容还在。

【例 9-3】随机生成一个长度为 100 的整数列表，其元素范围为 1～100，每 10 个元素为一行写入文本文件 record.txt 中，元素之间以空格分隔。示例代码如下：

```
In [12]:
import random
#构造整数列表
a = []
for i in range(100):
    a.append(random.randint(1, 100))
#将列表数据写入文本文件 record.txt 中
with open("record.txt", "w") as f:
    str = ""
    for i, v in enumerate(a):
        str = str + "{}". format(v)
        if(i+1) % 10 == 0:
            b = f.write(str + "\n")
```

本示例首先使用 random 模块中的 randint()函数随机生成 1～100 之间的整数，并将其保存到列表 a 中。然后，利用 with 语句以只写模式打开文本文件 record.txt，并利用 enumerate()函数遍历整个列表。将取出的元素拼接起来，构造成字符串，并判断字符串的长度是否为 10。如果字符串长度为 10，则将字符串写入文件中。

9.5　读写 CSV 文件

CSV 全称为 Comma-Separated Values，中文叫作逗号分隔值或字符分隔值，以纯文本形式存储表格数据。该文件是一个字符序列，由任意数目的记录组成，记录之间以换行符分隔。每条记录由多个字段组成，字段间最常见的分隔符是逗号或制表符。CSV 格式的文件是一种通用的、相对简单的文件格式，在商业和科学领域中被广泛应用，大部分编辑器都支持直接读入或保存 CSV 格式文件，也可以通过记事本或 Excel 打开。

在 Python 中，当利用 read()函数读取 CSV 文件时，将 CSV 文件中的每一行视为一个字符串，字符串内部以特定字符分隔不同的字段。例如，假设 test.csv 文件中存放的是一个人的信息“张三，男，25 岁，杭州”，则可以通过以下示例代码读取并输出信息。

```
In [13]:
f=open("test.csv","r")
uinf=f.read()
ls=uinf.strip("\n").split(",")
print(ls)
f.close()
```

```
Out[13]: ['张三，男，25 岁，杭州']
```

上述示例代码首先以只读模式打开文件，并把文件内容读出并赋给变量 uinf。第 3 行代码使用 strip()函数剔除换行符“\n”。split()函数用于按照指定的分隔符对字符串分隔，生成的是一个列表。

注意：如果文件中的数据本身包含分隔符“，”，则无法判断它是分隔符还是一个标点符号，这时将产生一个空字符串。例如，在上述示例中如果包含多个“，”，即“张三，男，25 岁，，，杭州”，则程序执行结果为['张三，男，25 岁，，，杭州']。

当然，我们也可以将数据写入文件中，数据中间使用特殊符号分割，比如将列表['张三，男，25 岁，杭州']写入 test.csv 文件中。示例代码如下：

In [14]:
```
ls=['张三，男，25 岁，杭州']
f=open("test.csv","w")
str=",".join(ls)
f.write(str)
f.close()
```

如果文件中有多行数据，或者将多行数据写入 CSV 文件中，则需要借助 for 循环或 while 循环遍历实现对每个数据的处理。

9.6 读写 JSON 文件

JSON 全称为 JavaScript Object Notation，是一种轻量级的数据交换格式，是程序设计中经常使用的数据交换文件格式。Python 可以使用 json 模块来对 JSON 数据文件进行编解码。json 模块使程序开发人员能够将简单的 Python 数据结构存储到文件中，并在程序再次运行时加载该文件中的数据。程序开发人员还可以使用 json 模块在 Python 程序之间分享数据。更重要的是，JSON 数据格式并非 Python 专用，程序开发人员能够将以 JSON 格式存储的数据与使用其他编程语言的人分享。

9.6.1 dump()函数

json 模块中的 dump()函数用于将 Python 对象编码为 JSON 格式的数据并写入文件中。dump()函数需要传入两个实参：要存储的数据，以及可用于存储数据的文件对象。调用 dump()函数后，它会将 Python 对象序列化为 JSON 格式，并将结果写入文件对象中。例如，有一个名为 data 的字典对象，我们可以将其写入名为 data.json 的文件中。示例代码如下：

In [15]:
```
import json
data = {"name": "John", "age": 30, "city": "New York"}
with open("data.json", "w") as f:
    json.dump(data, f)
```

使用 dump()函数前需要先导入 json 模块。第 2 行代码定义了一个字典 data，第 3 行代码通过 with open 语句以只写模式打开文件 data.json，并将文件对象赋给变量 f。第 4 行代码将文件对象传递给 dump()函数，dump()函数会将 data 对象转换成 JSON 格式并写入文件 data.json 中。最后，with 语句会自动关闭文件。

这个程序没有任何输出，打开 data.json 文件后会发现，数据的存储格式与 Python 中的一样。

9.6.2　load()函数

json 模块中的 load()函数用于从文件中读取 JSON 格式的数据并解码为 Python 对象。具体来说，load()函数需要传入一个文件对象作为参数。例如，open()函数返回的文件对象。调用 load()函数后，它会从文件对象中读取 JSON 格式的数据，并将其解码为 Python 对象。我们前面已经生成了一个名为 data.json 的文件，将其读取并转换为 Python 对象。示例代码如下：

In [16]:
```
import json
with open("data.json", "r") as f:
    data=json.loads(jsonData)
    print(data)
```

我们使用了 with 语句打开了一个名为 data.json 的文件，并将其文件对象传递给了 load()函数。load()函数会从文件中读取 JSON 格式的数据并将其解码为 Python 对象。最后，将解码后的 Python 对象输出到屏幕上。

9.7　异常处理

在 Python 中，异常是一个会在程序执行过程中发生的错误，影响程序的正常运行。在一般情况下，Python 程序无法正常执行时都会发生异常。Python 程序在发生异常时需要对异常进行及时捕获及处理，否则程序会被迫终止。例如，当一个数与 0 相除时，如果不加处理，则程序会报错。示例代码如下：

In [17]:
```
10/0
```

Out[17]:
```
---------------------------------------------------------------------------
ZeroDivisionError                         Traceback (most recent call
last)
Cell In[4], line 1
----> 1 10/0

ZeroDivisionError: division by zero
```

ZeroDivisionError 是异常发生的类型，即被除数不能为 0。

9.7.1　Python 标准异常

异常和错误是两个完全不同的概念。异常一般是在程序运行时由于某些条件不符合规定而引发的，一旦引发异常并且没有得到有效处理时就会直接导致程序崩溃。错误又可以分为语法错误和逻辑错误两种。拼写错误、缩进不一致、引号或括号未闭合等都属于语法错误，一般来说，存在语法错误的代码是无法运行的，这类错误很容易发现和解决。然而，当存在逻辑错误时，代码通常还是可以运行的，但是可能会得到一个错误的结果，这类错误非常难发现。

Python 中常见的异常类型有以下几种，如表 9-2 所示。读者可以根据这些异常类型定位到不正确的语句，以帮助修改程序。

表 9-2　Python 中常见的异常类型

异常类型	描　述
NameError	尝试访问一个没有声明的变量引发的错误
IndexError	索引超出序列范围引发的错误
IndentationError	缩进错误
ValueError	传入的值错误
KeyError	请求一个不存在的字典关键字的错误
IOError	输入/输出错误
ImportError	import 语句无法找到模块
AttributeError	尝试访问未知的属性引发的错误
TypeError	类型不合适引发的错误
MemoryError	内存不足
ZeroDivisionError	除数为零引发的错误

9.7.2　try…except 语句

使用 try…except 语句是 Python 中最常用的异常处理方法。其中，try 语句是可能会引发异常的语句，而 except 语句则用来捕获相应的异常。如果 try 语句引发异常并被 except 捕获，则执行 except 语句；如果 try 语句没有出现异常，则继续执行异常处理 try…except 语句之后的代码；如果出现异常但没有被 except 语句捕获，则会继续往外层抛出异常；如果所有层都没有捕获并处理该异常，则程序崩溃并将该异常呈现给用户。try…except 语句的一般语法格式如下：

```
try:
    语句块 1
except ErrorType:
    语句块 2
```

第 1 行代码为关键字 try，try 语句后要紧跟着冒号“:”，正常代码是写在语句块 1 中的，当语句块 1 出现异常，则由 except 语句捕获相应的异常类型，并执行语句块 2。需要注意的是，如果在编写程序时明确知道会抛出什么类型的异常，则可以写上异常类型，如果不知道，则可以忽略不写。

例如，实现两个数的除法运算。当除数不为零时，程序可以正常执行，但当除数为 0 时，因为除法运算不合法而会发生异常，从而输出错误信息。示例代码如下：

```
In [18]:  try:
              a=1/0
          except ZeroDivisionError:
              print('程序报错')
Out[18]:  程序报错
```

在这个示例中我们知道会抛出 ZeroDivisionError 类型的异常，因此写在 except 后面，告诉 Python 需要捕获这类异常。由于异常发生的类型是被除数不能为 0，正好被 except 捕获，因此执行 print()语句，输出“程序报错”。

9.7.3　try…except…else 语句

带有 else 子句的异常处理可以看作是一种特殊的选择结构。如果 try 语句抛出了异常并且被 except 语句捕获，则执行相应的异常处理语句块，此时就不再执行 else 语句；如果 try 语句没有抛出异常，则执行 else 语句。try…except…else 语句的语法格式如下：

```
try:
    语句块 1
except ErrorType:
    语句块 2
else:
    语句块 3
```

与 try…except 语句相比，多了 else 语句。如果没有任何异常，则执行完语句块 1 后继续执行语句块 3。以除法运算 3/2 为例编写一个异常处理的程序。示例代码如下：

```
In [19]:
try:
    a=3/2
    print("{0}/{1}={2}".format(3,2,a))
except ZeroDivisionError:
    print('程序报错')
else:
    print('顺利完成，没有错误')
```

```
Out[19]:
3/2=1.5
顺利完成，没有错误
```

由于 try 语句不会报错，所以不执行 except 语句，直接跳转到 else 语句，执行 print()函数。

【例 9-4】 编写一个程序，要求用户必须输入整数，否则提示错误。

```
In [20]:
while True:
    x=input('请输入一个整数：')
    try:
        x=int(x)
    except:
        print('必须输入整数！')
    else:
        print('您输入的数字为:{0}'.format(x))
        break
```

```
Out[20]:
请输入一个整数： a
必须输入整数!
请输入一个整数： 4
您输入的数字为:4
```

在本示例中，首先构造了一个 while 循环，判别条件一直为 True，然后提示用户不断地输入内容，并将其输出。在程序执行过程中，首先通过 input()函数让用户从键盘输入数字，由于 input()函数将接收到的任意内容均视为字符串，因此需要使用 int()函数将其强制转换为整型。int()函数在将非整数字符串转换为整数时会抛出 ValueError 类型的异常。如果 int(x)发生异常，则会被 except 语句捕获，并执行语句 print('必须输入整数！')；否则跳转到 else 语句，执行 print()函数输出数字，并用 break 语句终止程序。

9.7.4　带有多个 except 语句的异常处理结构

在实际编写程序的过程中，同一段代码可能会抛出多种异常类型，并且需要针对不同的异常类型对代码做出相应的处理。为了支持多种异常类型的捕获和处理，Python 提供了带有多个 except 语句的异常处理结构，一旦某个 except 语句捕获到了异常，则其他的 except 语句将不会再尝试捕获异常。该结构类似于多分支选择结构，其语法格式如下：

```
try:
    语句块 1
except ErrorType1:
    语句块 2
except ErrorType2:
    语句块 3
except ErrorType3:
    语句块 4
else:
    语句块 5
```

在下列示例代码中，用多个 except 语句来捕获多个异常类型。

In [21]:
```
while True:
    try:
        x=float(input('请输入被除数:'))
        y=float(input('请输入除数:'))
        z=float(x/y)
except ValueError:
        print('被除数和除数都应该为数字！')
except ZeroDivisionError:
        print('除数不能为 0！')
    else:
        print('{0}/{1}={2}'.format(x,y,z))
        break
```

Out[21]:
```
请输入被除数：q
被除数和除数都应该为数字！
请输入被除数：4
请输入除数：5
4.0  /5.0=0.8
```

在 try 语句中可能会发生两种错误：用户输入的是非数字和被除数 y 为 0，因此用两个 except 语句分别捕获异常 ValueError 和 ZeroDivisionError。当输入的是非数字时，抛出 ValueError 类型的异常，会被第一个 except 语句捕获；当输入的被除数 y 为 0，并计算 x/y 时，抛出 ZeroDivisionError 类型的异常，会被第二个 except 语句捕获。只有不发生异常时，才会执行 else 语句。

9.7.5 try…except…finally 语句

在 try…except…finally 语句中，无论 try 语句是否会发生异常，也不管抛出的异常有没有被 except 语句捕获，finally 语句中的代码总会被执行。因此，finally 语句中的代码常用来做一些清理工作，以释放 try 语句中占用的资源。如果 try 语句中的异常没有被 except 语句捕获和处理，或者 except 或 else 语句中的代码抛出了异常，则这些异常将会在 finally 语句执行完后被再次抛出。其语法格式如下：

```
try:
    语句块 1
except ErrorType1:
```

```
    语句块 2
except ErrorType2:
    语句块 3
else:
    语句块 4
finally:
    语句块 5
```

使用 finally 语句实现对变量值的重置。我们在 9.7.4 示例代码的基础上进行修改。示例代码如下：

In [22]:

```
while True:
    try:
        x=float(input('请输入被除数:'))
        y=float(input('请输入除数:'))
        z=float(x/y)
    except ZeroDivisionError:
        print('除数不能为 0! ')
    except ValueError:
        print('被除数和除数都应该为数值! ')
    else:
        print('{0}/{1}={2}'.format(x,y,z))
    finally:
        z=0
    print('z 的值为: {0}'.format(z))
```

Out[22]:

```
请输入被除数: 10
请输入除数: 5
10.0  /5.0=2.0
z 的值为: 0
请输入被除数: 2
请输入除数: 4
2.0  /4.0=0.5
z 的值为: 0
```

在这个示例中，我们去掉了 break 语句，增加了 finally 语句。在 finally 语句中对变量 z 进行了重置，因此变量 z 的输出结果是 0。

9.7.6　处理 FileNotFoundError 异常

在使用文件时，一种问题是找不到文件，即查找的文件可能在其他地方，文件名可能不正确，或者这个文件根本就不存在。对于这些情况，可以使用 try…except 语句以更加直观的方式处理。例如，尝试读取不存在的文件 text.txt，该文件不在程序当前运行目录下。示例代码如下：

In [23]:

```
with open('text.txt','r') as f:
    content=f.read()
```

Out[23]:

```
---------------------------------------------------------------------------
FileNotFoundError                         Traceback (most recent call last)
Cell In[31], line 1
----> 1 with open('text.txt','r') as f:
```

```
    2     content=f.read()

FileNotFoundError: [Errno 2] No such file or directory: 'text.txt'
```

该程序抛出 FileNotFoundError 类型的异常，这是 Python 找不到要打开的文件时创建的异常。本示例的错误是 open()函数导致的，因此，要处理这个错误，就必须将 try 语句放在 open()函数的代码行之前。

In [24]:
```
try:
    with open('text.txt','r') as f:
        content=f.read()
except FileNotFoundError:
    print('文件不存在')
```

Out[24]:
```
文件不存在
```

try 语句抛出了 FileNotFoundError 类型的异常，因此 Python 找到与该异常匹配的 except 语句，并运行其中的代码。最终的结果显示一条友好的错误消息，而不是一堆错误代码。

9.8 案例分析

1．给定一个文本文件 test.txt，编写程序读取文件中的内容，并综合利用前面学过的知识点统计文件中单词的出现频率，按照单词频率逆向排序，并按照“单词：频率”格式保存到 result.txt 文件中。

程序编写思路如下。

假设文件 test.txt 的内容为：Beautiful is better than ugly.Explicit is better than implicit.Simple is better than complex.Complex is better than complicated.Flat is better than nested.Sparse is better than dense.Readability counts.Special cases aren't special enough to break the rules.Although practicality beats purity.Errors should never pass silently.Unless explicitly silenced.In the face of ambiguity, refuse the temptation to guess.There should be one-- and preferably only one --obvious way to do it.Although that way may not be obvious at first unless you're Dutch.Now is better than never.Although never is often better than right now.If the implementation is hard to explain, it's a bad idea.If the implementation is easy to explain, it may be a good idea.Namespaces are one honking great idea -- let's do more of those!

首先使用 with 语句以只读模式打开文件 test.txt，然后读取其中的内容。以空格分隔文本内容获得单词列表，遍历单词，以字典方式统计每个单词的出现频率，其中键为单词，值为该单词出现的频率。示例代码如下：

In [25]:
```
# 读取文件内容
try:
    with open("test.txt", "r") as f:
        text = f.read()
except FileNotFoundError:
    print('文件不存在')
# 统计单词的出现频率
word_freq = {}
words=text.split(' ')
```

```
for word in words:
    if word not in word_freq:
        word_freq[word] = 1
    else:
        word_freq[word] += 1
s=sorted(word_freq.items(),key=lambda x:x[1],reverse=True)

# 将结果保存到文件中
with open("result.txt", "w") as f:
    for word, freq in s:
        f.write(f"{word}: {freq}\n")
```

本示例使用 with 语句打开 test.txt 文件，并使用 read()函数一次性从文件中读取所有内容，返回结果为字符串。为了避免程序读文件时发生异常，使用 try…except 语句捕获异常。在统计单词频率时，先构造一个空字典，然后将读取出来的文本字符串用空格分隔，获得单词列表。通过 for 循环遍历字典中的每个单词，如果单词在字典中，则先取出单词对应的频率值，再将频率值+1，否则将单词的频率设为 1。全部遍历完成后，使用 sorted()函数对字典进行遍历，其中排序的键为字典的值，所以使用匿名函数。sorted()函数返回的结果是由键-值对构成的列表。最后，以只写模式打开 result.txt 文件，并遍历排序后的列表，将结果保存到 result.txt 文件中。

2．文件 test2.txt 每行的内容分别为商品名字、价格、数量。

```
apple 10 3
tesla 100000 1
mac 3000 2
lenovo 30000 3
chicken 10 3
```

通过示例代码，将其构建成如下的这种数据类型，并计算出总金额。

```
[{'name':'apple','price':10,'amount':3},{'name':'tesla','price':1000000,'amoun
t':1}...]
```

```
In [26]:  # 读取文件内容，构建商品列表
          goods=[]
          with open("test2.txt", "r") as f:
              for line in f:
                  name, price, amount = line.split(' ')
                  goods.append({'name': name, 'price': float(price), 'amount':
          int(amount)})

          # 计算总金额
          total_price = sum([good['price'] * good['amount'] for good in goods])

          print(goods)
          print("Total price:", total_price)
```

该程序首先使用 with 语句读取文件 test2.txt 中的内容，逐行读取数据，并利用 split()函数对每行数据进行分隔，返回 3 个对应的值，分别赋给变量 name、price 和 amount，每个商品用一个字典表示，包括商品名字、价格和数量。将所有商品保存到列表 goods 中。最后，利用列表推导式从列表 goods 中获取每个商品的信息，从中检索出对应的价格和数量，将二者相乘即可得到总金额。

9.9 本章小结

本章介绍了 Python 中与文件相关的操作，包括文件与文件路径、文件的打开与关闭、读文件、写文件、读写 CSV 文件和读写 JSON 文件及异常处理。

在 Python 中，可以使用 open()函数打开文件，并通过指定文件路径和打开模式来读取或写入文件。文件路径可以是绝对路径或相对路径，打开模式包括读取模式、写入模式和追加模式等。完成文件操作后，应该使用 close()函数关闭文件，以释放资源。

Python 还提供了方便的 CSV 和 JSON 文件读写功能。在 CSV 文件中，通常使用逗号分隔不同的字段，可以使用 csv 模块中的相关函数来读取和写入 CSV 文件。在 JSON 文件中，数据以键-值对的形式存储，可以使用 json 模块中的相关函数来读取和写入 JSON 文件。

在文件操作中，异常处理也是非常重要的。当程序发生异常时，应该通过 try…except 语句来捕获异常并进行相应的处理。在文件操作中，常见的异常包括文件不存在异常、文件读写异常和文件关闭异常等。

文件操作是 Python 中十分常见和重要的操作之一。掌握文件操作的相关知识，有助于更好地实现文本数据的读取、存储和处理。

动手编程

1．编写一个程序，创建文件 data.txt，文件共 100 000 行，每行存放一个 1～100 之间的整数。

2．编写一个程序，读取当前目录下的文本文件 list.txt，查找该文件中最长的一行并输出该行的内容。

3．编写一个程序，提示用户输入名字。用户做出响应后，将其名字写入文件 guest.txt 中。

4．编写一个 while 循环程序，提示用户输入名字。用户输入名字后，在屏幕上输出一句问候语，并将一条到访记录添加到文件 guest_book.txt 中。确保这个文件中的每条记录都独占一行。

5．首先将一个列表中的数字从小到大排序，并写入文件中，然后对从文件中读取出的内容进行逆序操作，再追加到文件的下一行。

6．利用 json 模块的 dump()函数分别将一个字符串、一个列表、一个字典、一个整数和一个浮点数写入文件中。

7．创建一个文本文件 test.txt，统计文件中大写字母、小写字母和数字出现的频率。

8．将以下字典内容去除重复行后保存到 JSON 文件。

```
lists = []
dicts1 = {"name": "zhangsan", "age": 18}
dicts2 = {"name": "lisi", "gender": "man"}
dicts3 = {"name": "zhangsan", "age": 18}
```

9．编写一个程序，比较 a1.txt 和 a2.txt 两个文本文件中的内容是否相同，如果两个文件内容相同，则返回 True，否则返回 False。

第 10 章　NumPy 科学计算

NumPy（Numerical Python）是用于科学计算的重要库之一，它提供了高效的多维数组操作和数学函数库，用于数值计算、数据分析、机器学习和科学计算等领域。NumPy 支持多维数组与矩阵运算，也针对数组运算提供了大量的数学函数库。NumPy 通常与 SciPy（Scientific Python）和 Matplotlib（绘图库）一起使用，这种组合可以替代 MATLAB，是一个强大的科学计算环境，有助于通过 Python 学习数据科学或机器学习。

NumPy 属于第三方库，使用前需要安装。安装方法是使用 pip 工具，在"命令提示符"窗口中使用 pip install numpy 命令。如果读者是使用 Anaconda 集成包搭建编程环境的，则无须安装，Anaconda 已经包含 NumPy 在内的大量数据分析和处理模块，因此在 Anaconda 安装完成后即可直接使用 NumPy。如同 Python 中的内置模块一样，使用 NumPy 前需要利用 import 语句将其导入程序运行环境中。

本章简要介绍 NumPy 的基本使用方法，包括 NumPy 数值类型、创建多维数组、数组属性、数组运算、数组的索引和切片，以及数组形状操作。

10.1　NumPy 数值类型

Python 支持的数据类型有整型、浮点型及复数型等，但这些数据类型不足以满足科学计算的需求。因此，在 NumPy 中添加了其他数据类型。在实际应用中，我们需要不同精度的数据类型，详细了解这些数据类型及其限制是非常重要的。NumPy 常见的数据类型如表 10-1 所示。

表 10-1　NumPy 常见的数据类型

数据类型	描　述
bool_	布尔值（真、True 或假、False），用 1 字节存储
int_	默认整型（类似于 C 语言中的 long，通常情况下是 int32 或 int64）
intc	类似于 C 语言中的 int（通常情况下是 int32 或 int64）
intp	用作索引的整型（和 C 语言的 ssize_t 相同，通常情况下是 int32 或 int64）
int8	字节（Byte，范围从–128 到 127）
int16	整型（范围从–32 768 到 32 767）
int32	整型（范围从–2 147 483 648 到 2 147 483 647）
int64	整型（范围从–9 223 372 036 854 775 808 到 9 223 372 036 854 775 807）

续表

数据类型	描　述
uint8	无符号整型（范围从 0 到 255）
uint16	无符号整型（范围从 0 到 65 535）
uint32	无符号整型（范围从 0 到 4 294 967 295）
uint64	无符号整型（范围从 0 到 18 446 744 073 709 551 615）
float_	float64 的简化形式
float16	半精度浮点型：符号比特位，5 比特位指数（exponent），10 比特位尾数（mantissa）
float32	单精度浮点型：符号比特位，8 比特位指数，23 比特位尾数
float64	双精度浮点型：符号比特位，11 比特位指数，52 比特位尾数
complex_	complex128 的简化形式
complex64	复数型，由两个 32 位浮点数表示
complex128	复数型，由两个 64 位浮点数表示

10.2 创建多维数组

NumPy 中的多维数组是用 ndarray（n-dimensional array）表示的，它是一系列同类型数据的集合。可以直接利用 NumPy 中的 array()函数创建多维数组，也可以使用 NumPy 提供的一些生成特定结构数组的函数创建数组。

10.2.1 使用 array()函数创建多维数组

可以直接使用 NumPy 中的 array()函数创建多维数组，此时输入的参数值可为形似数组的其他数据类型。示例代码如下：

```
In [1]:  import numpy as np
         a = np.array([1,2,3])
         print("a:",a)

Out[1]:  a: [1 2 3]
```

首先，第 1 行代码使用 import 语句导入 numpy 模块，并将 numpy 重命名为 np，这样在后续使用该模块时就可以直接使用 np 代替 numpy 了。然后，第 2 行代码将列表作为参数传递给 array()函数。

当输入的参数为其他数据类型时，array()函数依然可以将其转换成多维数组。示例代码如下：

```
In [2]:   np.array((1,2,3,4,5))

Out[2]:   array([1, 2, 3, 4, 5])
```

代码中的 array()函数输入的参数是元组，它可以被转换为一维数组。元组中的元素也可以是字符串。示例代码如下：

```
In [3]:  np.array((1,2,3,4,'5'))
Out[3]:  array(['1', '2', '3', '4', '5'], dtype='<U21')
```

代码中输入的元组中的最后一个元素“'5'”为字符串，因此会将所有元素都转换为字符串。

array()函数输入的也可以是一个列表。示例代码如下：

```
In [4]:  np.array([1, 2, 3, 4, 5.])
Out[4]:  array([1., 2., 3., 4., 5.])
```

代码中输入的列表中的最后一个元素的数据类型为浮点型，ndarray 基于维护类型一致性的需要，将所有元素转换为浮点型元素。

array()函数传递的也可以是一个字符串，array()函数会将整个字符串作为唯一的元素。示例代码如下：

```
In [5]:  np.array('12345')
Out[5]:  array('12345', dtype='<U5')
```

注意：如果用户传递给 array()函数的参数是单个列表，则将其转换成一维数组；如果是嵌套列表，则将其转换成多维数组。示例代码如下：

```
In [6]:  ar=np.array([[1,  2],  [3,  4]])
         print ("ar:",ar)
Out[6]:  b: [[1 2]
          [3 4]]
```

10.2.2　快速创建数组

除了通过 array()函数以转换的方式得到数组，NumPy 还提供了一些生成特定结构数组的函数，用于快速创建数组，包括 empty()、zeros()、ones()、eye()函数等。

（1）使用 numpy 模块的 empty()函数创建一个指定形状、数据类型，而且未初始化的数组。语法格式为：numpy.empyt(shape,dtype=float,order='C')。

参数 shape 用于指定数组的形状，即行数和列数，以列表或元组形式传递，如果创建的是一维数组，则直接传递一维数组的长度即可；参数 dtype 用于定义数组的数据类型；参数 order 包含“'C'”和“'F'”两个选项，分别表示行优先和列优先，表示在内存中的存储顺序。示例代码如下：

```
In [7]:  print(np.empty(2,dtype=float)
         print(np.empty((2),dtype=int))
         print(np.empty([2],dtype=int))
         print(np.empty([2,3],dtype=float))
         print(np.empty((2,3),dtype=int))
Out[7]:  [1.48219694e-323 4.17201348e-309]
         [1.48219694e-323 4.17201348e-309]
         [1.48219694e-323 4.17201348e-309]
         [[0.00000000e+000 0.00000000e+000 1.48219694e-323]
          [0.00000000e+000 0.00000000e+000 4.17201348e-309]]
         [[0.00000000e+000 0.00000000e+000 1.48219694e-323]
```

```
[0.00000000e+000 0.00000000e+000 4.17201348e-309]]
```

第 1 行代码创建并输出空的一维数组，参数 2 表示数组的长度，数组的数据类型为 float。当创建的是一维数组时，可以将其放到数组或元组里，也可以单独传递给 empty()函数。第 2 行和第 3 行代码分别传递值为 2 的元组和列表。第 4 行和第 5 行代码都创建并输出空的二维数组，分别以列表和元组作为参数传递。需要注意的是，empty()函数创建的是未初始化的数组，数组元素值均为随机初始化的。

（2）使用 numpy 模块的 zeros()函数创建指定形状，数组元素全为 0 的数组。语法格式为：numpy.zeros(shape,dtype=float,order='C')。参数的含义与 empty()函数的相同。示例代码如下：

```
In [8]:  print(np.zeros(3))
         print(np.zeros([3,4],dtype=int))
```

```
Out[8]:  [0. 0. 0.]
         [[0 0 0 0]
          [0 0 0 0]
          [0 0 0 0]]
```

第 1 行代码生成一个长度为 3，元素全为 0 的一维数组。第 2 行代码生成 3 行 4 列的二维数组，数组的数据类型为 int，元素全为 0。

（3）使用 numpy 模块的 ones()函数创建一个指定形状，元素全为 1 的数组。语法格式为：numpy.ones(shape,dtype=float,order='C')。参数的含义与前面两个函数的完全相同。示例代码如下：

```
In [9]:  print(np.ones(5))
```

```
Out[9]:  [1. 1. 1. 1. 1.]
```

利用 ones()函数创建并输出元素全为 1 的一维数组，参数 5 表示数组的长度。

```
In [10]:  print(np.ones((1,5)))
```

```
Out[10]:  [[1. 1. 1. 1. 1.]]
```

创建并输出元素全为 1 的二维数组，参数(1,5)是一个元组，表示行数和列数。

```
In [11]:  print(np.ones((5,5),dtype=int))
```

```
Out[11]:  [[1 1 1 1 1]
           [1 1 1 1 1]
           [1 1 1 1 1]
           [1 1 1 1 1]
           [1 1 1 1 1]]
```

创建并输出元素全为 1 的二维数组，数据类型为 int。参数(5,5)是一个元组，表示行数和列数。

```
In [12]:  print(np.ones((2,2,2),dtype=int))
```

```
Out[12]:  [[[1 1]
            [1 1]]

           [[1 1]
            [1 1]]]
```

创建并输出元素全为 1 的三维数组，数据类型为 int。参数(2,2,2)表示两组 2 行 2 列的三维数组。

注意：这里的元组都可以换成列表。此外，我们可以利用 ones()函数生成元素全部相同的数组，比如生成元素全为 5 的数组，可以用如下示例代码实现。

```
In [13]: np.ones((3,4))*5
```

```
Out[13]: array([[5., 5., 5., 5.],
                [5., 5., 5., 5.],
                [5., 5., 5., 5.]])
```

（4）使用 numpy 模块的 eye()函数创建对角线上元素全为 1，其余元素为 0 的单位矩阵。语法格式为：numpy.eye(shape,dtype=float,order='C')。需要注意的是，这里的参数 shape 是一个具体的数值。如果是 3 行 3 列的二维单位矩阵，则直接传递 3，不能传递元组(3,3)，否则会抛出 TypeError 类型的异常。其他参数的含义与前面 3 种函数的相同。示例代码如下：

```
In [14]: np.eye(3,dtype=float)
```

```
Out[14]: array([[1., 0., 0.],
                [0., 1., 0.],
                [0., 0., 1.]])
```

10.2.3　使用 arange()和 linspace()函数创建数组

除了使用 array()函数创建多维数组，还可以使用 arange()函数和 linspace()函数创建一维数组。

arange()函数的语法格式为：arange(start,stop,step)。3 个参数 start、stop 和 step 与 Python 内置的 arange()函数的参数含义相同，但是 NumPy 中 arange()函数的返回对象与 Python 内置的 arange()函数的返回对象不同，NumPy 中 arange()函数返回的是数组对象，Python 内置的 arange()函数返回的是惰性生成的对象。另外，NumPy 中 arange()函数支持浮点型的参数，因此，NumPy 中的 arange()函数更强大。示例代码如下：

```
In [15]: print(np.arange(4))
         print(np.arange(1,10))
         print(np.arange(1,10,2))
         print(np.arange(2.1,10.1,0.5))
```

```
Out[15]: [0 1 2 3]
         [1 2 3 4 5 6 7 8 9]
         [1 3 5 7 9]
         [2.1 2.6 3.1 3.6 4.1 4.6 5.1 5.6 6.1 6.6 7.1 7.6 8.1 8.6 9.1 9.6]
```

第 1 行代码生成默认以 0 开始，以 1 为步长的一维数组；第 2 行代码生成 1～10 的，默认步长为 1 的一维数组；第 3 行代码生成步长为 2 的一维数组；第 4 行代码生成以浮点数为参数的一维数组。

注意：Python 内置的 arange()函数不支持浮点数作为参数。

linspace()函数的语法格式为：linspace(start,stop,num,endpoint=True)，该函数输出被线性分隔的多个点。linspace()函数的参数为起点、终点和点数等。与 arange()函数相比，linspace()函数还可以指定最终生成的点里是否包含终点。示例代码如下：

```
In [16]: print(np.linspace(1,3,5))
```

```
Out[16]: [1.  1.5 2.  2.5 3. ]
```

linspace()函数默认包含终点，因此，输出结果里包含 3。如果不想包含终点，则可以指定第 4 个参数 endpoint 为 False。示例代码如下：

```
In [17]: print(np.linspace(1,3,5,False))
```

```
Out[17]: [1.  1.4 1.8 2.2 2.6]
```

10.2.4　重塑数组形状

数组创建完成后，还可以使用 ndarray 对象的 reshape()函数改变数组的形状，即重塑。当重塑时，根据传递的参数可以改变数组维度。示例代码如下：

```
In [18]: a = np.arange(24)
         a2=a.reshape((4,6))
         a3=a2.reshape((3,8))
         a3=a3.reshape((2,4,3))
```

第 1 行代码利用 arange()函数创建了一维数组，默认起点为 0，步长为 1，数组长度为 24。第 2 行代码将一维数组 a 重塑为 4 行 6 列的二维数组。第 3 行代码将二维数组 a2 重塑为 3 行 8 列的二维数组，数组维度没有发生变化。第 4 行代码将二维数组 a3 重塑为 2 行 4 列 3 组的三维数组，数组维度发生了变化。需要注意的是，reshape()函数传递的参数建议以元组或列表形式传递，以保持风格的一致性。虽然利用如 reshape(4,6)的形式在语法上是正确的，但是不建议这么做。

注意：当实施重塑操作时，实际上并没有真正复制内存，而是在原有数据之上建立引用的。示例代码如下：

```
In [19]: a=np.arange(24)
         a2=a.reshape(3,8)
         a[0]=99
         print(a)
         print(a2)
```

```
Out[19]: [99  1  2  3  4  5  6  7  8  9 10 11 12 13 14 15 16 17 18 19 20 21 22 23]
         [[99  1  2  3  4  5  6  7]
          [ 8  9 10 11 12 13 14 15]
          [16 17 18 19 20 21 22 23]]
```

由于数组 a2 和 a 指向同一片内存区域，当我们更改 a[0]元素的值时，数组 a2 的第一个元素的值也同时发生变更，这样设计的初衷是为了在处理大规模数据时节省内存。

10.3　数组属性

NumPy 数组中有许多重要的属性，可以方便我们查看所创建的数组信息。常用的数组属性主要包括 ndim、shape、size、dtype 和 T 五个属性。

（1）ndim 属性用于返回数组的维度。在 NumPy 中，数组的维度也被称为秩（Rank），秩就是轴的数量，即数组的维度。一维数组的秩为 1，二维数组的秩为 2，以此类推。示例代码如下：

In [20]:
```
a=np.arange(12)
print('数组 a 的维度是:',a.ndim)
b=a.reshape((3,4))
print('数组 b 的维度是:',b.ndim)
```

Out[20]:
```
数组 a 的维度是: 1
数组 b 的维度是: 2
```

（2）shape 属性用于查看一个数组的大小，以元组形式输出。shape 属性还可以被赋值，当给 shape 属性赋值时，效果等同于调用 reshape()函数。示例代码如下：

In [21]:
```
a=np.arange(12)
print('数组 a 的形状为:',a.shape)
b=a.reshape((3,4))
print('数组 b 的形状为:',b.shape)
b.shape=2,6
print('修改后数组 b 的形状为:',b.shape)
```

Out[21]:
```
数组 a 的形状为: (12,)
数组 b 的形状为: (3, 4)
修改后数组 b 的形状为: (2, 6)
```

（3）size 属性用于查看数组中的元素个数，不可以对其进行修改。示例代码如下：

In [22]:
```
a=np.arange(12)
b=a.reshape(3,4)
print("数组 a 的元素个数:",a.size)
print("数组 b 的元素个数:",b.size)
```

Out[22]:
```
数组 a 的元素个数: 12
数组 b 的元素个数: 12
```

（4）dtype 属性用于查看对象的数据类型，避免计算过程中由于数据类型不匹配导致的错误。示例代码如下：

In [23]:
```
a = np.array([1,2,3])
b=np.array((1,2,3,4,5.0))
print(a.dtype)
print(b.dtype)
```

Out[23]:
```
int64
float64
```

（5）T 属性用于对数组进行转置操作。示例代码如下：

In [24]:
```
a=np.arange(12).reshape(3,4)
print("转置前: ",a)
print("转置后: ",a.T)
```

Out[24]:
```
转置前:  [[ 0  1  2  3]
 [ 4  5  6  7]
 [ 8  9 10 11]]
```

```
转置后： [[ 0  4  8]
 [ 1  5  9]
 [ 2  6 10]
 [ 3  7 11]]
```

10.4 数组运算

10.4.1 基本算术运算

可以利用 Python 原生的算术运算符进行标准的加、减、乘、除运算。除此之外，也可以使用 NumPy 的内置函数进行算术运算。NumPy 中的运算符与对应函数如表 10-2 所示。

表 10-2 NumPy 中的运算符与对应函数

运 算 符	对应函数	描 述
+	add()	加法运算
-	subtract()	减法运算
-	negative()	负数运算
*	multiply()	乘法运算
/	divide()	除法运算
//	floor_divide()	地板除法（Floor Division）运算，即 3 // 2 = 1
**	power()	指数运算
%	mod()	取模（取余）运算

在利用这些运算符进行数组运算时需要要求参与运算的两个数组形状相同，即满足 a.shape=b.shape。我们通过几个示例解释基本的算术运算符用法。

【例 10-1】两个数组的加法运算。示例代码如下：

```
In [25]: import numpy as np
         x = np.arange(4)
         y=np.arange(5,9)
         a=x+y
         b = np.add(x, y)
         print("x=",x)
         print("y=",y)
         print("a=",a)
         print("b=",b)
```

```
Out[25]: x= [0 1 2 3]
         y= [5 6 7 8]
         a= [ 5  7  9 11]
         b= [ 5  7  9 11]
```

第 1 行代码导入 numpy 模块，并将其重命名为 np；第 2 行和第 3 行代码利用 arange()函数创建长度为 4 的一维数组；第 4 行代码利用 Python 的加法运算，将数组 x 和 y 中的对应元素相加；第 5 行代码利用 numpy 模块的 add()函数做加法运算。

【**例 10-2**】两个数组的减法运算，将例 10-1 中的加法运算换成减法运算。示例代码如下：

```
In [26]: import numpy as np
         x = np.arange(4)
         y=np.arange(5,9)
         a=x-y
         b = np.subtract(x, y)
         print("x=",x)
         print("y=",y)
         print("a=",a)
         print("b=",b)
```

```
Out[26]: x= [0 1 2 3]
         y= [5 6 7 8]
         a= [-5 -5 -5 -5]
         b= [-5 -5 -5 -5]
```

第 4 行代码利用减号“-”做减法运算。第 5 行代码利用 numpy 模块的 subtract()函数做减法运算。

【**例 10-3**】两个数组的乘法运算，当两个数组做乘法运算时，将对应位置的元素相乘，在例 10-2 的基础上修改代码。示例代码如下：

```
In [27]: import numpy as np
         x = np.arange(4)
         y=np.arange(5,9)
         a=x*y
         b = np.multiply(x, y)
         print("x=",x)
         print("y=",y)
         print("a=",a)
         print("b=",b)
```

```
Out[27]: x= [0 1 2 3]
         y= [5 6 7 8]
         a= [ 0  6 14 24]
         b= [ 0  6 14 24]
```

第 4 行代码利用乘号“*”做乘法运算。第 5 行代码利用 numpy 模块的 multiply()函数做乘法运算。

【**例 10-4**】两个数组的除法运算，当两个数组做除法运算时，将对应位置的元素相除，在例 10-3 的基础上修改代码。示例代码如下：

```
In [28]: import numpy as np
         x = np.arange(4)
         y=np.arange(5,9)
         a=x/y
         b = np.divide(x, y)
         print("x=",x)
         print("y=",y)
         print("a=",a)
         print("b=",b)
```

Out[28]:
```
x= [0 1 2 3]
y= [5 6 7 8]
a= [0.         0.16666667 0.28571429 0.375     ]
b= [0.         0.16666667 0.28571429 0.375     ]
```

第 4 行代码利用除号“/”做除法运算。第 5 行代码利用 numpy 模块的 divide()函数做除法运算。

10.4.2 数组广播

数组的算术运算通常在相应的元素上进行，广播（Broadcast）是 NumPy 对不同形状的数组进行数值计算的方式。当运算中的两个数组的形状不相同时，NumPy 将自动触发广播机制。具体来说，广播满足以下几个规则。

- 让所有输入数组都向其中形状最长的数组看齐，不足的部分都通过加 1 补齐。
- 输出数组的形状是输入数组形状在各个维度上的最大值。
- 如果输入数组的某个维度和输出数组的对应维度的长度相同或者其长度为 1 时，则这个数组能够用来计算，否则会报错，显示“ValueError: frames are not aligned”的错误信息。
- 当输入数组的某个维度的长度为 1，并沿着此维度运算时，都使用此维度上的第一组值。

示例代码如下：

In [29]:
```
import numpy as np
a = np.array([[ 0, 0, 0],
           [10,10,10],
           [20,20,20],
           [30,30,30]])
b = np.array([1,2,3])
print(a + b)
```

Out[29]:
```
[[ 1  2  3]
 [11 12 13]
 [21 22 23]
 [31 32 33]]
```

数组 a 的形状为(4,3)，即 4 行 3 列，而数组 b 是一维数组，形状为(1,3)。当做加法运算时，NumPy 会触发广播机制，为数组 b 增加 1 个维度，变成二维数组，并在第一个维度上执行复制操作，先将数组 b 转换为 4 行 3 列的二维数组，再做加法运算。

需要注意的是，数组也可以直接跟一个具体的数字做算术运算，此时 NumPy 会将数字视为只有一个元素的数组，并触发广播机制。示例代码如下：

In [30]:
```
import numpy as np
x = np.arange(4)
y=np.arange(12).reshape(3,4)
a = x+5
b=y+5
print("a=",a)
```

```
print("b=",b)
```

```
Out[30]:
a= [5 6 7 8]
b= [[ 5  6  7  8]
 [ 9 10 11 12]
 [13 14 15 16]]
```

第 2 行和第 3 行代码分别构造了一维数组和二维数组；第 4 行代码在一维数组 x 上加上 5，做加法运算，此时 NumPy 会触发广播机制，将 5 转换成长度为 4 的一维数组，即[5,5,5,5]；第 5 行代码在二维数组 y 上加上 5，此时 NumPy 会触发广播机制，将 5 转换为 3 行 4 列的二维数组，即[[5,5,5,5],[5,5,5,5],[5,5,5,5]]。

除了使用 NumPy 的广播机制，还可以使用 tile()函数显式地对数组维度进行转换。示例代码如下：

```
In [31]:
import numpy as np
a = np.array([[ 0, 0, 0],
         [10,10,10],
         [20,20,20],
         [30,30,30]])
b = np.array([1,2,3])
bb = np.tile(b, (4, 1))  # 重复 b 的各个维度
c = a + bb
print(c)
```

```
Out[31]:
[[ 1  2  3]
 [11 12 13]
 [21 22 23]
 [31 32 33]]
```

数组 a 的形状为(4,3)，数组 b 的形状为(1,3)，因此利用 NumPy 的 tile()函数将其转换为 4 行 3 列的二维数组。tile()函数有两个参数，第一个参数表示要转换的数组，第二个参数表示重复的各个维度，本示例需要在第一个维度上复制 4 次，在第二个维度上不需要复制，因此输入参数为(4,1)。

10.4.3　统计运算

除了前文介绍的函数，被频繁使用的还有统计函数。常用的统计函数包括数组求和函数，从数组中查找最小元素、最大元素、百分位标准差和方差等函数。

NumPy 中的求和函数为 sum()，求最小值函数为 min()，求最大值函数为 max()。示例代码如下：

```
In [32]:
import numpy as np
x = np.array([1, 2, 4, 10])
a = np.sum(x)
b= np.max(x)
c = np.min(x)
```

传递的参数为要计算的数组。当然，也可以在数组对象中直接调用这些函数。示例代码如下：

```
In [33]: import numpy as np
         x = np.array([1, 2, 4, 10])
         a=x.sum()
         b=x.max()
         c=x.min()
```

对于多维数组来说，通常会沿着行或列执行统计运算操作，因此可以使用 axis 参数来指定沿着哪个轴的方向进行聚合。如果按列计算，则需要设 axis=0；如果按行计算，则需要设 axis=1；如果不指定 axis，则函数默认返回整个数组的统计结果。用以下几个示例说明多维数组的统计运算。

【例 10-5】 对数组按列求和。示例代码如下：

```
In [34]: import numpy as np
         x = np.array([[3,7],[8,4],[2,4]])
         a = x.sum(axis=0)      #按列求和
         print(x)
         print('按列求和:',a)
```

```
Out[34]: [[3 7]
          [8 4]
          [2 4]]
         按列求和: [13 15]
```

由于是按列求和，因此在数组对象上调用 sum()函数时传递参数 axis=0。

【例 10-6】 对数组按列计算最大值，按行计算最小值。示例代码如下：

```
In [35]: import numpy as np
         x = np.array([[3,7],[8,4],[2,4]])
         a = x.max(axis=0)    #按列计算最大值
         b = x.min(axis=1)    #按行计算最小值
         print('按列求最大值:',a)
         print('按行求最小值:',b)
```

```
Out[35]: 按列求最大值: [8 7]
         按行求最小值: [3 4 2]
```

NumPy 中还有其他统计函数，如计算最大值与最小值的差的函数 ptp()、计算中位数的函数 median()、计算算术平均值的函数 mean()、计算标准差的函数 std()、计算方差的函数 var()等，用法与求和函数、求最值函数等的用法相同。

10.5 数组的索引和切片

10.5.1 一维数组的索引和切片

在一维数组中，NumPy 提供了类似于 Python 列表的索引和切片的功能，可以通过在方括号中指定索引的方式进行索引和切片，索引是从 0 开始的。此外，还可以使用给索引赋值的方法获取元素。示例代码如下：

```
In [36]: import numpy as np
```

```
x = np.arange(10)
a = x[0]
b = x[4]
print("x=",x)
print("a=",a)
print("b=",b)
```

Out[36]:
```
x= [0 1 2 3 4 5 6 7 8 9]
a= 0
b= 4
```

我们也可以通过切片获取子数组，切片符号用冒号表示。NumPy 切片语法和 Python 列表的标准切片语法相同，需要传递 3 个参数，分别为起始索引、结束索引、步长。示例代码如下：

In [37]:
```
x = np.arange(10)
s = x[2:7:2]
print('切片前：',x)
print('切片后：',s)
```

Out[37]:
```
切片前： [0 1 2 3 4 5 6 7 8 9]
切片后： [2 4 6]
```

注意：如果以上3个参数都未指定，那么它们会被分别设置默认值，即起始索引为0、结束索引为维度的大小、步长为1。

【例 10-7】从一维数组中获取子数组。示例代码如下：

In [38]:
```
x = np.arange(10)
print("x[:5]", x[:5])       # 前 5 个元素
print("x[5:]", x[5:])       # 索引 5 后的元素
print("x[4:7]", x[4:7])     # 中间的子数组
print("x[::2]", x[::2])     # 每隔一个元素
print("x[1::2]", x[1::2])   # 每隔一个元素，从索引 1 开始
```

Out[38]:
```
x[:5] [0 1 2 3 4]
x[5:] [5 6 7 8 9]
x[4:7] [4 5 6]
x[::2] [0 2 4 6 8]
x[1::2] [1 3 5 7 9]
```

从程序中可以看出，数组的切片操作形式与列表的相同，但是在底层，两者存在着较为显著的区别。

首先，数组切片是对原数组的引用，而不是赋值，列表切片是对原数组的赋值。示例代码如下：

In [39]:
```
x = np.arange(10)
a=x[:3]
x[0]=-1
print("x:",x)
print('a:',a)
```

```
y=list(range(10))
b=y[:3]
y[0]=-1
print('y:',y)
print('b:',b)
```

Out[39]:
```
x: [-1  1  2  3  4  5  6  7  8  9]
a: [-1  1  2]
y: [-1, 1, 2, 3, 4, 5, 6, 7, 8, 9]
b: [0, 1, 2]
```

从这个示例中可以看出，NumPy 中的切片方式并不执行内存复制操作，而是引用原内存。这种特性对于大规模数据的处理来说可以减少内存的消耗。如果在实际应用中需要得到数组的切片副本，则可以使用数组对象的 copy()函数，即 a=x[:3].copy()，此时，再修改原数组的值将不再影响切片后的子数组。

其次，数组可以对多值切片进行整体的赋值操作，而列表不可以。示例代码如下：

In [40]:
```
x = np.arange(10)
x[:3]=99
print(x)
```

Out[40]:
```
[99 99 99  3  4  5  6  7  8  9]
```

而以下示例代码是不合法的，运行时会报错。

In [41]:
```
x=list(range(10))
x[:3]=99
```

10.5.2 多维数组的索引和切片

对于多维数组来说，其索引和切片都较为复杂，但是索引和切片也采用与一维数组相似的方法，用冒号进行分隔。以二维数组为例，如果要从数组中取得某行的元素，则需要指定行号；如果要取得某个具体的元素，则需要指定行号和列号。行号和列号的索引均是从 0 开始的。示例代码如下：

In [42]:
```
x = np.array([[1,2,3],[3,4,5],[4,5,6]])
print("取得第 1 行、第 2 列的值:",x[1,2])
print("取得第 1 行、第 2 列的值:",x[1][2])
```

Out[42]:
```
取得第 1 行、第 2 列的值: 5
取得第 1 行、第 2 列的值: 5
```

第 2 行代码表示要取得第 1 行、第 2 列的值，只需要在方括号中传递行索引和列索引即可，中间用逗号分隔。当然，也可以采用逐次索引的方式，分别用两个方括号传递行索引和列索引，如第 3 行代码所示。

当然，如果数组维度大于 2，则索引方法更加多样，但是其原理是类似的。如果方括号中的整数数目小于数组的维度数目，则会得到低维度的数组。示例代码如下：

In [43]:
```
ar=np.arange(24).reshape(2,3,4)
print('ar:',ar)
```

Out[43]:
```
ar: [[[ 0  1  2  3]
```

```
  [ 4  5  6  7]
  [ 8  9 10 11]]

 [[12 13 14 15]
  [16 17 18 19]
  [20 21 22 23]]]
```

取得第 1 行、第 2 列、第 3 组的值。示例代码如下：

```
In [44]:  ar=np.arange(24).reshape(2,3,4)
          print('ar[1,2,3]:',ar[1,2,3])
```

```
Out[44]:  ar[1,2,3]: 23
```

参数值之间用逗号分隔。取得第 1 行、第 2 列的值。示例代码如下：

```
In [45]:  ar=np.arange(24).reshape(2,3,4)
          print('ar[1,2]:',ar[1,2])
```

```
Out[45]:  ar[1,2]: [20 21 22 23]
```

输出结果为一个一维数组。取得第 1 行的值。示例代码如下：

```
In [46]:  ar=np.arange(24).reshape(2,3,4)
          print('ar[1]:',ar[1])
```

```
Out[46]:  ar[1]: [[12 13 14 15]
           [16 17 18 19]
           [20 21 22 23]]
```

输出结果为一个二维数组。如果要取得连续的一系列数据，则可以使用带有“:”的切片方法。例如，从第 1 行开始切片。示例代码如下：

```
In [47]:  x = np.array([[1,2,3],[3,4,5],[4,5,6]])
          s1 = x[1:3]
          print('s1:',s1)
```

```
Out[47]:  s1: [[3 4 5]
           [4 5 6]]
```

取得第 0、1 行，第 1、2 列的值。示例代码如下：

```
In [48]:  s2=x[:2,1:]
          print('s2:',s2)
```

```
Out[48]:  s2: [[2 3]
           [4 5]]
```

取得第 0、1 行，第 2 列的值。示例代码如下：

```
In [49]:  s3=x[1,:2]
          print('s3:',s3)
```

```
Out[49]:  s3: [3 4]
```

取得所有行、第 0 列的值。示例代码如下：

```
In [50]:  s4=x[:,:1]
          print('s4:',s4)
```

Out[50]:
```
s4: [[1]
 [3]
 [4]]
```

10.6 数组形状操作

10.6.1 数组拼接操作

在使用 NumPy 中的数组时，经常遇到需要将两个数组合并为一个数组的情况，此时需要对多个数组进行拼接操作。常用的拼接操作函数有 concatenate()、hstack()和 vstack()。

（1）使用 concatenate()函数可以很方便地对多个数组进行拼接。示例代码如下：

In [51]:
```
x = np.array([1, 2, 3])
y = np.array([3, 2, 1])
z = np.concatenate([x, y])
print(z)
```

Out[51]:
```
[1 2 3 3 2 1]
```

对于多维数组来说，NumPy 中的 concatenate()函数使用 axis 参数来设置按某一个确定轴进行拼接，在不设置 axis 参数时，默认按第一个轴进行拼接。

【例 10-8】使用 concatenate()函数按第一个轴进行拼接。示例代码如下：

In [52]:
```
x = np.array([[1, 2, 3], [4, 5, 6]])
a = np.concatenate([x, x]) # 不设置 axis 参数，按第一个轴进行拼接
print(a)
```

Out[52]:
```
[[1 2 3]
 [4 5 6]
 [1 2 3]
 [4 5 6]]
```

【例 10-9】使用 concatenate()函数按第二个轴进行拼接。示例代码如下：

In [53]:
```
x = np.array([[1, 2, 3], [4, 5, 6]])
b = np.concatenate([x, x], axis=1) # axis=1，按第二个轴进行拼接
print(b)
```

Out[53]:
```
[[1 2 3 1 2 3]
 [4 5 6 4 5 6]]
```

（2）对于指定维度的数组的拼接，也可以使用 vstack()函数（垂直栈）和 hstack()函数（水平栈）。示例代码如下：

In [54]:
```
x = np.array([[1, 2, 3], [4, 5, 6]])
y = np.array([[7, 8, 9], [10, 11, 12]])
a = np.vstack([x, y]) # 垂直栈数组
b = np.hstack([x, y]) # 水平栈数组
print("垂直栈数组",a)
print("水平栈数组",b)
```

Out[54]:
```
垂直栈数组: [[ 1  2  3]
```

```
 [ 4  5  6]
 [ 7  8  9]
 [10 11 12]]
水平栈数组: [[ 1  2  3  7  8  9]
 [ 4  5  6 10 11 12]]
```

需要注意的是，在使用这两个函数时，两个数组以列表或元组形式传递给函数。

10.6.2 数组分裂操作

与数组拼接操作相反，还可以对数组进行分裂操作。在 NumPy 中，数组分裂操作使用 split()函数实现，该函数需要传入一个索引列表来表示分裂点的位置。*N* 个分裂点会产生 *N*+1 个子数组。示例代码如下：

```
In [55]: x = np.array([1, 2, 3, 4, 5, 6, 7, 8])
         a, b, c = np.split(x,[3,5])
         print("a=",a)
         print("b=",b)
         print("c=",c)
```

```
Out[55]: a= [1 2 3]
         b= [4 5]
         c= [6 7 8]
```

第 2 行代码使用 split()函数，将一维数组 x 从索引为 3 和索引为 5 的位置进行分裂。

如果是多维数组，则可以使用 hsplit()函数和 vsplit()函数根据指定维度进行分裂。示例代码如下：

```
In [56]: x = np.array([[1, 2, 3], [4, 5, 6]])
         a, b = np.vsplit(x,[1])
         print("a=",a)
         print("b=",b)
```

```
Out[56]: a= [[1 2 3]]
         b= [[4 5 6]]
```

第 2 行代码利用 vsplit()函数对二维数组 x 进行分裂，分裂点为行索引为 1 的位置。将第 2 行代码中的 vsplit()函数替换成 hsplit()函数。示例代码如下：

```
In [57]: x = np.array([[1, 2, 3], [4, 5, 6]])
         a, b = np.hsplit(x,[1])
         print("a=",a)
         print("b=",b)
```

```
Out[57]: a= [[1]
          [4]]
         b= [[2 3]
          [5 6]]
```

10.7 本章小结

本章主要介绍了 Python 中重要的数值计算库 NumPy 的基本使用方法，包括 NumPy 数值类型、创建多维数组、数组属性、数组运算、数组的索引和切片及数组形状操作。NumPy 中最核心的数据结构是多维数组，也被称为 ndarray。通过 NumPy 创建多维数组，可以使用列表、元组等数据类型，也可以使用 NumPy 提供的函数，还可以对构造好的数组形状进行重塑。多维数组具有多种属性，包括形状、维度、元素个数、数据类型、转置等。可以通过 NumPy 提供的函数获取这些属性。NumPy 提供了多种数组运算方法，包括基本算术运算、数据广播、统计运算等。为了获取和使用多维数组中的元素，可以使用 NumPy 提供的索引和切片方法，也可以使用整数、切片数组等进行索引和切片操作。在实际应用中可能会面临多种不同的数组形状，NumPy 提供的 concatenate()、hstack()、vstack()和 split()等函数可以完成对形状的操作。

NumPy 是 Python 中重要的数值计算库之一，通过本章的学习，可以掌握 NumPy 的基本使用方法，进而便于进行更为复杂的数值计算和数据处理工作。本章只对 NumPy 的基本操作做了简要介绍，更详细的内容可以查阅相关的文档和参考书。

动手编程

1．创建一个元素全为 0 且长度为 5 的多维数组。

2．先创建一个 2*3 的矩阵，每一行的元素均为 1、2 和 3；再创建一个 2*3 的矩阵，每一行的元素均为 4、5 和 6。完成以下操作。

- 输出这两个矩阵的维度。
- 将这两个矩阵做加法运算。
- 将这两个矩阵做减法运算，如果值为负数，则取绝对值。
- 按列分别对这两个矩阵做求和运算。

3．创建一个元素为[0.5, 1, 2, 4]的矩阵，完成以下操作。

- 将其取倒数。
- 对取倒数后的结果做求和运算。
- 分别进行以 10 为底和以 2 为底的对数运算。

4．创建一个维度大小为 1*6 的、int 类型的、元素为 0～10 的随机矩阵，统计其平均值。

5．创建一个 3*3 的矩阵，元素为 1～9 的随机数，依次按行填入矩阵，完成以下操作。

- 按行计算中值。
- 从索引为 2 的位置开始切片。
- 统计每一行的最大值和每一列的最小值。
- 按第二个轴进行拼接（使用两种方法）。

第 11 章　Python 数据可视化

数据作为数字化中的重要资源，在进行数据分析的初始阶段时，通常需要进行可视化处理来展现数据的某些特征，以达到了解数据、认识数据的目标。为了实现这一目标，Python 社区推出了很多可视化模块，如 pyecharts、Matplotlib 和依托 Matplotlib 的 Seaborn 工具等。其中，Matplotlib 是主流的第三方绘图包，它是建立在 NumPy 之上的一个 Python 绘图库，提供了一个面向对象的 API 和一个类似于 MATLAB API 的过程式 API。

本章主要介绍了 Matplotlib 中的常用绘图函数和基本的二维图绘制方法，可绘制的图包括折线图、散点图、条形图、饼图等。除此之外，本章还介绍了如何对图形进行美化，包括调整线条颜色、线型、字体等，以及如何添加横轴和纵轴的名称、图的名称等元素，使图形更加直观和易于理解。

11.1　认识 Matplotlib

Matplotlib 是一个 Python 的 2D 绘图库。它能够以可用于出版的高品质格式生成各种静态图形和互动式环境，是主流的第三方绘图包。

在 Python 环境中通过 pip install matplotlib 命令安装之后，可以使用 import 语句导入该模块。常见的导入语句为 import matplotlib.pyplot as plt。

绘图的流程一般是从创建画布开始，到展示图形结束的，其中包括如下内容。

- 创建子图（可选）。
- 选择子图。
- 添加凸的名称。
- 添加 x 轴和 y 轴的名称。
- 修改 x 轴和 y 轴的标度和范围。
- 绘制图形。
- 添加图例。
- 保存图形。

11.1.1　绘制简单图形

在开始任何绘图之前，需要创建一个画布。可以使用 plt 模块中的 figure()函数创建一个 Figure 对象，将其看作是创建的一张“画板”，有了“画板”才能开始绘图。如果没有任何实质性的绘制代码，则只调用 figure()函数就能得到一个空白的图形对象。示例代码如下：

In [1]:
```
import matplotlib.pyplot as plt
plt.figure() #创建画布
plt.show() #展示图片，结果为空白
```

Out[1]:
```
<Figure size 640x480 with 0 Axes>
```

接下来，以几个简单的示例介绍如何绘制简单的图形。

【例 11-1】绘制简单的图形。

In [2]:
```
import numpy as np
import matplotlib.pyplot as plt
x = np.linspace(0, 2, 100)
plt.figure()
plt.plot(x, x, label='linear')
plt.plot(x, x**2, label='quadratic')
plt.plot(x, x**3, label='cubic')
plt.xlabel('x label')
plt.ylabel('y label')
plt.title("Simple Plot")
plt.xlim((0,2))
plt.ylim((0,9))
plt.legend()
plt.xticks(np.arange(0,2,0.2))
plt.savefig('fistplt.png',dpi=72)    #保存图形
plt.show()    #展示图形
```

第 1～2 行代码导入模块 numpy 和 matplotlib。

第 3 行代码使用 numpy 模块中的 linspace()函数设置数据点，该函数在区间[0,2]内设置了等间隔的 50 个数据点，返回的是数据列表，将该数据作为 x 轴。

第 4 行代码利用 plt 模块中的 figure()函数创建画布。

第 5～7 行代码使用 plot()函数，根据横坐标和纵坐标（即 x、x**2、x**3）进行绘图，同时为每个曲线设置图例，分别为“'linear'”“'quadratic'”“'cubic'”。

第 8～10 行代码使用 xlabel()、ylabel()和 title()函数分别绘制 x 轴的名称、y 轴的名称和整个图的名称。

第 11～12 行代码使用 xlim()和 ylim()函数分别设置 x 轴和 y 轴的坐标值下界和上界，接收元组作为输入参数。

第 13 行代码使用 legend()函数绘制图例。

第 14 行代码使用 xticks()函数设置横坐标 x 轴的刻度，当然也可以使用 yticks()函数设置纵坐标 y 轴的刻度。

第 15 行代码使用 savefig()函数将所绘制的图形保存到磁盘上，在保存图形时可以通过 dpi 参数设置像素大小。

第 16 行代码使用 show()函数展示图形，最终图形结果如图 11-1 所示。

plt 模块中的 plot()函数除了传递横坐标、纵坐标和曲线标签 label，还可以传递 color、linewidth、linestyle 等参数，分别用于对线条颜色、线宽、线型等进行定义。

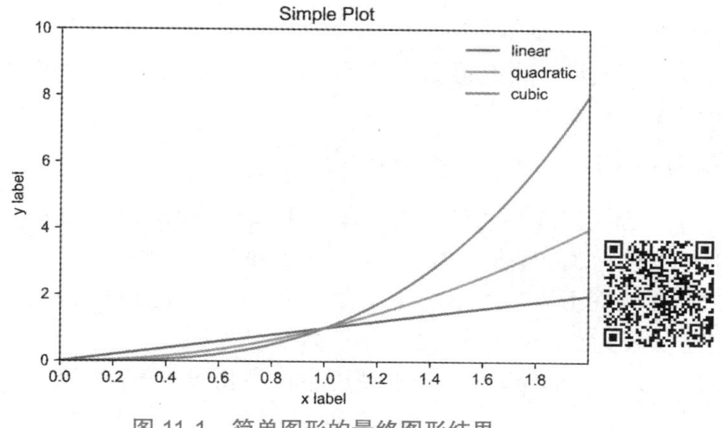

图 11-1　简单图形的最终图形结果

【例 11-2】自定义图形样式。示例代码如下：

```
In [3]:  import matplotlib.pyplot as plt
         import numpy as np
         x = np.linspace(0,2,100)  #从(0,2)均匀取 100 个点
         plt.figure()
         plt.plot(x, x, label='linear')
         plt.plot(x, x**2, label='quadratic', color = 'red', linewidth =
         3.0,linestyle = '--')
         plt.show()
```

第 1～4 行代码的功能与例 11-1 中的第 1～4 行代码的功能相同。第 5 行代码在图形上绘制第一条曲线。第 6 行代码绘制 $y = x^2$ 曲线，并设置曲线颜色为红色，线宽为 3.0，线型为虚线。最终绘图结果如图 11-2 所示。

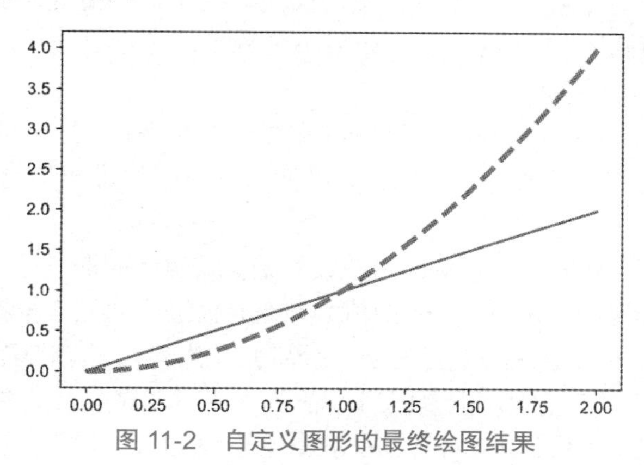

图 11-2　自定义图形的最终绘图结果

11.1.2　绘制子图

除了可以直接在创建好的 Figure 对象上绘制图形，还可以通过添加子图的方法在一幅整体的图形中呈现若干子图。创建子图的方法是使用绘图对象的 add_subplot()函数，需要传递 3 个参数：nrows、ncols 和 index。有两种使用 add_subplot()函数绘制子图的方式。

1. 3 个参数值使用逗号分隔

- 创建 3 行 1 列图形阵列的第 2 个子图，可以写为 fig.add_subplot(3,1,2)，此时 index 的

取值范围为 1～3。

- 创建 2 行 2 列图形阵列的第 3 个子图，可以写为 fig.add_subplot(2,2,3)，此时 index 的取值范围为 1～4。

2. 3 个参数值不使用逗号分隔

- 创建 3 行 1 列图形阵列的第 2 个子图，可以写为 fig.add_subplot(312)，Python 程序会默认将行数设为 3，列数设为 1，子图索引设为 2。
- 创建 2 行 2 列图形阵列的第 2 个子图，可以写为 fig.add_subplot(223)，Python 程序会默认将行数设为 2，列数设为 2，子图索引设为 3。

需要注意的是，add_subplot()函数的调用主体是画布对象，而不是 plt 模块。观察如下的示例代码。

In [4]:

```
import matplotlib.pyplot as plt
fig = plt.figure()

ax_1 = fig.add_subplot(221)
ax_1.set(xlim=[0,2],ylim=[0,2], title='the first
subfigure',ylabel='Y', xlabel='X')
plt.text(0.5,0.5,'hello figure')  #在第一个子图上绘制

ax_2=fig.add_subplot(224)  #2 行 2 列图形阵列的第 4 个子图
ax_2.set(xlim=[0,4],ylim=[0,4],title='the fourth
subfigure',ylabel='Y', xlabel='X')
plt.grid()   #在第 4 个子图上绘制
plt.show()
```

第 2 行代码表示创建画布，与例 11-1 不同的是，这里需要返回画布的对象，以便在画布上绘制子图，因此需要获得画布返回值。如果不是为了满足创建子图的需要，则可以不保存 figure()函数的返回值。

第 4 行代码调用画布对象的 add_subplot()函数创建第一个子图，这里设置了 2 行 2 列图形阵列的第一个子图，同样获得它的返回值，以便对该子图作进一步的处理，如设置 x 轴和 y 轴的名称等。

第 5～6 行代码使用子图对象的 set()函数设置横、纵坐标的取值范围、x 轴和 y 轴的名称，以及图的名称。这里传递给 xlim 和 ylim 的值为数组，数组内的元素分别表示坐标的下界和上界。例如，xlim=[0,2]表示横坐标的下界为 0，上界为 2。当然，这行代码也可以不用加，Python 会有默认的横、纵坐标取值范围，但是没有 x 轴和 y 轴的名称，以及图的名称。

第 7 行代码使用 plt 模块的 text()函数在子图上绘制文本，需要传递 3 个参数分别作为横坐标、纵坐标和绘制的文本内容。

第 9 行代码再次调用画布对象的 add_subplot()函数创建第 4 个子图，即 2 行 2 列图形阵列的第 4 个子图，同样获得它的返回值，以便对该子图作进一步的处理。

第 10～11 行代码的功能与第 5～6 行代码的功能相同，设置子图的横、纵坐标的取值范围、x 轴和 y 轴的名称，以及图的名称。

第 12 行代码使用 plt 模块的 grid()函数在子图上绘制网格。

第 13 行代码使用 plt 模块的 show()函数呈现整个图形，最终结果如图 11-3 所示。

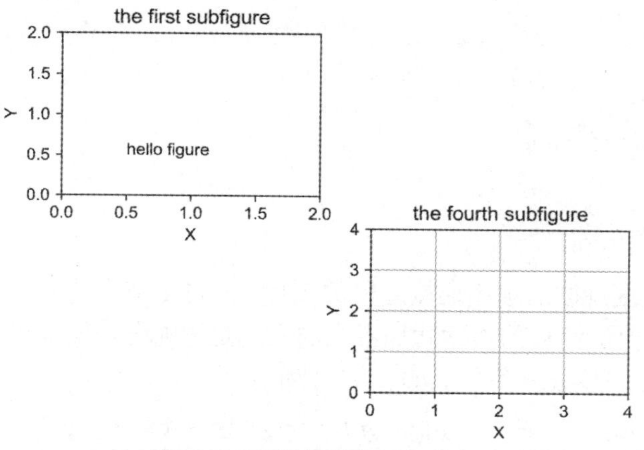

图 11-3　绘制子图的最终结果

除了可以在创建好的画布上逐个添加子图，还可以使用 subplots()函数一次性创建多个子图，该函数有两个参数 nrows 和 ncols。nrows 用于设置子图的行数，ncols 用于设置子图的列数。该函数返回的是一个二维数组，可以通过数组索引在每个子图上绘图。示例代码如下：

```
In [5]:     import numpy as np
            import matplotlib.pyplot as plt
            fig = plt.figure()
            ax = fig.subplots(2,2)
            x = np.arange(0, 10)
            ax[0,0].plot(x,x**2,color='blue')
            ax[0,1].plot(x,np.log(x),color='red')
            ax[1,0].plot(x,np.sqrt(x),color='green')
            plt.show()
```

第 4 行代码使用 fig 对象的 subplots()函数生成 2 行 2 列的图形阵列，返回的 ax 是二维数组。

第 5 行代码使用 numpy 模块中的 arange()函数生成列表，作为横坐标的值。

第 6～8 行代码首先通过索引获得每个子图，子图的行索引和列索引均是从 0 开始的，因此第一个子图为 ax[0,0]，然后调用每个子图对象的 plot()函数绘制图形。最终结果如图 11-4 所示。

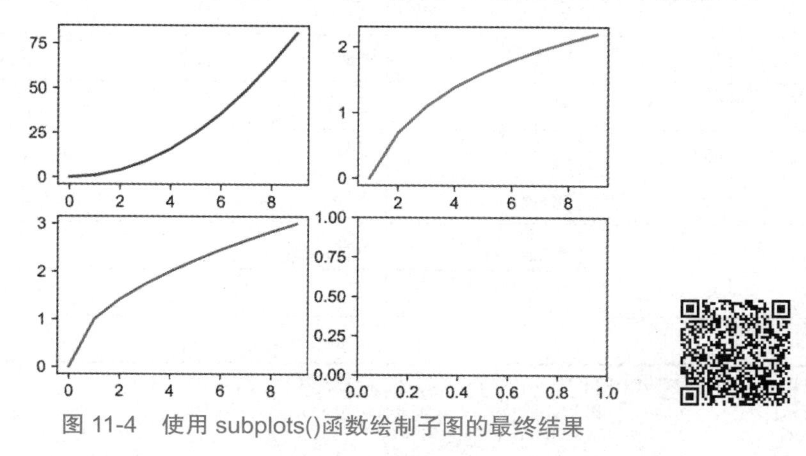

图 11-4　使用 subplots()函数绘制子图的最终结果

当然，也可以使用 plt 模块内置的 subplots()函数一次性创建画布和所有的子图，该函数也有两个参数 nrows 和 ncols，返回一个画布对象和子图的二维数组。例如，上个示例中的第 3～4 行代码等价于：

```
fig, axes = plt.subplots(nrows=2, ncols=2)
```

11.2 基本二维图绘制

11.2.1 折线图

折线图就是将数据点按照顺序连接起来的图形，在 11.1 节中使用 plot()函数绘制的曲线图就是折线图，只不过由于函数的连续性加上点的数量足够充分，使其形态表现为光滑的曲线。plot()函数中一些常用的参数及其含义如表 11-1 所示。

表 11-1 plot()函数中一些常用的参数及其含义

参数	含义	默认值
x，y	表示 *x* 轴和 *y* 轴对应的数据	无
color	表示折线的颜色	None
marker	表示折线上数据点的符号	None
linestyle	表示折线的类型	-
linewidth	表示线条的粗细	1
label	表示数据图例内容，如 label=''	None

最简单的使用方法是通过关键字参数法调用 plot()函数绘图，可以根据绘图需要设置不同的颜色、数据点的符号、粗细、线型等。折线的颜色可以用颜色的英文单词，如 red、blue、green 等，也可以使用英文单词的首字母，如 r、b、g 等。数据点的符号是折线上每个数据点的标记，包括圆圈、点、加号等。线型包括实线、虚线、点划线等。常用的参数值及其含义如表 11-2 所示。

表 11-2 常用的参数值及其含义

color	含义	marker	含义	linestyle	含义
'b'	蓝	'.'	点	'-'	实线
'g'	绿	'o'	圆圈	'--'	破折线
'r'	红	's'	正方形	'-.'	点划线
'c'	蓝绿	'*'	星号	':'	虚线
'm'	洋红	'+'	加号		
'y'	黄	'x'	叉号		
'k'	黑				
'w'	白				

除此之外，还可以使用如下的语法格式绘图。

```
plot(x, y, format_string, **kwargs)
```

x 表示 *x* 轴的数据，y 表示 *y* 轴的数据，format_string 是用于显示曲线格式的字符串，由颜色字符、线型字符和数据点的符号字符组成，**kwargs 表示当要绘制多条曲线时可以填写第二条曲线的 x、y 和 format_string。常用的方式包括以下几种。

- plot(x,y)，使用默认的线型和颜色绘图，以 x 和 y 的数据为横、纵坐标绘制图形。

In [6]:

```
import matplotlib.pyplot as plt
plt.rcParams['font.sans-serif'] = ['Arial Unicode MS']
year=[1950,1960,1970,1980,1990,2000,2010]
gdp=[300.2,543.3,1075.9,2862.5,5959.6,10289.7,14958.3]
plt.figure()
plt.plot(year,gdp)
plt.show()
```

Out[6]:

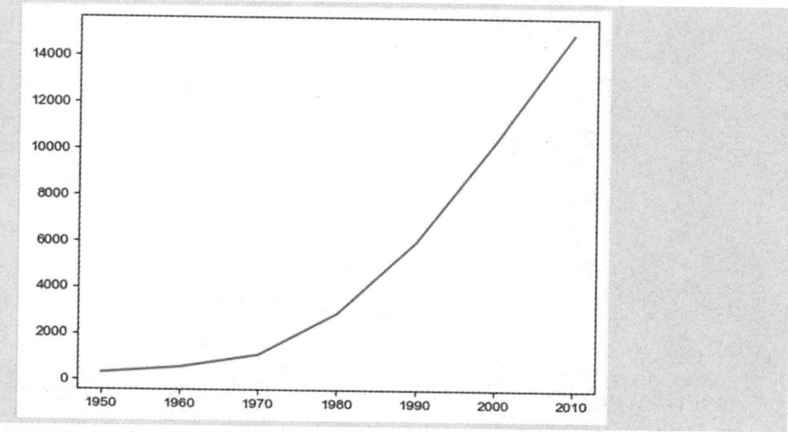

- plot(x,y,'bo')，以 x 和 y 的数据为横、纵坐标绘制图形，颜色为蓝色（b），数据点的符号为圆圈（o）。

In [7]:

```
import matplotlib.pyplot as plt
plt.rcParams['font.sans-serif'] = ['Arial Unicode MS']
year=[1950,1960,1970,1980,1990,2000,2010]
gdp=[300.2,543.3,1075.9,2862.5,5959.6,10289.7,14958.3]
plt.figure()
plt.plot(year,gdp,'bo')
plt.show()
```

Out[7]:

- plot(y)，使用默认的线型和颜色绘图。以 y 的数据为纵坐标，横坐标为 y 中元素的整数索引，即起点为 0，终点为 len(y)-1。

In [8]:

```
import matplotlib.pyplot as plt
```

```
plt.rcParams['font.sans-serif'] = ['Arial Unicode MS']
year=[1950,1960,1970,1980,1990,2000,2010]
gdp=[300.2,543.3,1075.9,2862.5,5959.6,10289.7,14958.3]
plt.figure()
plt.plot(gdp)
plt.show()
```

Out[8]:

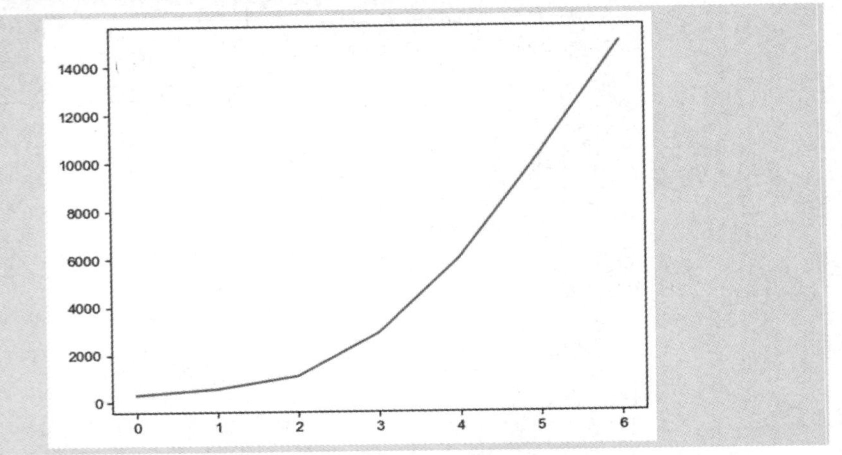

- plot(y,'r+')，以 y 的数据为纵坐标，横坐标为 y 中元素的整数索引，颜色为红色（r），数据点的符号为加号（+）。

In [9]:

```
import matplotlib.pyplot as plt
plt.rcParams['font.sans-serif'] = ['Arial Unicode MS']
year=[1950,1960,1970,1980,1990,2000,2010]
gdp=[300.2,543.3,1075.9,2862.5,5959.6,10289.7,14958.3]
plt.figure()
plt.plot(gdp,'r+')
plt.show()
```

Out[9]:

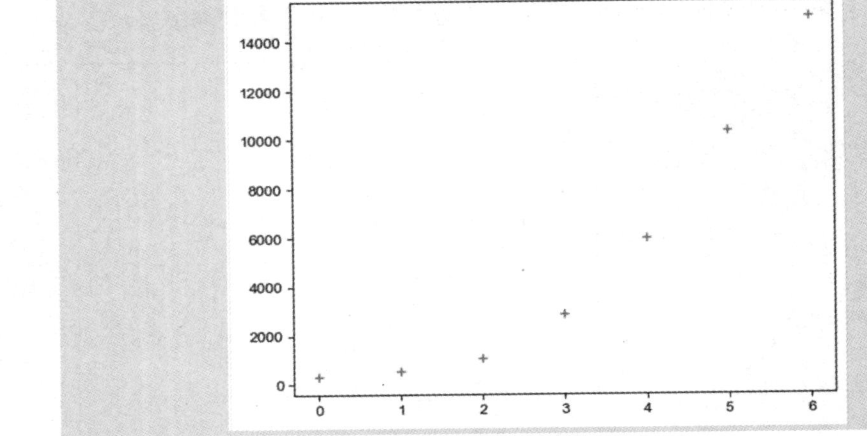

【例 11-3】根据数据绘制 year-GDP 折线图。示例代码如下：

In [10]:

```
import matplotlib.pyplot as plt
plt.rcParams['font.sans-serif'] = ['Arial Unicode MS']
year=[1950,1960,1970,1980,1990,2000,2010]
```

```
GDP=[300.2,543.3,1075.9,2862.5,5959.6,10289.7,14958.3]
plt.figure()
plt.plot(year,GDP,'gs-')
plt.xlabel('year')
plt.ylabel('GDP')
plt.title('名义 GDP')
plt.show()
```

Out[10]:

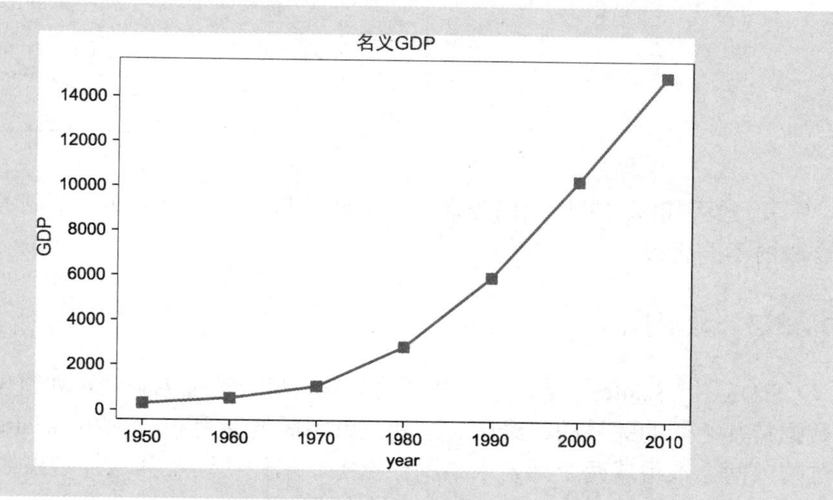

第 6 行代码的第 3 个参数“'gs-'”表示折线的颜色为绿色，数据点的符号为正方形，线型为实线。

【例 11-4】 根据数据绘制某公司注册用户数和活跃用户数的折线图。示例代码如下：

In [11]:

```
import numpy as np
import matplotlib.pyplot as plt
# 解决中文乱码
plt.rcParams['font.sans-serif'] = ['Arial Unicode MS']
plt.rcParams['axes.unicode_minus'] = False

x = np.array([1,2,3,4,5,6,7,8,9])
y1 = np.array([866,2335,5710,6482,6120,1605,3813,4428,4631])
y2 = np.array([500,1200,2590,3459,3323,890,1342,2243,3245])

plt.figure()
plt.plot(x,y1,'r+-',label='注册用户数')
plt.plot(x,y2,'bs-',label='活跃用户数')
plt.title('某公司 1~9 月用户规模',loc ='center' )
plt.xlabel('月份')
plt.ylabel('用户数')
plt.grid(True) # 设置网格线
plt.legend()  # 设置图例
```

Out[11]:

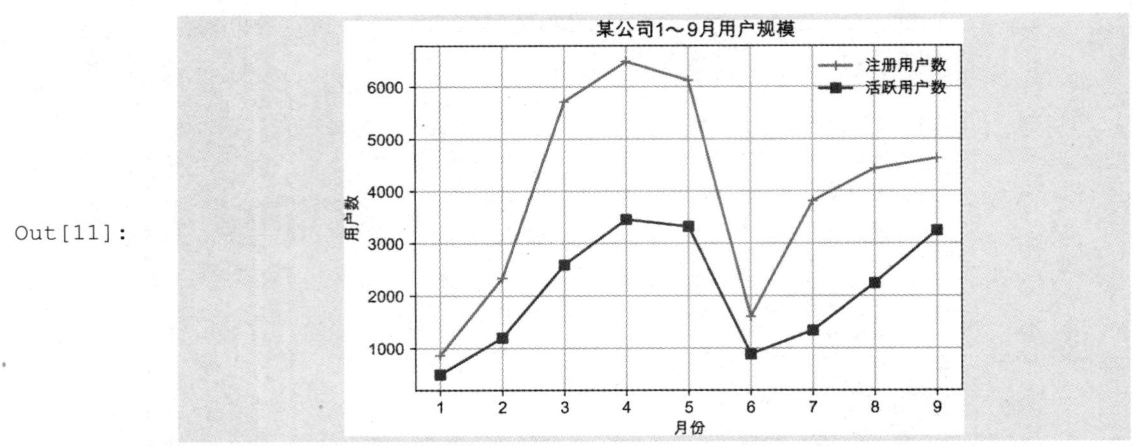

第 12 行和第 13 行代码分别绘制了两条折线，同时展现由不同的数据点的符号和线型组合成的不同折线。

11.2.2 散点图

散点图（Scatter）是以某一特征为 x 轴，另一特征为 y 轴，利用坐标点的分布形态来解释数据特征之间的关系的二维图。绘制散点图需要使用 plt 模块的 scatter()函数，scatter()函数通过传入两个数组或两个列表来绘制散点图，示例代码及其运行结果如下：

In [12]:

```
x = np.arange(5)
y = np.random.randn(5)
plt.scatter(x, y, color='red', marker='+')
plt.show()
```

Out[12]:

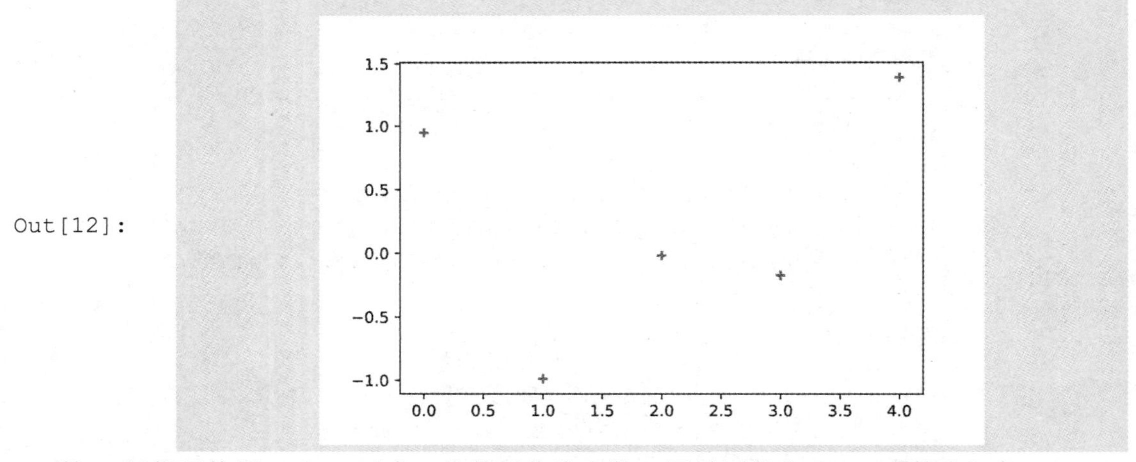

第 3 行代码使用 x 和 y 两个一维数组作为参数，同时还指定 color 参数为红色，marker 参数为加号。

除了 color 和 marker 两个参数，scatter()函数还可以传递以下参数。

- edgecolors：数据点符号的边框颜色。
- linewidths：数据点符号的边框尺寸。

需要注意的是，这两个参数仅当 marker 为“s”“o”“*”时有效。

如果数据点比较少，则也可以为每个数据点设置颜色和边框颜色，得到较为复杂的数据点符号。其中颜色以数组形式构造，如将上述示例代码的第 3 行改为：

In [13]:
```
plt.scatter(x, y,
color=['r','y','g','k','b'],edgecolors=['y','b','k','g','r'])
```

Out[13]:

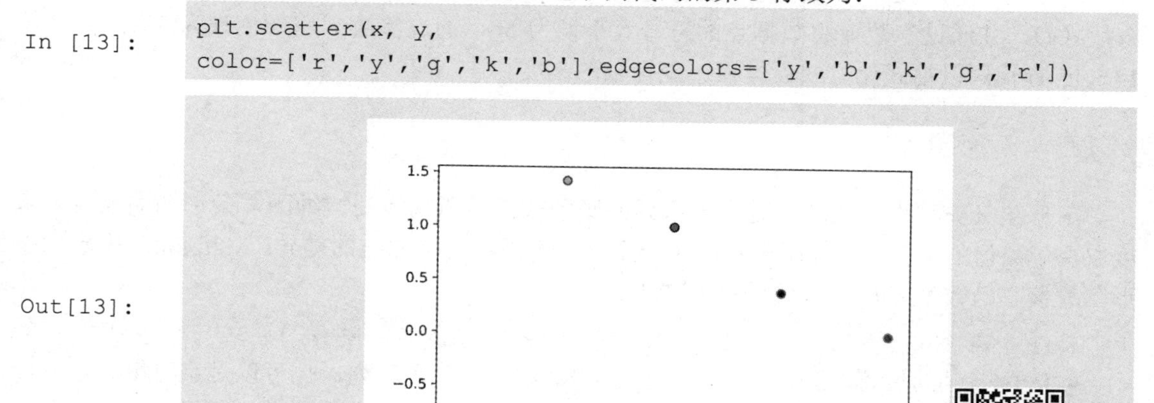

散点图常用来观测两组数据之间的相关关系。例如，可以通过散点图观察身高与体重的关系。示例代码如下：

In [14]:
```
import matplotlib.pyplot as plt
plt.rcParams['font.family'] = "Arial Unicode MS"  #显示中文
plt.rcParams['axes.unicode_minus'] = False  #显示负号

height = [162, 171, 176, 165, 173, 165, 177, 173, 164, 175]
weight = [62, 68, 51, 58, 61, 69, 69, 54, 70, 69]
plt.scatter(height,weight,s = 50,c = 'r',marker='s')

plt.title("男生的身高与体重数据")
plt.xlabel("身高/cm",size=15)  #size：设置字体大小
plt.ylabel("体重/kg",size=15)
plt.grid(True)   #设置网格线
#设置坐标轴的刻度
plt.xticks(range(160,200,5),["{}cm".format(i) for i in
range(160,200,5)])
plt.show()
```

Out[14]:

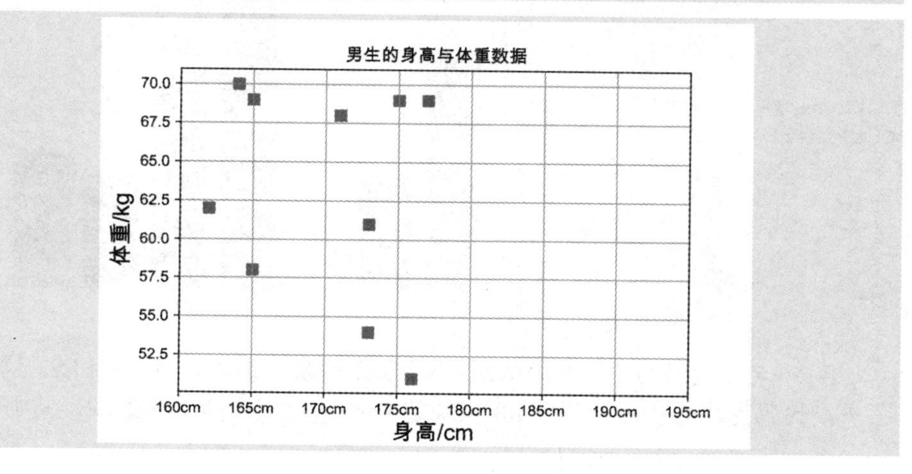

第 7 行代码的 scatter()函数中的 height 和 weight 分别对应身高和体重，数据点的符号为方块（s），并通过参数 s 将数据点的符号大小设为 50，通过参数 c 将颜色设为红色（r）。第 14～15 行代码以格式化方式设置横、坐标轴的刻度。

11.2.3 条形图

条形图又被称为柱状图，是由一系列的竖条或横条所构成的二维图，条形图的高度或宽度取决于数值的大小，一般用来对比某一指标在不同状态下的值的差异。Matplotlib 中绘制条形图的核心函数是 bar()，其语法格式如下：

```
bar(left, height, alpha=1, width=0.8, color=, edgecolor=, align=, label=)
```

- left：*x* 轴的位置序列，一般采用 range()函数产生一个序列，也可以是字符串。
- height：*y* 轴的数值序列，也就是条形图的高度，一般为需要展示的数据。
- alpha：透明度，值越小越透明。
- width：条形图的宽度，一般设置为 0.8 即可。
- color：条形图填充的颜色。
- edgecolor：条形图边缘的颜色。
- align：条形图的对齐方式，可选值包括“'left'”“'center'”“'right'”。

【例 11-5】 绘制简单的条形图。示例代码如下：

In [15]:
```
from matplotlib import pyplot as plt
x = [5,8,10]
y = [12,16,6]
x2 = [6,9,11]
y2 = [6,15,7]
plt.bar(x, y, align =  'center')
plt.bar(x2, y2, color =  'g', align =  'center')
plt.title('Bar graph')
plt.ylabel('Y axis')
plt.xlabel('X axis')
plt.show()
```

Out[15]:

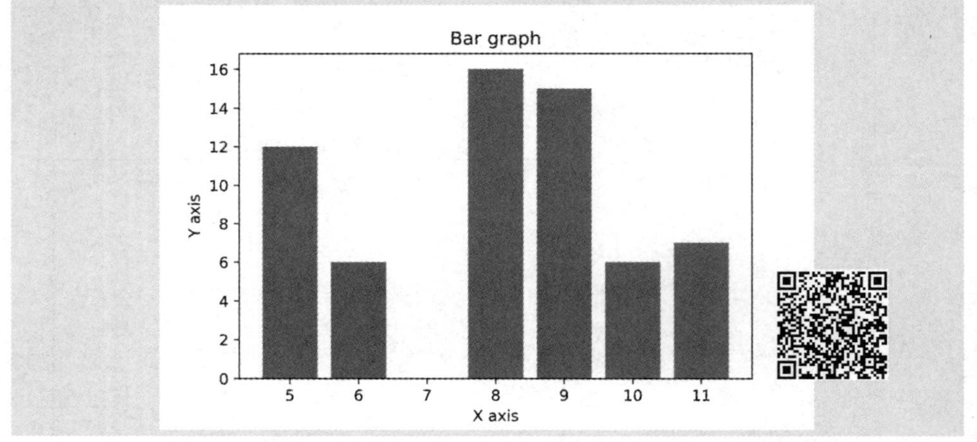

第 2～5 行代码创建了两组数组，x 和 x2 是横坐标数据点，y 和 y2 是纵坐标数据点。第 6～7 行代码为核心代码，利用 plt 模块的 bar()函数生成两个条形图，其中第 6 行代码表示使

用默认颜色，对齐方式为居中，第 7 行代码表示使用绿色，对齐方式为居中。第 8～10 行代码用于设置条形图的属性，包括图的名称，以及 x 轴和 y 轴的名称。

【例 11-6】 使用条形图展示《Python 程序设计》和《Java 程序设计》两本书的历年销售数量。示例代码如下：

In [16]:

```
import matplotlib.pyplot as plt
import numpy as np
plt.rcParams['font.family'] = "Arial Unicode MS"  #显示中文
plt.rcParams['axes.unicode_minus'] = False  #显示负号

x_data=['2012','2013','2014','2015','2016','2017','2018']
y_data=[58000,60200,63000,71000,84000,90500,107000]
y_data2=[52000,54200,51500,58300,56800,59500,62700]
x=range(len(x_data))
plt.bar(x,y_data,label='python', width=0.3,
color='red',alpha=0.8)
plt.bar([i+0.4 for i in x],y_data2,label='java
',width=0.3,color='green',alpha=0.8)
plt.xticks(x,x_data)
plt.title('《Python 程序设计》和《Java 程序设计》的销量对比')
plt.xlabel('年份')
plt.ylabel('销量')
plt.legend()
plt.show()
```

Out[16]:

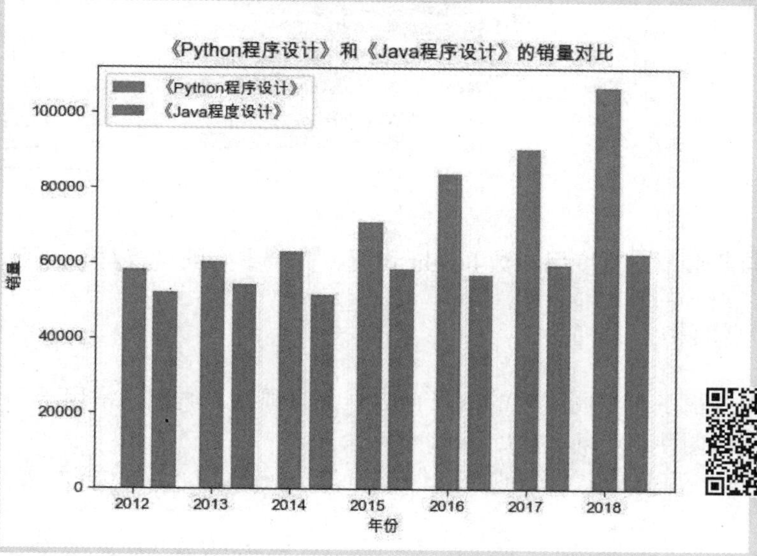

第 6～8 行代码表示原始数据。第 10～11 行代码绘制《Python 程序设计》的销量条形图，参数 x 为各个条形落脚点的坐标，从 0 开始到 len(x_data)-1 结束。第 12～13 行代码绘制《Java 程序设计》的销量条形图，由于其落脚点相对于《Python 程序设计》销量条形图有一定的偏移，因此使用列表推导式实现。第 14 行代码将落脚点坐标 x 用元素数目相等的字符串列表 x_data 替代。

在本示例中，字符串“'2012'”代替的数值为 0，也就是最左侧的条形，但是这样做的一个缺点是字符串“'2012'”落在了红色条形的正下方，而不是红、绿两个条形的正中间。如果要实现将字符串落在两个条形正中间的效果，则可以将第 14 行代码替换为 plt.xticks (np.array(x)+0.15,x_data)。因为条形的宽度为 0.3，所以偏移量可以设为条形宽度的一半，即 0.15。

除了绘制竖向条形图，还可以绘制横向条形图，只需要将 bar()函数替换成 barh()函数即可，其用法与 bar()函数基本一致。例如，将例 11-6 中的竖向条形图转换为横向条形图，修改第 9～14 行代码：

In [17]:
```
x=range(len(y_data))
plt.barh(x,y_data,label='python', height=0.3,
color='red',alpha=0.8)
plt.barh([i+0.4 for i in
x],y_data2,label='java',height=0.3,color='green',alpha=0.8)
plt.yticks(np.array(x)+0.15,x_data)
```

Out[17]:

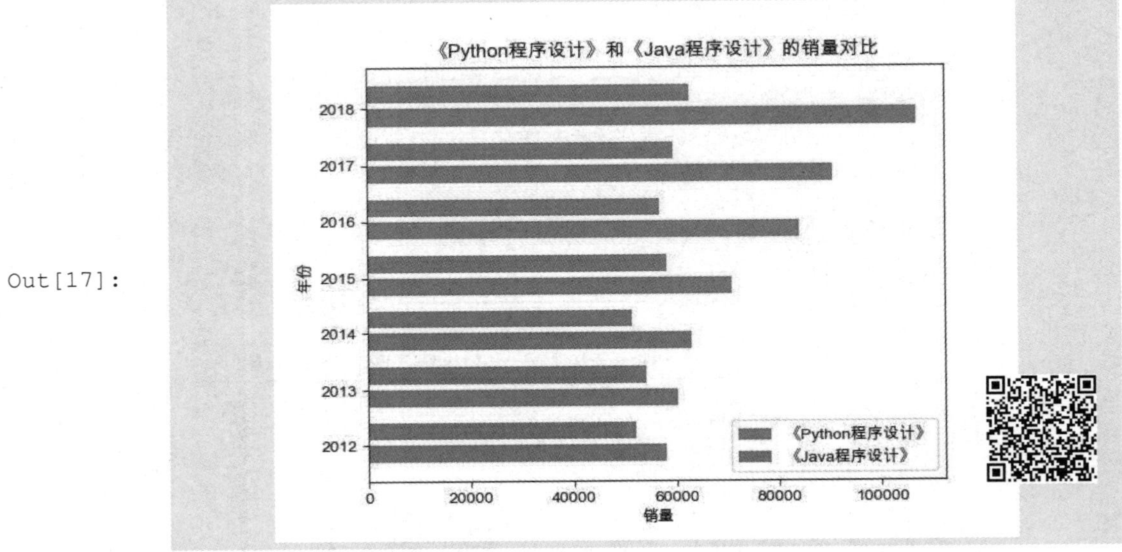

横向条形图的宽度用参数 height 设置，其余参数的设置与 bar()函数的完全一致。

11.2.4 饼图

饼图是由多个不同颜色的扇形合成一个整圆的二维图，常用于形象化地展示各部分的占比。绘制饼图使用函数 pie()。示例代码如下：

In [18]:
```
labels =[ 'Frogs', 'Hogs', 'Dogs', 'Logs']
sizes = [15, 30, 45, 10]
explode = (0, 0.1, 0, 0)  # 突出显示 Hogs

plt.pie(sizes, autopct='%1.2f%%', shadow=True, startangle=90,
explode=explode, labels=labels)
plt.legend(loc='upper right')
plt.show()
```

Out[18]:

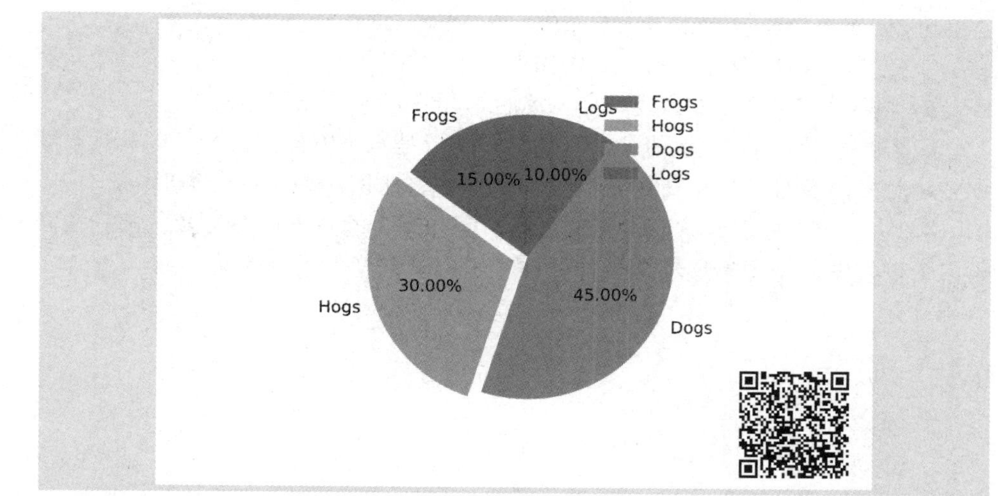

第 3 行代码设置 explode 参数，将第二个元素值设为 0.1，其余的设为 0，意味着在输出的饼图中，会突出显示 Hogs 的扇形，其他扇形不变。第 5～6 行代码使用 plt 模块中的 pie()函数绘制饼图，参数 autopct 表示格式化百分比精确输出；参数 shadow 用于设置饼图的阴影，默认为 False，不设置阴影；参数 startangle 用于设置起始绘制饼图的角度，默认为从 x 轴正方向逆时针开始，如果设置 startangle =90，则从 y 轴正方向开始；参数 explode 表示各个扇形之间的间隔，用于突出显示；参数 labels 用于设置各个扇形的颜色，默认为 None。第 7 行代码使用 legend()函数显示图例，可以使用参数 loc 设置图例的位置，参数 upper right 表示图例在右上角。

11.3　本章小结

本章主要介绍了如何使用 matplotlib 模块进行简单的图形绘制，包括如何创建子图和设置图形的属性，以及绘制折线图、散点图、条形图、饼图等基本的二维图形。

首先介绍了如何导入 matplotlib 模块，并使用 pyplot 子模块创建一个基本的图形。然后介绍了如何绘制简单的折线图和散点图，以及如何添加标签、标题和图例。最后介绍了如何绘制条形图和饼图，以及如何设置子图的属性，如坐标轴标签、标题、图例等。

matplotlib 模块是一个非常强大而灵活的数据可视化工具，可以用于绘制各种类型的二维图形。本章介绍的基本图形绘制技巧和属性设置方法，可以为读者进一步探索 Matplotlib 的功能提供良好的基础。

动手编程

1．用数据点加线的方式画出 x=(0,10)时的 sin(x)折线图，并设置线型为虚线。
2．用 scatter()函数画出 x=(0,10)时的 sin(x)的散点图。
3．用饼图的面积及颜色展示一组四维数据。
4．在一张图里绘制 sin(x)和 cos(x)的图像，并展示图例，调整图例在右上角显示。
5．在一个画布中制作两个子图，分别显示 sin(x)和 cos(x)的图像。

6．创建一个三维画布，在画布中绘制一条三维螺旋线。

7．绘制一组堆叠柱状图，要求如下。

- 系列 1 和系列 2 的数据以不同颜色展示在同一个条形中。
- 堆叠柱状图的 x、y 轴进行交换，即条形是水平方向的。
- 计算堆叠柱状图中每个系列的比例，并将比例添加到每个条形中。

8．绘制一组分组柱状图，要求系列 1 和系列 2 的数据以不同颜色并列在同一刻度上，即第二个柱状图的每个条形放在第一个柱状图同一刻度上条形的某一侧。

第 12 章　Python 数据处理

pandas 是 Python 的一个扩展程序库，为 Python 提供高性能、易于使用的数据结构和数据分析工具，其基础是 NumPy（提供高性能的矩阵运算）。因此，pandas 和 NumPy 经常一起使用。pandas 可以对各种数据进行运算操作，比如归并、选择等，还有数据清洗和数据加工，因此它被广泛应用在学术、金融、统计学、分析等领域。

本章简要介绍 pandas 的基本数据结构、数据的读写与操作、数据分组与统计分析。

12.1　pandas 的基本数据结构

pandas 作为科学计算领域常用的三大软件库之一，其处理的数据结构类型包括 Series 和 DataFrame。其中，Series 为一维结构数组，其大小不可以改变，但所包含的数据值是可以改变的。DataFrame 为二维结构数组，其大小和数据值均可以改变。Series 和 DataFrame 是最为常用的两种数据结构类型，常用于处理金融、统计、社会科学、工程等领域大多数的数据分析任务。

12.1.1　创建 Series

Series 类似于一维数组，由一组数据及索引构成。Series 可以保存任何数据类型的数据，包括整型、浮点型、字符串和 Python 对象等类型的数据。创建 Series 的函数是 Series()，其语法格式为：pandas.Series(data, index, dtype, name, copy)，其中，data 是 ndarray 类型的一维数组或列表；index 为索引，如果不指定，则默认从 0 开始；dtype 是数据类型，pandas 会自己判断，可以不用指定；name 表示 Series 对象的名称，默认为 None；copy 为拷贝数据，默认为 False。最重要的两个参数是 data 和 index。示例代码如下：

In [1]:
```
import numpy as np,pandas as pd
a1=[0,1,2]
s1=pd.Series(a1)
print(s1)
```

Out[1]:
```
0    0
1    1
2    2
dtype: int64
```

第 1 行代码利用 import 语句同时导入 numpy 和 pandas 两个模块，并分别重命名为 np 和 pd；第 2 行代码构造了一个列表；第 3 行代码利用列表创建了一个 Series 对象，也可以利用

ndarray 类型的一维数组创建 Series。示例代码如下：

```
In [2]:   a2=np.arange(5,10)
          s2=pd.Series(a2)
          print(s2)
```

```
Out[2]:   0    5
          1    6
          2    7
          dtype: int64
```

从输出结果可以看出，Series 是一个带有索引的一维数组，由两列构成，最左侧一列为索引，如果没有指定索引，则索引默认从 0 开始自动编码。当然，也可以在创建 Series 对象时指定索引。示例代码如下：

```
In [3]:   s3=pd.Series(a2,index=['a','b','c'])
          print(s3)
```

```
Out[3]:   a    0
          b    1
          c    2
          dtype: int64
```

在第 1 行代码中，索引以列表形式传递给参数 index。

当然，还可以使用字典对象来创建 Series，此时字典的 key 会转换为 Series 对象的索引，value 会转换为对应的元素。示例代码如下：

```
In [4]:   dic={'a':0,'b':1,'c':2}
          s4=pd.Series(dic)
          print(s4)
```

```
Out[4]:   a    0
          b    1
          c    2
          dtype: int64
```

一旦创建好 Series 对象，就能通过索引查看 Series 中的某个元素，可以使用默认的索引，从 0 开始，也可以使用在创建 Series 时传入的索引。示例代码如下：

```
In [5]:   print('Series 中第二个元素:',s4[1])
          print('Series 中第二个元素:',s4['b'])
```

```
Out[5]:   Series 中第二个元素: 1
          Series 中第二个元素: 1
```

输出结果都是 1。当使用指定的索引时，要以字符串形式传递。也可以一次性查看 Series 中的多个元素，此时需要将元素对应的索引以列表形式传递到方括号“[]”中。例如，s4[[0,1]] 和 s4[['a','b']]均是从列表中查看第 0 行和第 1 行元素，返回的结果是一个 Series 对象，索引依然是原 Series 结构中对应的索引。

12.1.2　创建 DataFrame

DataFrame 是一个表格型的数据结构，它含有一组有序的列，每列的值可以是不同的数据类型，包括数值型、字符串等，是一个二维的数组结构，类似于二维数组。DataFrame 既有行索引也有列索引，它可以被看作是由 Series 组成的字典。图 12-1 展示了 Series 与 DataFrame 两种数据结构的区别。

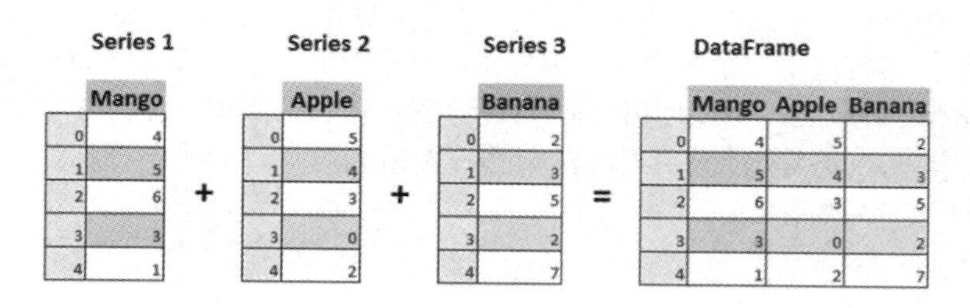

图 12-1　Series 与 DataFrame 比较图

创建 DataFrame 对象的函数是 DataFrame()，其语法格式为：pandas.DataFrame(data, index, columns, dtype, copy)。data 是一组数据，可以是 ndarray、Series、map、list、dict 等类型；index 为索引，也可以称为行索引；columns 是列索引，默认为 RangeIndex(0,1,2,…,n)；dtype 为数据类型；copy 为拷贝数据，默认为 False。创建 DataFrame 对象的方法有两种，即根据 ndarray 类型的二维数组创建和根据字典创建。

- 根据 ndarray 类型的二维数组创建，如创建元素全为 0 的 DataFrame 对象。示例代码如下：

In [6]:
```
import pandas as pd,numpy as np
data=np.ones((3,4))*0
df1=pd.DataFrame(data,columns=['a','b','c','d'])
print(df1)
```

Out[6]:
```
     a    b    c    d
0  0.0  0.0  0.0  0.0
1  0.0  0.0  0.0  0.0
2  0.0  0.0  0.0  0.0
```

首先利用 numpy 模块的 ones()函数创建一个 3 行 4 列的全 1 二维数组，然后将这个二维数组乘以 0，使得数组中的每个元素都变为 0，将其作为 DataFrame 的第一个参数 data。通过 columns 参数为每一列指定一个索引，索引通过列表形式传递给 columns 参数。本示例没有指定 index 参数，此时行索引将按照从 0 开始的顺序自动编码。当然，也可以给 DataFrame 传递行索引，同样以列表形式传递给 index 参数即可。

- 根据字典创建，其中字典的 key 为列名，key 对应的 value 以列表形式呈现。示例代码如下：

In [7]:
```
data = {'state': ['Ohio', 'Ohio', 'Ohio', 'Nevada', 'Nevada',
'Nevada'], 'year': [2000, 2001, 2002, 2001, 2002, 2003], 'pop': [1.5,
1.7, 3.6, 2.4, 2.9, 3.2]}
df= pd.DataFrame(data)
print(df)
```

Out[7]:
```
    state  year  pop
0   Ohio   2000  1.5
1   Ohio   2001  1.7
```

```
2    Ohio  2002  3.6
3  Nevada  2001  2.4
4  Nevada  2002  2.9
5  Nevada  2003  3.2
```

第 1～3 行代码构造了一个字典，字典中的每个值均为列表，对应 DataFrame 中的一列。创建好 DataFrame 对象后，可以使用 loc 属性返回指定行的数据，如果没有设置索引，则也可以使用默认索引，即第一行索引为 0，第二行索引为 1，以此类推。例如，查看上述示例中第 0 行的数据的代码为:

In [8]:
```
df.loc[0]
```

Out[8]:
```
   state    Ohio
year     2000
pop       1.5
Name: 0, dtype: object
```

返回的结果是一个 Series 类型的对象。当然，也可以查看连续的某几行数据，只需要指定起始索引和结束索引，中间用冒号“:”分隔即可。如果要查看非连续的若干行数据，则需要将要查看的行索引以列表形式传递到方括号“[]”中。例如，查看并输出 df 对象中第 0 行到第 3 行的数据:

In [9]:
```
print(df.loc[0:3])
```

Out[9]:
```
state  year  pop
0    Ohio  2000  1.5
1    Ohio  2001  1.7
2    Ohio  2002  3.6
3  Nevada  2001  2.4
```

也可以查看并输出 df 中行索引为 0、1、3、5 的数据:

In [10]:
```
print(df.loc[[0,1,3,5]])
```

Out[10]:
```
    state  year  pop
0    Ohio  2000  1.5
1    Ohio  2001  1.7
3  Nevada  2001  2.4
5  Nevada  2003  3.2
```

从上述示例中可以看出，返回的结果都是一个 DataFrame 类型的对象。

如果要查看 DataFrame 中某一列的数据，则只需要在方括号“[]”中传递列名即可，如 df['year']返回的是 df 对象中的第 2 列，结果是 Series 类型。也可以既按照行，也按照列进行查看。例如，查看 df 对象中第 2 列中的前两行数据。示例代码如下：

In [11]:
```
df['year'].loc[0:2]
```

Out[11]:
```
0    2000
1    2001
2    2002
Name: year, dtype: int64
```

12.2　数据的读写与操作

12.2.1　使用 pandas 读写文件

pandas 提供了多种类型的数据读取功能，包括在数据分析中经常会接触到的一些 CSV 文件和 Excel 文件等，这些都可以极大地方便使用者对数据进行高效处理。

1. CSV 文件的读写

CSV（Comma-Separated Values），是以逗号分隔的文件格式。因为其分隔符号不一定是逗号，又被称为字符分隔文件。可以使用 pandas 的 read_csv()函数读取 CSV 文件，其语法格式如下：

```
pandas.read_csv(filepath, seq=',', header='infer', names=None, index_col=None,
dtype=None, engine=None, nrows=None)
```

另外，对于文本文件，也可以使用 read_csv()函数进行数据读取。

【例 12-1】假设存在学生信息的 CSV 文件，包含学生学号、姓名、性别、出生日期、家庭住址、电话等，利用 pandas 模块读取该文件。示例代码如下：

```
In [12]:  import pandas as pd
          data = pd.read_csv('data/staff.csv')
```

第 2 行代码表示直接传递文件所在的目录即可读取。由于已经知道 CSV 文件是以逗号分隔的，因此也可以不用指定分隔符。

也可以使用 to_csv(文件名,index=True)函数将 DataFrame 存储为 CSV 文件。index 用于设定是否保存 DataFrame 的行索引，默认为 True，如果不保存，则需要将 index 设为 False。示例代码如下：

```
In [13]:  import pandas as pd
          # 3 个字段 name, site, age
          nme = ["Google", "Runoob", "Taobao", "Wiki"]
          st=["www.google.com",    "www.runoob.com",    "www.taobao.com",
          "www.wikipedia.org"]
          ag = [90, 40, 80, 98]
          dict = {'name': nme, 'site': st, 'age': ag}  # 构造字典
          df = pd.DataFrame(dict)   #根据字典创建 DataFrame 对象
          df.to_csv('site.csv')
```

2. Excel 文件的读写

Excel 文件是一种经常使用的数据存储方式，Excel 文件的读取格式为：pandas.read_excel(filepath,sheet_name=['表 1', '表 2'])。利用该函数可以轻松读取指定 Excel 文件中的多个数据表。

【例 12-2】假设存在一个广告投放的流量表 a.xlsx，里面有 3 个 sheet 分别保存一级流量、二级流量和三级流量，分别读取 Excel 文件中的 3 个数据表。示例代码如下：

```
In [14]:  import pandas as pd
          d1 = pd.read_excel('a.xlsx',sheet_name = 'sheet1')
          d2 = pd.read_excel('a.xlsx',sheet_name = 'sheet2')
          d3 = pd.read_excel('a.xlsx',sheet_name = 'sheet3')
```

In [ ]:
```
d3
```

Out[14]:

流量级别	投放地区	访客数	支付转化率	客单价	支付金额
0	三级	A 区	45059	0.1366	90.11	554561.22
1	三级	B 区	2133	0.1083	74.48	17204.50
2	三级	C 区	899	0.0990	92.99	8276.50
3	三级	D 区	31	0.0000	NaN	NaN
4	三级	E 区	17	0.0000	NaN	NaN

sheet_name 参数指定需要读的数据表。

当然，也可以将 DataFrame 数据写入 Excel 文件中，调用 to_excel()函数，其语法格式为：pandas.to_excel(filemath, sheet_name='',index=False)。sheet_name 参数用于设定 sheet 的名称，index 参数用于设定是否保存行索引。示例代码如下：

In [15]:
```
import pandas as pd
# 3 个字段 name, site, age
nme = ["Google", "Runoob", "Taobao", "Wiki"]
st=["www.google.com",    "www.runoob.com",    "www.taobao.com",
"www.wikipedia.org"]
ag = [90, 40, 80, 98]
dict = {'name': nme, 'site': st, 'age': ag}  # 构造字典
df = pd.DataFrame(dict)   #根据字典创建 DataFrame 对象
df.to_excel('site.xlsx',sheet_name='a',index=False)
```

12.2.2 查看数据

当文件数据行数比较多时，为了便于查看数据的内容，可以使用 DataFrame 对象中的 head(n)函数查看前 n 行数据，如果不填参数 n，则默认返回前 5 行。同理，可以使用 tail(n)函数读取尾部的 n 行数据，如果不填参数 n，则默认返回后 5 行，空行各个字段的值返回 NaN。另外，也可以通过切片的方式利用 DataFrame 对象的 loc 函数显示指定的某一行或连续的若干行数据。例如，默认显示前 5 行数据。示例代码如下：

In [16]:
```
print('默认前 5 行'+'*'*10)
print(data.head())  # 默认前 5 行
```

显示指定的前 3 行数据。示例代码如下：

In [17]:
```
print('输出前 3 行'+'*'*10)
print(data.head(3))
```

默认显示后 5 行数据。示例代码如下：

In [18]:
```
print('输出后 5 行'+'*'*10)
print(data.tail())
```

显示指定的某一行数据。示例代码如下：

In [19]:
```
print('指定显示某一行'+'*'*10)
print(data.loc[1])
```

显示指定的某几行数据。示例代码如下：

In [20]:
```
print('指定显示某几行'+'*'*10)
print(data.loc[1:3])
```

还可以按照条件查找或筛选数据。例如，要从广告投放的流量表中筛选出访客数大于 10 000，且属于一级流量的渠道。示例代码如下：

In [21]:
```
d_tmp=df.loc[(df['访客数'] > 10000) & (df['流量级别'] == '一级'),:]
```

Out[21]:

	流量级别	投放地区	访客数	支付转化率	客单价	支付金额
0	一级	A 区	44300	0.1178	58.79	306887.83
1	一级	B 区	30612	0.1385	86.64	367338.10
2	一级	C 区	18389	0.0250	0.28	129.58

loc()函数中第一部分为条件表达式，利用列索引方式查找访客数大于 10 000，且流量级别等于“一级”的行。

此外，当 DataFrame 中的数据较多时，可以通过 DataFrame 对象的 columns 查看数据的列名；通过 shape 查看数据的形状，即行数和列数。

12.2.3　数据处理

当要处理的数据来自多个数据表，且数据中存在空行时，可以利用 pandas 提供的内置函数进行相应的处理。常用的函数有 concat()函数和 dropna()函数。concat()函数用于将多个表格进行合并，要合并的 DataFrame 对象以列表形式传递给函数，还可以指定合并方式，通过设置 axis=0 或 axis=1 来实现，默认 axis=0。dropna()函数用于删除空的行。

【例 12-3】将多个数据表进行合并，并删除数值为空的行。

In [22]:
```
import pandas as pd
d1 = pd.read_excel('a.xlsx',sheet_name = 'sheet1')
d2 = pd.read_excel('a.xlsx',sheet_name = 'sheet2')
d3 = pd.read_excel('a.xlsx',sheet_name = 'sheet3')
df = pd.concat([d1,d2,d3])    #横向合并
df.dropna(axis=0)    #删除数据为空的行
df
```

Out[22]:

	流量级别	投放地区	访客数	支付转化率	客单价	支付金额
0	一级	A 区	44300	0.1178	58.79	306887.83
1	一级	B 区	30612	0.1385	86.64	367338.10
2	一级	C 区	18389	0.0250	0.28	129.58
3	一级	D 区	4509	0.1073	64.12	31035.14
4	一级	E 区	3769	0.0573	92.91	20068.20
5	一级	F 区	2424	0.2207	89.33	47791.60
6	一级	G 区	2412	0.0821	56.04	11096.42
0	二级	A 区	29111	0.1066	87.40	271189.23
1	二级	B 区	17165	0.2271	91.22	355662.39
2	二级	C 区	8870	0.0078	44.52	3072.00
0	三级	A 区	45059	0.1366	90.11	554561.22
1	三级	B 区	2133	0.1083	74.48	17204.50
2	三级	C 区	899	0.0990	92.99	8276.50
3	三级	D 区	31	0.0000	NaN	NaN
4	三级	E 区	17	0.0000	NaN	NaN

还可以对数据表按照某一列的数值进行排序，使用 sort_values()函数，传递要排序的列名，以及排序方式。例如，在上面的广告投放的流量表中按照支付金额降序排列。示例代码如下：

In [23]:
```
sort_df = df.sort_values('支付金额',ascending = False)
print(sort_df)
```

Out[23]:

	流量级别	投放地区	访客数	支付转化率	客单价	支付金额
0	三级	A区	45059	0.1366	90.11	554561.22
1	一级	B区	30612	0.1385	86.64	367338.10
1	二级	B区	17165	0.2271	91.22	355662.39
0	一级	A区	44300	0.1178	58.79	306887.83
0	二级	A区	29111	0.1066	87.40	271189.23
5	一级	F区	2424	0.2207	89.33	47791.60
3	一级	D区	4509	0.1073	64.12	31035.14
4	一级	E区	3769	0.0573	92.91	20068.20
1	三级	B区	2133	0.1083	74.48	17204.50
6	一级	G区	2412	0.0821	56.04	11096.42
2	三级	C区	899	0.0990	92.99	8276.50
2	二级	C区	8870	0.0078	44.52	3072.00
2	一级	C区	18389	0.0250	0.28	129.58
3	三级	D区	31	0.0000	NaN	NaN
4	三级	E区	17	0.0000	NaN	NaN

参数值“支付金额”是排序的列，参数 ascending 设定了排序方式，ascending=False 表示按照降序排列，如果按照升序排列，则将 ascending 设置为 True。

12.3 数据分组与统计分析

12.3.1 数据的分组统计

在数据分析中，经常会先对数据按照某列进行分组，再对其他列的数据进行统计分析。pandas 中的 DataFrame 对象提供了 groupby()函数，该函数会生成一个包含组名和数据库的两位元组序列。

例如，在下面的示例中，将利用 groupby()函数对流量级别进行分组，并分组统计访客数和支付金额。示例代码如下：

In [24]:
```
df_group=df.groupby('流量级别',as_index = False)
df_sum=df_group[['访客数','支付金额']].sum()
```

Out[24]:

	流量级别	访客数	支付金额
0	一级	106415	784346.87
1	三级	48139	580042.22
2	二级	55146	629923.62

“流量级别”作为汇总的依据列，默认转化为索引列，如果不希望它变成索引，则可以向 groupby()函数传入参数 as_index = False。groupby()函数返回的是 DataFrameGroupBy 类型的对象。第 2 行代码是从 df_group 中获得“访客数”和“支付金额”两列，并使用 sum()函数对这两列的值求和。

12.3.2 数据的统计分析

pandas 对象拥有一组常用的数学和统计方法，大部分都属于简化和汇总统计，用于从 Series 中提取单个的值，或者从 DataFrame 的行或列中提取一个 Series。pandas 提供了非常多的描述性统计分析的指标函数，如总和、均值、最小值、最大值等。describe()函数默认统计数值型数据每列数据的平均值、标准差、最大值、最小值、25%分位数、50%分位数、75%分位数。这些都属于数据聚合。例如，针对前文的广告投放流量表，利用 describe()函数求每列的总数、平均值、标准差、最小值等。示例代码如下：

In [25]:

```
df.describe()
```

Out[25]:

	访客数	支付转化率	客单价	支付金额
count	15.000000	15.000000	13.000000	13.00000
mean	13980.000000	0.095607	71.448462	153408.67000
std	16055.263699	0.070715	26.955877	190371.80064
min	17.000000	0.000000	0.280000	129.58000
25%	2272.500000	0.041150	58.790000	11096.42000
50%	4509.000000	0.106600	86.640000	31035.14000
75%	23750.000000	0.127200	90.110000	306887.83000
max	45059.000000	0.227100	92.990000	554561.22000

当然，也可以利用统计分析函数对特定的列进行统计分析，常见的统计函数包括：mean()、std()、median()、max()和 min()。使用统计函数统计广告投放的流量表“访客数”的平均值、标准差、中位数、最大值和最小值。示例代码如下：

In [26]:

```
print('平均访客数:',df['访客数'].mean())    #统计平均值
print('访客数标准差: ',df['访客数'].std())     #统计标准差
print('中位数: ',df['访客数'].median())   #统计中位数
print('最大访客数:',df['访客数'].max())     #统计最大值
print('最小访客数:',df['访客数'].min())     #统计最小值
```

Out[26]:

```
平均访客数: 13980.0
访客数标准差:  16055.263698506214
中位数:  4509.0
最大访客数: 45059
最小访客数: 17
```

12.4 本章小结

本章简要介绍了 pandas 的基本数据结构、数据的读写与操作、数据分组与统计分析。pandas 的两种基本数据结构为 Series 和 DataFrame。其中，Series 是一维数组，DataFrame 是二维表格。这两种数据结构可以处理各种类型的数据，并提供了丰富的方法和函数，以便进行数据处理和分析。利用 pandas 可以读取 CSV 文件和 Excel 文件，并介绍了如何进行数据的基本操作，如数据合并、筛选等。最后介绍了如何使用 pandas 进行数据分组与统计分析，如分组函数 groupby()、describe()等。

pandas 是一个功能强大的 Python 数据分析库，可以处理各种类型的数据，并提供了丰富

的方法和函数，以便进行数据处理和分析。通过本章的学习，读者可以快速上手 pandas，进行简单的数据处理和分析。

动手编程

1．编写一个程序，根据字典创建 DataFrame，并设置索引。

2．DatraFrame 有一列整数列 A，删除数值重复的行。

3．一个有 5 列的 DataFrame，求哪一列的和最小。

4．对于给定的 DataFrame，有列 A 和 B，A 列的值在 1～100 之间（包含 1 和 100），在 A 列中每 10 步长，求对应的 B 列的和。

5．对于给定的 DataFrame，计算每个元素到左边最近的 0（或者到开头）的距离，生成新列 y。

6．对于给定的 DataFrame，将负值代替为同组的平均值，计算 3 位滑动窗口的平均值，忽略 NaN。

7．创建 Series，将 2021 年所有工作日作为随机值的索引；对所有星期三的对应值求和，并且求出每个自然月对应值的平均数；每连续 4 个月为一组，求出最大值所在的日期。

第 13 章　Python 机器学习案例分析

Python 已经成为大数据分析与人工智能应用的主要编程语言，也提供了大量的工具库，帮助开发者对数据进行高效的分析，通过少量的编程构建一个完整的机器学习模型。scikit-learn 是当前机器学习模型开发最为常用的工具库，本章主要介绍 scikit-learn 的数据预处理、特征工程、模型选择与评估等。随后，将详细介绍两个机器学习案例：鸢尾花分类和有机分子类别预测。通过两个实际的案例让读者能够快速掌握和利用 Python 进行机器学习建模的流程，为更深入的学习打下坚实的基础。

13.1　scikit-learn 简介

scikit-learn 是一个开源的 Python 机器学习库，它建立在 NumPy、SciPy 和 Matplotlib 等科学计算库的基础上。它拥有丰富的机器学习算法和工具，使得开发者可以轻松地构建、训练和评估机器学习模型。scikit-learn 提供了一系列机器学习算法的实践，包括分类、回归、聚类、降维等，还提供了数据预处理、特征工程、模型选择与评估等功能，方便用户进行全面的机器学习实践。

在使用 scikit-learn 之前，需要先安装该库。可以在“命令提示符”窗口中使用 pip 命令进行安装：

```
pip install scikit-learn
```

安装完成后，通过以下语句将 scikit-learn 库导入当前环境下使用：

```
import sklearn
```

scikit-learn 提供了丰富的功能和工具，下面介绍其中几个常用的功能。

13.1.1　数据集生成器

scikit-learn 提供了一些数据集生成器，可以根据实际需要生成合成的、可用于机器学习的数据集。例如，可以使用 make_blobs()函数产生一个数据集和相应的标签。示例代码如下：

In [1]:
```
from sklearn.datasets import make_blobs
X,y=make_blobs(n_samples=200,n_features=2,            centers=2,
random_state=3)
print('X',X)
print('y',y)
```

Out[1]:
```
X [[ 1.15397271  5.10245931]
 [-3.83829162 -0.14283146]
 [ 0.7370821   5.14172857]
```

```
...
[ 0.49298642  4.09938337]
[-3.84755613 -0.19948633]
[ 0.45010503  5.09191242]]
y [0 1 0 ... 0 1 0]
```

第 1 行代码表示从 scikit-learn 的 datasets 模块中导入函数 make_blobs()。在使用 make_blobs()函数生成数据时，需要指定要生成的样本数 n_samples、样本特征数 n_features、类别标签数 centers，以及随机生成器的种子 random_state。数据生成后，可以使用如下的示例代码将生成的数据可视化。

In [2]:

```
import matplotlib.pyplot as plt
plt.figure()
plt.scatter(X[:, 0], X[:, 1], c='w', edgecolor='k', marker='o',
s=50)
plt.show()
```

Out[2]:

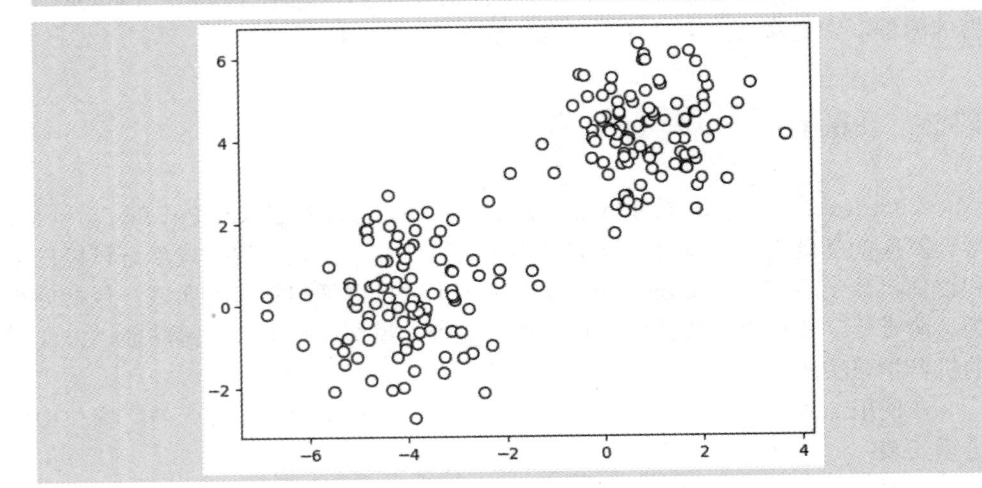

13.1.2 内置数据集

scikit-learn 提供了一些内置的小规模数据集以便初学者学习，可以使用 datasets 模块中的 load_*()函数加载并获取数据，*表示要加载的不同数据集名字，读者可以从官网上查看 scikit-learn 内置的数据集名字。例如，获取内置在 scikit-learn 中的鸢尾花数据集，可以通过以下示例代码实现。

In [3]:

```
from sklearn.datasets import load_iris
iris=load_iris()
print(iris.data[:10])
```

Out[3]:

```
[[5.1 3.5 1.4 0.2]
 [4.9 3.  1.4 0.2]
 [4.7 3.2 1.3 0.2]
 [4.6 3.1 1.5 0.2]
 [5.  3.6 1.4 0.2]
 [5.4 3.9 1.7 0.4]
 [4.6 3.4 1.4 0.3]
```

```
 [5.  3.4 1.5 0.2]
 [4.4 2.9 1.4 0.2]
 [4.9 3.1 1.5 0.1]]
```

```
In [4]:  print(iris.target)
         print(iris.target_names)
```

```
Out[4]:  [0 0 0 0 0 0 0 0 0 0 0]
         ['setosa' 'versicolor' 'virginica']
```

代码 from sklearn.datasets import load_iris 表示从 scikit-learn 的 datasets 模块中导入函数 load_iris()。该函数不需要传递任何参数，调用该函数返回的是字典，通过 iris.keys()可以获得字典中的所有键，包括“'data'”“'target'”“'target_names'”“'feature_names'”等。键“'data'”的值为二维数组，因此使用 iris.data 即可以查看相应的数据。同理，键“'target'”的值为样本对应的类别标签，键“'target-name'”的值为标签的名字列表，键“'feature_names'”的值对应每一列的名字，即特征名。

13.1.3　数据预处理

数据预处理是机器学习流程中的重要步骤之一，scikit-learn 中的 preprocessing 模块包含了多种数据预处理方法。例如，可以使用 StandardScaler 对数据进行标准化处理，使用 MinMaxScaler 进行数据的缩放等。以 iris 数据为例，对数据进行标准化处理。示例代码如下：

```
In [5]:  from sklearn.preprocessing import StandardScaler
         scaler=StandardScaler()
         scaler.fit(iris.data)
         sc=scaler.transform(iris.data)
         print(sc[:10])
```

```
Out[5]:  [[-0.90068117  1.01900435 -1.34022653 -1.3154443 ]
          [-1.14301691 -0.13197948 -1.34022653 -1.3154443 ]
          [-1.38535265  0.32841405 -1.39706395 -1.3154443 ]
          [-1.50652052  0.09821729 -1.2833891  -1.3154443 ]
          [-1.02184904  1.24920112 -1.34022653 -1.3154443 ]
          [-0.53717756  1.93979142 -1.16971425 -1.05217993]
          [-1.50652052  0.78880759 -1.34022653 -1.18381211]
          [-1.02184904  0.78880759 -1.2833891  -1.3154443 ]
          [-1.74885626 -0.36217625 -1.34022653 -1.3154443 ]
          [-1.14301691  0.09821729 -1.2833891  -1.44707648]]
```

使用 scikit-learn 中 preprocessing 模块的 StandardScaler 类对鸢尾花数据集的特征进行了标准化处理。首先，导入 StandardScaler 类，并创建该类的一个实例对象 scaler。其次，调用 scaler.fit(iris.data)函数对数据集的每个特征进行计算，得到该特征的平均值和标准差，以便进行标准化处理。再次，调用 scaler.transform(iris.data)函数对数据进行标准化处理，并将标准化后的数据存储到变量 sc 中。最后，使用 print()函数输出前 10 行标准化后的数据。

13.1.4 特征工程

特征工程是机器学习中非常重要的一部分，在 scikit-learn 的 preprocessing 模块中提供了多种特征工程的方法，包括缺失值处理、特征缩放、特征选择、特征编码和多项式扩展等，读者可以根据实际应用需要选择相应的处理方法。例如，可以使用 PolynomialFeatures 进行多项式扩展，通过将现有特征的组合作为新特征来增加特征空间的维度。例如，假设有两个数值特征“*x*”和“*y*”，则可以使用以下示例代码将它们扩展为二次多项式特征。

In [6]:

```
import numpy as np
from sklearn.preprocessing import PolynomialFeatures
X = np.array([[1, 2], [3, 4], [5, 6]])
poly = PolynomialFeatures(degree=2)
poly.fit(X)
poly_X = poly.transform(X)
print(poly_X)
```

Out[6]:

```
[[ 1.  1.  2.  1.  2.  4.]
 [ 1.  3.  4.  9. 12. 16.]
 [ 1.  5.  6. 25. 30. 36.]]
```

代码首先导入了 numpy 模块和 PolynomialFeatures 类，然后定义了一个二维数组 X，表示输入数据集，它包含 3 个样本，每个样本有两个特征。接下来，创建了一个 PolynomialFeatures 类的实例 poly，并指定了 degree=2，表示要将特征进行二次多项式扩展。然后，对 X 进行多项式扩展，使用 fit()函数来拟合模型，将多项式扩展器适应于数据。最后，使用 transform()函数将数据转换为多项式扩展形式，存储在 poly_X 中。

在这个示例中，输出包含 3 个样本，每个样本有 6 个特征，其中第 2、3 个特征是原始特征，而其他 4 个特征是原始特征的组合。多项式扩展后的特征可以帮助提高机器学习模型的预测准确性。

13.1.5 模型选择与评估

scikit-learn 封装了多种机器学习模型，我们可以根据具体的问题选择合适的模型。例如，可以使用 LinearRegression 进行线性回归预测，使用 DecisionTreeClassifier 进行决策树分类等。这些模型按照不同的类别放在相应的模块中，比如 LinearRegression 在 linear_model 模块中，DecisionTreeClassifier 在 tree 模块中。因此，使用之前需要通过 import 语句导入。示例代码如下：

```
from sklearn.linear_model import LinearRegression
from sklearn.tree import DecisionTreeClassifier
```

此外，为了验证模型的有效性，scikit-learn 也提供了多种模型评估指标，如准确率、均方误差、平均绝对误差等。这些评估指标是在 metrics 模块中的，使用之前需要通过 import 语句导入。示例代码如下：

```
from sklearn.metrics import accuracy_score
```

以上只是简单的使用方法，更多的内容可以参照 scikit-learn 的官方网站。

13.2　鸢尾花分类

本节介绍一个简单的应用案例。假设有一名植物爱好者对他发现的鸢尾花品种很感兴趣，并收集了每朵鸢尾花的测量数据，包括花瓣的长度和宽度及花萼的长度和宽度，还获得这些花的品种（setosa、versicolor 或 virginica 三个品种之一）。他的目标是构建一个模型，使其可以从这些已知品种的鸢尾花测量数据中进行学习，从而能够预测新鸢尾花的品种。

在这个问题中，我们要在多个选项中预测其中一个（鸢尾花的品种），这是一个分类问题，可能的输出（鸢尾花的不同品种）叫作类别。数据集中的每朵鸢尾花都属于 3 个类别之一，所以这是一个三分类问题。

本案例利用 scikit-learn 库和逻辑回归模型实现鸢尾花的分类。

13.2.1　逻辑回归算法

逻辑回归是一种常用的分类算法，用于解决二分类问题，输出是概率值，表示样本属于某一类的概率。逻辑回归的原理非常简单。对于一个二分类问题，假设有一个特征向量 $\boldsymbol{X}$ 和对应的目标变量 y，首先对特征进行线性聚合，将特征向量 $\boldsymbol{X}$ 与参数向量 $\boldsymbol{w}$ 求矩阵运算，得到预测值 z，公式为

$$z = w_0 X_0 + w_1 X_1 + w_2 X_2 + \cdots + w_n X_n$$

式中，X_0 的值为 1。然后，将使用 Sigmoid()函数将预测值 z 转换为概率 p，计算公式为

$$p = \frac{1}{1+e^{-z}}$$

最后，根据概率值 p 进行分类决策。通常设定一个阈值，当 p 大于或等于阈值时判定为正类（1），当 p 小于阈值时判定为负类（0）。

逻辑回归是最简单和常用的分类算法之一，具有以下 4 个优点。

- 算法简单：逻辑回归是一种简单而有效的分类算法，易于理解和实现。
- 计算效率高：逻辑回归的计算复杂度较低，训练速度相对较快。
- 模型解释性强：逻辑回归可以通过参数向量 $\boldsymbol{w}$ 的值来解释特征对预测结果的影响程度。
- 可以处理大规模数据：逻辑回归适用于处理大规模数据集，具有良好的扩展性。

13.2.2　数据导入与探索

由于鸢尾花数据已经内置在 scikit-learn 的 datasets 模块中，因此使用如下的示例代码可以导入并获得特征和目标变量。

In [7]:
```
from sklearn.datasets import load_iris
iris=load_iris()
X=iris.data
y=iris.target
print('X:',X[:5])
print('y:',y[:5])
```

Out[7]:
```
X: [[5.1 3.5 1.4 0.2]
 [4.9 3.  1.4 0.2]
```

```
 [4.7 3.2 1.3 0.2]
 [4.6 3.1 1.5 0.2]
 [5.  3.6 1.4 0.2]]
y: [0 0 0 0 0]
```

可以使用 matplotlib 模块对数据进行可视化。选择两个特征进行可视化。示例代码如下：

```
In [8]:  import matplotlib.pyplot as plt
         plt.scatter(X[:,   0],   X[:,   1],   c=y,   cmap=plt.cm.spring,
         edgecolor='k')
         plt.show()
```

Out[8]:

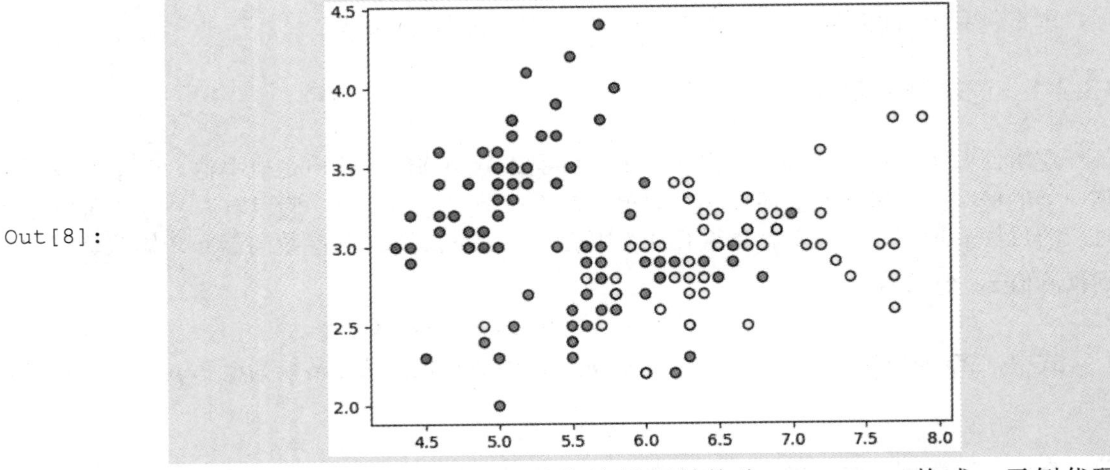

为了便于对数据进行深入的分析，可以将该数据转换为 DataFrame 格式。示例代码如下：

```
In [9]:  import pandas as pd
         df=pd.DataFrame(data=iris["data"],
         columns=iris["feature_names"])
         df["target"] = iris["target"]
```

为了更加美观地展示特征的数据分布图，可以使用可视化模块 Seaborn。Seaborn 是一个基于 Matplotlib 库的数据可视化库，它提供了更高级别的 API 和更漂亮的默认样式，使得数据可视化更加简单和美观。Seaborn 可以用于绘制常见的统计图表，如散点图、折线图、柱状图、直方图、核密度估计图等。它还提供了一些高级功能，如热力图、分面绘图、分类数据绘图等。读者可以使用 pip install seaborn 命令安装，将该库导入当前程序窗口中，并使用 seaborn 模块的 displot()函数展示数据的分布。示例代码如下：

```
In [10]: import seaborn as sns
         sns.displot(data=df, x="sepal length (cm)", kde=True)
         plt.title("Sepal Length Distribution")
         plt.xlabel("Sepal Length (cm)")
         plt.ylabel("Count")
         plt.show()
```

Out[10]:

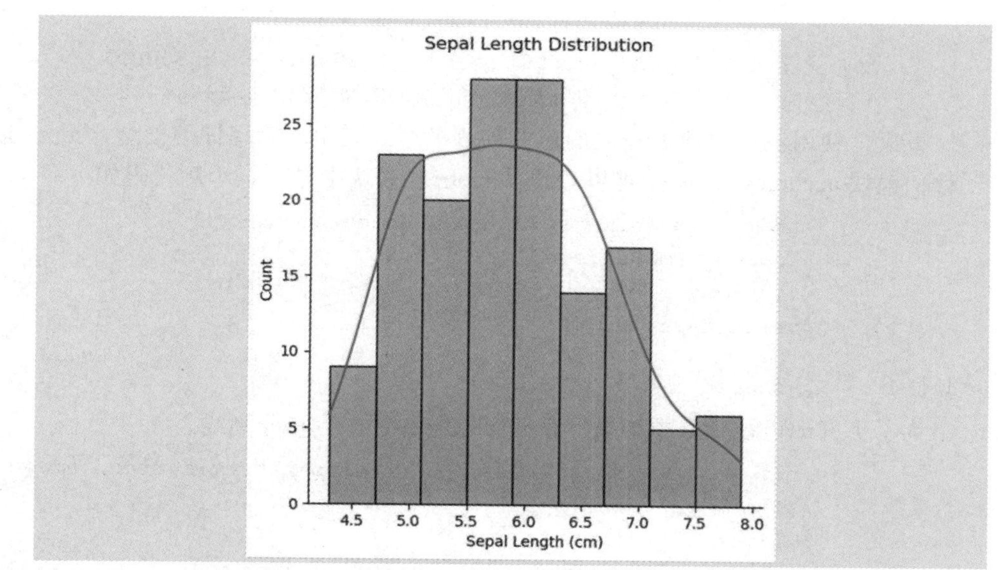

displot()函数中的 data 参数指定要使用的数据集，x 参数指定要绘制的特征，即花萼长度，kde 参数指定是否绘制核密度估计曲线。plt()函数设置标题、坐标轴标签等，并使用 plt.show()函数显示图像。如果想要绘制其他特征的分布图，则可以将 x 参数改为其他特征的名称，如“"sepal width (cm)"”“"petal length (cm)"”“"petal width (cm)"”。

13.2.3　构建逻辑回归模型

在构建模型之前，首先需要将数据集划分为训练集和测试集，训练集和测试集的比例可以根据实际情况调整，一般来说可以设为 7∶3 或 8∶2。scikit-learn 提供了数据集切分的函数 train_test_split()。示例代码如下：

In [11]:
```
from sklearn.model_selection import train_test_split
X_train,    X_test,    y_train,    y_test=train_test_split(X,    y,
test_size=0.3, random_state=0)
```

train_test_split()函数在模块 model_selection 中，将特征数据 X 和 y 传递给 train_test_split()函数，返回的是切分后的数据集，包含训练集的特征 X 与目标 y，测试集的特征 X 与目标 y。需要注意的是，train_test_split()函数中的参数 test_size 表示测试集的样本数量比例，0.3 表示全部样本的 30%作为测试集，70%作为训练集；参数 random_state 表示随机种子，可以设置为一个固定的数字。

然后，利用 scikit-learn 中的 LogisticRegression 类构建逻辑回归模型，并利用训练集对模型进行拟合。示例代码如下：

In [12]:
```
from sklearn.linear_model import LogisticRegression
model = LogisticRegression()
model.fit(X_train, y_train)
```

运行上述代码，会构建一个名为 model 的逻辑回归模型，使用模型的 coef_属性可以获得逻辑回归模型的系数。

In [13]:
```
print("回归系数：", model.coef_)
```

Out[13]:
```
回归系数： [[-0.39775599  0.83421352 -2.28939804 -0.97837497]
```

```
[ 0.54466557 -0.29064352 -0.23255299 -0.65850996]
[-0.14690958 -0.54357     2.52195103  1.63688492]]
```

最后，使用测试集数据评估构建的预测模型。采用准确率评估模型，scikit-learn 也内置了评估模块 accuracy_score，可以直接从 metrics 模块中导入。示例代码如下：

```
In [14]:  from sklearn.metrics import accuracy_score
          y_pred = model.predict(X_test)
          accuracy = accuracy_score(y_test, y_pred)
          print("Accuracy:", accuracy)
```

```
Out[14]:  Accuracy: 0.9777777777777777
```

为了更好地可视化分类结果，我们可以绘制数据点和分割线。

```
In [15]:  plt.scatter(X[:,0],X[:,1],c=y,cmap=plt.cm.spring, edgecolor='k')
          xlim = plt.xlim()
          ylim = plt.ylim()
          xx = np.linspace(xlim[0], xlim[1], 10)
          yy = np.linspace(ylim[0], ylim[1], 10)
          XX, YY = np.meshgrid(xx, yy)
          xy = np.vstack([XX.ravel(), YY.ravel()]).T
          Z = model.decision_function(xy).reshape(XX.shape)
          plt.contour(XX, YY, Z, colors='k', levels=[0])
          plt.show()
```

Out[15]:

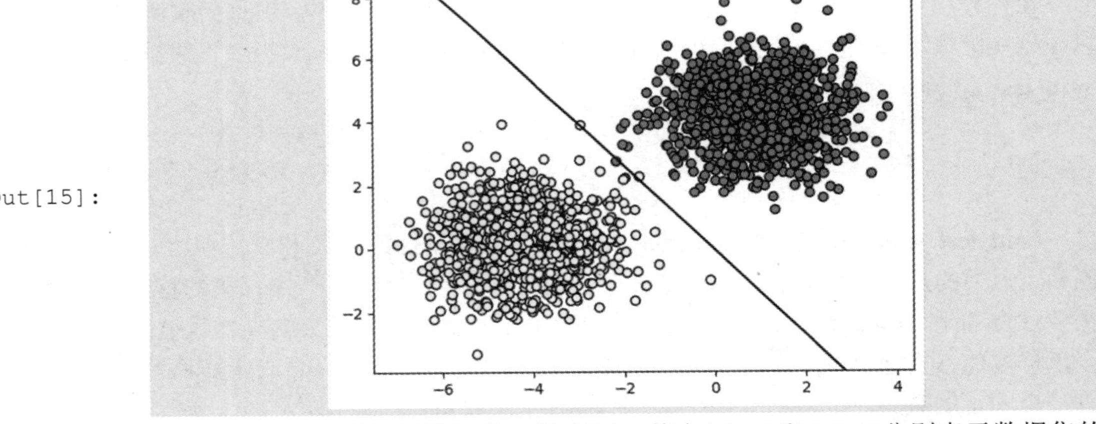

首先，使用 plt.scatter()函数绘制数据集的散点图，其中 X[:,0]和 X[:,1]分别表示数据集的两个特征，c 参数为数据点的颜色，cmap 参数为颜色映射，edgecolor 参数为数据点的边缘颜色。其次，使用 plt.xlim()和 plt.ylim()函数获取 x 轴和 y 轴的范围，并使用 np.linspace()函数生成 x 轴和 y 轴的坐标点。使用 np.meshgrid()函数将 x 轴和 y 轴的坐标点组合成二维的坐标矩阵。再次，使用 model.decision_function()函数获取每个坐标点的决策函数值，并使用 np.reshape()函数将结果变成与坐标矩阵相同的形状。最后，使用 plt.contour()函数绘制决策边界，其中 colors 参数指定边界线的颜色，levels 参数指定绘制的等高线的值。从运行结果可以看到，通过逻辑回归生成的分割线可以把两维数据很好地分开。

13.3　有机分子类别预测

溶解有机物（DOM）是地球上最大的反应性碳库之一，其化学组成和反应活性与水生碳和营养循环、微量元素运输、微生物代谢和环境污染物反应密切相关。光化学反应（光生产和光降解）是改变 DOM 化学性质的重要组成部分，通过直接将其矿化为 CO_2 或间接诱导其生物地球化学功能变化，以进行随后的微生物调节。最先进的超高分辨率质谱技术，傅里叶变换离子回旋共振质谱（FT-ICR MS），可以在一个 DOM 样品中提供数千个分子式（MF），并提供将分子化学组成和光化学反应直接联系起来的机会。本案例利用有机分子数据构建分类模型，预测有机分子的类别。

13.3.1　数据读取与探索

所用的数据保存在 Excel 文件中，文件名为 formulate.xlsx，因此使用 pandas 的 read_excel() 函数读取该文件，读取结果为 DataFrame 类型的对象。示例代码如下：

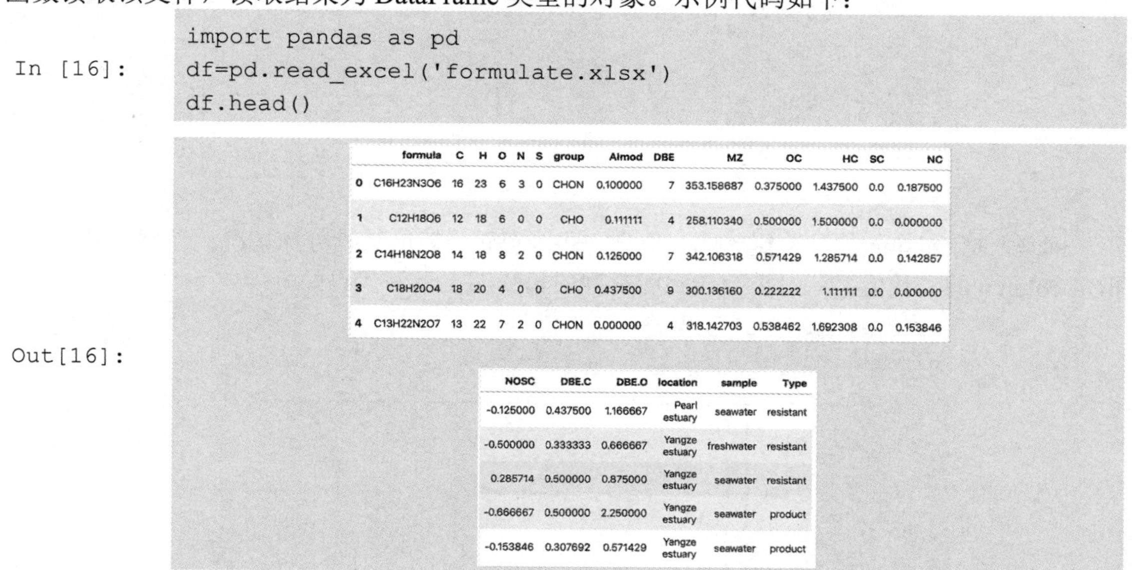

In [16]:
```
import pandas as pd
df=pd.read_excel('formulate.xlsx')
df.head()
```

Out[16]:

	formula	C	H	O	N	S	group	AImod	DBE	MZ	OC	HC	SC	NC
0	C16H23N3O6	16	23	6	3	0	CHON	0.100000	7	353.158687	0.375000	1.437500	0.0	0.187500
1	C12H18O6	12	18	6	0	0	CHO	0.111111	4	258.110340	0.500000	1.500000	0.0	0.000000
2	C14H18N2O8	14	18	8	2	0	CHON	0.125000	7	342.106318	0.571429	1.285714	0.0	0.142857
3	C18H20O4	18	20	4	0	0	CHO	0.437500	9	300.136160	0.222222	1.111111	0.0	0.000000
4	C13H22N2O7	13	22	7	2	0	CHON	0.000000	4	318.142703	0.538462	1.692308	0.0	0.153846

NOSC	DBE.C	DBE.O	location	sample	Type
-0.125000	0.437500	1.166667	Pearl estuary	seawater	resistant
-0.500000	0.333333	0.666667	Yangze estuary	freshwater	resistant
0.285714	0.500000	0.875000	Yangze estuary	seawater	resistant
-0.666667	0.500000	2.250000	Yangze estuary	seawater	product
-0.153846	0.307692	0.571429	Yangze estuary	seawater	product

该数据集包含 20 列 17999 行，第一列表示分子式，最后一列表示分子的类型。我们可以使用 DataFrame 对象的 shape 属性查看数据的行数与列数。数据集中的 C、H、O、N、S 五列表示分子中各元素的个数，数值均为正整数；group 列表示分子所在的组别，即分子所含元素种类；AImod 列表示修正后的芳香指数，数值为 0～1 的小数；DBE 列表示不饱和双键当量，数值均为正整数；MZ 列表示质荷比；OC、HC、SC、NC 四列表示相应元素与碳元素个数之比，数值较小且因个别元素不在分子中存在，所以多数数值为零；NOSC 列表示氧化态指数，数值正负皆有；DBE.C 列表示不饱和双键当量与碳的差值；DBE.O 列表示不饱和双键当量与氧的差值；location 列表示采样位置；sample 列表示分子来源样品名称，为离散数据，仅有两种类型。我们可以通过 DataFrame 的 columns 属性查看列名。

In [17]:
```
df.columns
```

Out[17]:
```
Index(['formula', 'C', 'H', 'O', 'N', 'S', 'group', 'AImod', 'DBE',
'MZ', 'OC', 'HC', 'SC', 'NC', 'NOSC', 'DBE.C', 'DBE.O', 'location',
'sample','Type'],dtype='object')
```

为了便于数据处理，可以去除列 group、location 和 sample，以及分子式 formula 和 Type。示例代码如下：

```
In [18]:  df_s=df[['C', 'H', 'O', 'N', 'S', 'AImod', 'DBE', 'MZ', 'OC','HC',
          'SC', 'NC', 'NOSC', 'DBE.C', 'DBE.O']]
```

我们可以通过 DataFrame 的 boxplot()函数绘制数据的箱线图。例如，查看 AImod 列的数据分布，可用如下示例代码实现。

```
In [19]:  df_s.boxplot(column='AImod')
          plt.show()
```

Out[19]:

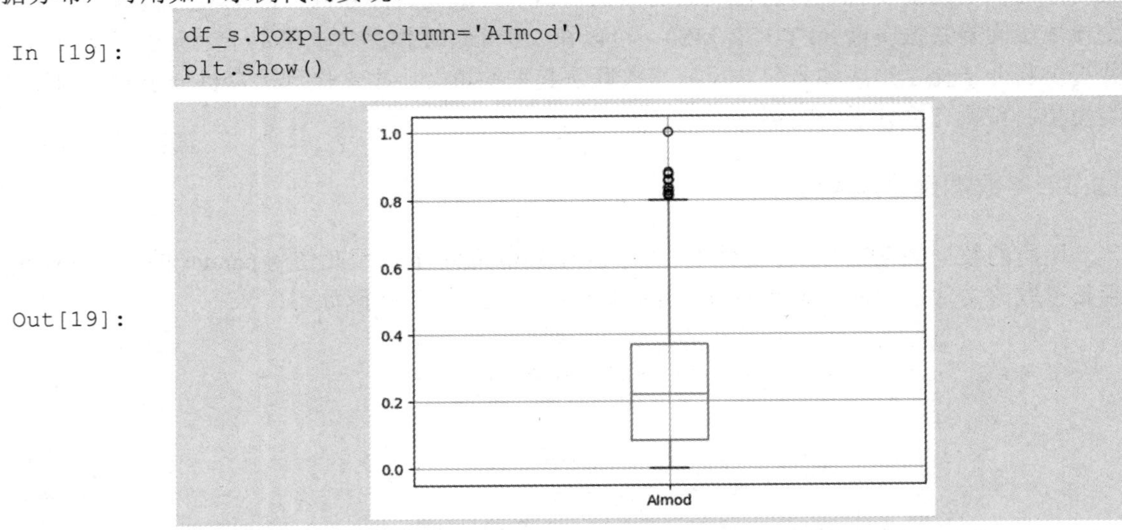

同理，把 column 的参数值改成其他列，即可查看相应的数据分布情况。当然，也可以不指定 column 的参数值，此时将会绘制所有列的箱线图。示例代码如下：

```
In [20]:  df_s.boxplot()
          plt.show()
```

Out[20]:

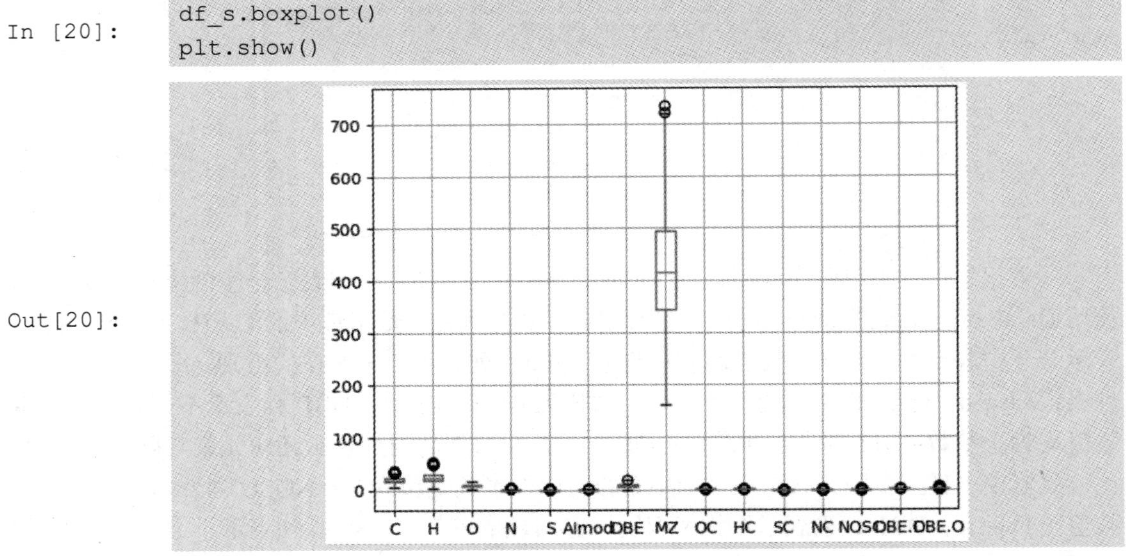

describe()函数可以查看全部列的数据分布情况，输出结果为一个列表，读者可以尝试使用。

13.3.2 数据预处理

由于采集到的数据大多是不完整、结构不一致、含噪声的“脏数据”，所以无法直接用来分析和建模。为此，就需要对其进行预处理，主要包括缺失值处理和数据无量纲化处理。

1. 缺失值处理

可以使用 pandas 的 isnull()函数和 notnull()函数来检查 DataFrame 中的缺失值。isnull()函数返回一个布尔型的 DataFrame，其中缺失值为 True，非缺失值为 False。notnull()函数返回相反的结果，即缺失值为 False，非缺失值为 True。查看上述示例数据的缺失值比例的示例代码如下：

In [21]:
```
missing_ratio = df_s.isnull().mean()
print(missing_ratio)
```

Out[21]:
```
C         0.0
H         0.0
O         0.0
N         0.0
S         0.0
AImod      0.0
DBE        0.0
MZ        0.0
OC        0.0
HC        0.0
SC        0.0
NC        0.0
NOSC       0.0
DBE.C      0.0
DBE.O      0.0
dtype: float64
```

本示例数据没有缺失值，因此不需要额外的处理。如果数据有缺失值，则可以使用缺失值填充函数 fillna()进行填充。

2. 数据无量纲化处理

从前面的数据分布可以看出，不同的特征取值范围差异较大，为此需要将其转换到同一量纲空间或将不同分布的数据转换到某个特定分布，这个过程被称为“无量纲化”。常用的无量纲化方法包括 z-score 变换、Min-Max 变换等。z-score 变换是一种广泛使用的线性变换，它将数据映射到一组均值为 0，且标准差为 1 的新数据中。采用 z-score 变换的示例代码如下：

In [22]:
```
from sklearn.preprocessing import StandardScaler
scale=StandardScaler()
scale.fit(df_s)
X_scale=scale.fit_transform(df_s)
print(X_scale[:5])
```

Out[22]:
```
[[-0.69241313  -0.19095243  -0.93218341   2.44143506  -0.49201757
-0.75470572  -0.50561119  -0.66169495  -0.59108299   0.61822051
-0.47015266  2.62182971 0.09018312 -0.07080937  0.17183034]
 [-1.44698781  -0.75534956  -0.93218341  -0.76408381  -0.49201757
-0.69590384  -1.40730509  -1.60098538   0.2038596    0.8285419
```

```
-0.47015266 -0.73658597 -0.65167235 -0.73470444 -0.74138012]
 [-1.06970047  -0.75534956  -0.29732448   1.37292877  -0.49201757
-0.6224015   -0.50561119  -0.77091709   0.65811251   0.10743999
-0.47015266  1.82220693   0.90269148  0.32752767 -0.36087576]
 [-0.3151258   -0.52959071  -1.56704234  -0.76408381  -0.49201757
1.03140121   0.09551807   -1.18567621   -1.5626795    -0.48012452
-0.47015266 -0.73658597 -0.98138588  0.32752767  2.150453   ]
 [-1.25834414  -0.30383186  -0.61475395   1.37292877  -0.49201757
-1.28392258   -1.40730509  -1.00773125   0.44845732   1.47568463
-0.47015266  2.01903716 0.03311731 -0.89812477 -0.91532497]]
```

z-score 变换是在 scikit-learn 中 preprocessing 模块的 StandardScaler 类实现的，因此，使用之前需要将其导入。随后，先构建一个 StandardScaler 对象，并使用 fit()函数拟合数据，再通过 fit_transform()函数将数据转换成均值为 0，标准差为 1 的新数据中。

同理，可以使用 preprocessing 模块中的 MinMaxScaler 类实现 0-1 标准化，将原始数据压缩到[0,1]范围内。示例代码如下：

```
In [23]:  from sklearn.preprocessing import MinMaxScaler
          scale=MinMaxScaler()
          scale.fit(df_s)
          X_scale=scale.fit_transform(df_s)
          print(X_scale[:2])
```

```
Out[23]:
[[0.33333333 0.38       0.26666667 1.         0.         0.1
  0.36842105 0.33395159 0.25878906 0.56443299 0.         0.5625
  0.44460227 0.4375     0.21212121]
 [0.2        0.28       0.26666667 0.         0.         0.11111111
  0.21052632 0.16784428 0.37109375 0.59793814 0.         0.
  0.34659091 0.33333333 0.12121212]
 [0.26666667 0.28       0.4        0.66666667 0.         0.125
  0.36842105 0.31463637 0.43526786 0.48306333 0.         0.42857143
0.55194805 0.5        0.15909091]
 [0.4        0.32       0.13333333 0.         0.         0.4375
  0.47368421 0.24128896 0.12152778 0.38946163 0.         0.
  0.3030303  0.5  0.40909091]
 [0.23333333 0.36       0.33333333 0.66666667 0.         0.
  0.21052632 0.27275735 0.40564904 0.70103093 0.         0.46153846
0.43706294 0.30769231 0.1038961 ]]
```

代码与上个示例代码类似，只需要将 StandardScaler 换成 MinMaxScaler 即可。

13.3.3 模型构建与评估

本示例使用决策树算法构建分类模型。决策树是描述对实例进行分类的树形结构。决策树由结点和有向边组成。结点有两种类型：内部结点和叶结点。内部结点表示一个特征或属性，叶结点表示一个类。决策树的构建是一个递归过程，首先从根节点开始，根据选择的特征，将原始数据集划分为多个分支，然后依次遍历每个分支，在剩下的特征集中继续选择一个特征，进行对应划分，一直递归下去，直到不可再分。

由于数据集的预测目标 Type 是字符串，所以首先利用 scikit-learn 中 preprocessing 模块的 LabelEncoder 类将其转换成数字编码。示例代码如下：

In [24]:
```
from sklearn.preprocessing import LabelEncoder
Y=df['Type']
le=LabelEncoder()
le.fit(Y)
Y_=le.transform(Y_train)
df['Type']=Y_
df['Type'].head()
```

Out[24]:
```
0    2
1    2
2    2
3    1
4    1
Name: Type, dtype: int64
```

然后，通过如下示例代码构造输入特征集 X 和预测目标 y。

In [25]:
```
X=df[['C', 'H', 'O', 'N', 'S', 'AImod', 'DBE', 'MZ', 'OC',
      'HC', 'SC', 'NC', 'NOSC', 'DBE.C', 'DBE.O']].values
y=df['Type'].values
```

为了便于对模型进行训练和测试，需要将数据划分为训练集和测试集，本示例使用 train_test_split()函数。示例代码如下：

In [26]:
```
from sklearn.model_selection import train_test_split
X_train,    X_test,    y_train,    y_test=train_test_split(X,    y,
test_size=0.3, random_state=0)
```

我们从中选择 70%的样本作为训练集，30%的样本作为测试集。

最后，利用 scikit-learn 中的 DecisionTreeClassifier 类构建决策树模型，并利用训练集对模型进行拟合。示例代码如下：

In [27]:
```
from sklearn.tree import DecisionTreeClassifier
from sklearn.metrics import accuracy_score
clf = DecisionTreeClassifier()
clf.fit(X_train, y_train)
y_pred = clf.predict(X_test)

# 计算准确率
acc = accuracy_score(y_test, y_pred)
print('Accuracy:', acc)
```

Out[27]:
```
Accuracy: 0.6496296296296297
```

构建的决策树模型在测试集上的预测结果准确率为 64.96%。我们还可以利用 metrics 模块中的 confusion_matrix()函数生成混淆矩阵，并使用 Seaborn 库中的 heatmap()函数进行可视化显示。示例代码如下：

In [28]:
```
from sklearn.metrics import confusion_matrix
import seaborn as sns
cm = confusion_matrix(y_test, y_pred)
```

```
sns.heatmap(cm, annot=True, cmap='Blues', fmt='g')
plt.xlabel('Predicted labels')
plt.ylabel('True labels')
plt.show()
```

Out[28]:

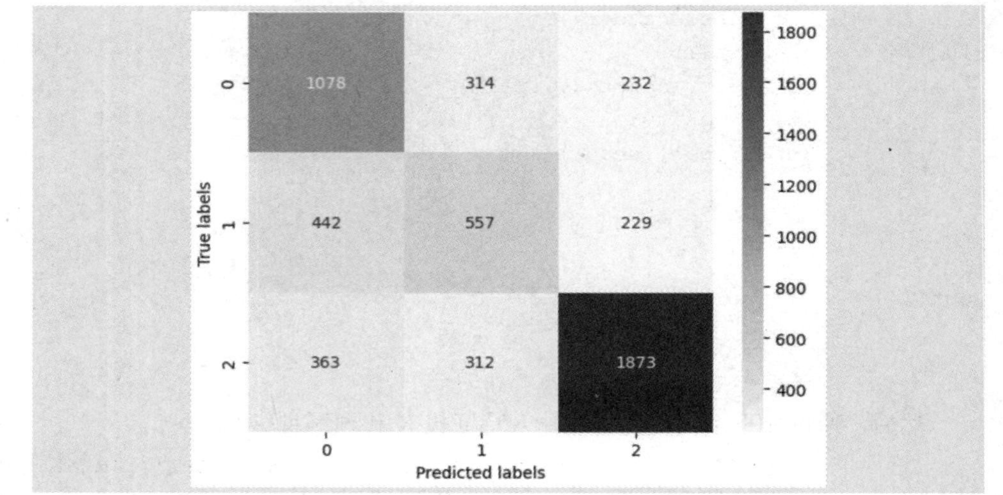

混淆矩阵，也称为误差矩阵，是一种常见的、用于评价分类模型性能的工具。混淆矩阵是一个 $N \times N$ 的矩阵，其中 N 表示分类的类别数。混淆矩阵可以直观地展示分类模型在各个类别上的性能表现，从而帮助我们评估分类模型的准确性、精度、召回率、F1 值等指标。

13.4　本章小结

本章主要介绍了使用 scikit-learn 进行机器学习的基本流程，以及应用 scikit-learn 进行鸢尾花分类和有机分子类别预测的案例。首先，介绍了 scikit-learn 的基本用法，以及数据预处理、模型选择与评估等功能。scikit-learn 提供了丰富的工具和函数，可以帮助读者快速构建机器学习模型，并对模型性能进行评估和优化。其次，本章介绍了鸢尾花分类的案例。展示了如何使用 Scikit-Learn 对经典的鸢尾花数据集进行分类，并且使用了逻辑回归算法构建分类器，对分类器进行了训练和评估，最终得到了较好的分类性能。最后，本章介绍了有机分子类别预测的案例。展示了如何使用 Scikit-Learn 对有机分子的性质进行分析和预测，并且使用了基于决策树的模型，对模型进行了训练和评估，最终得到了较好的预测性能。

希望读者能够通过本章的学习，掌握使用 scikit-learn 进行机器学习的基本技能，加深对 Python 在数据分析与机器学习应用上的理解。

参考文献

[1] 埃里克・马瑟斯. Python 编程 从入门到实践[M]. 袁国忠，译. 2 版. 北京：人民邮电出版社，2020.

[2] 阿尔・斯维加特. Python 编程快速上手——让繁琐工作自动化[M]. 王海鹏，译. 2 版. 北京：人民邮电出版社，2021.

[3] 石向荣，张帅. 简明 Python 教程[M]. 杭州：浙江大学出版社，2021.

[4] 马杨珲，张银南. Python 程序设计[M]. 北京：电子工业出版社，2021.

[5] 韦斯・麦金尼. 利用 Python 进行数据分析[M]. 徐敬一，译. 2 版. 北京：机械工业出版社，2018.

[6] 李永华. Python 编程 300 例[M]. 北京：清华大学出版社，2020.

[7] 马克・卢茨. Python 学习手册[M]. 秦鹤，林明，译. 5 版. 北京：机械工业出版社，2018.

[8] 大卫 M.比兹利. Python 参考手册[M]. 谢俊，杨越，高伟，译. 北京：人民邮电出版社，2018.

[9] 董付国. Python 程序设计[M]. 3 版. 北京：清华大学出版社，2020.

[10] 安德里亚斯・穆勒，莎拉・吉多. Python 机器学习基础教程[M]. 张亮，译. 北京：人民邮电出版社，2018.

[11] 耿远昊. Pandas 数据处理与分析[M]. 北京：人民邮电出版社，2022.